现代食品安全控制技术与策略丛书

水产物联网理论、技术及应用

陈　明　朱泽闻　鲁　泉　池　涛　冯国富　著

科学出版社
北　京

内 容 简 介

本书从感知、传输、处理和应用四个层面详细阐述了水产物联网的理论体系架构,对每一层所涉及的关键技术的基本原理、地位和在渔业生产过程中的应用进行了深入的剖析,力争让读者对先进感知、可靠传输和智能处理的各种技术原理及其在设施渔业、水产养殖、水产品物流及电子商务等领域的集成应用有一个全面的了解。

本书可作为高等农业院校农业物联网、农业信息化、农业工程、农业电气化等相关方向本科生和研究生的专业教材,也可作为非农业高等院校物联网技术、信息技术等相关方向本科生和研究生的选修教材,亦可作为农业和农村信息化领域同行和技术人员的培训教材和参考书。

图书在版编目(CIP)数据

水产物联网理论、技术及应用/陈明等著. —北京:科学出版社,2018.9
(现代食品安全控制技术与策略丛书)
ISBN 978-7-03-057405-3

Ⅰ. ①水⋯ Ⅱ. ①陈⋯ Ⅲ. ①互联网络-应用-水产品-质量管理-安全管理-研究②智能技术-应用-水产品-质量管理-安全管理-研究 Ⅳ. ①TS254.7-39

中国版本图书馆 CIP 数据核字(2018)第 095829 号

责任编辑:霍志国/责任校对:赵桂芬
责任印制:张 伟/封面设计:东方人华

科 学 出 版 社 出版
北京东黄城根北街 16 号
邮政编码:100717
http://www.sciencep.com

北京教图印刷有限公司 印刷
科学出版社发行 各地新华书店经销

*

2018 年 9 月第 一 版 开本:720×1000 B5
2019 年 1 月第二次印刷 印张:19 3/4
字数:400 000
定价:118.00 元
(如有印装质量问题,我社负责调换)

《现代食品安全控制技术与策略丛书》
编委会

主　编　庞国芳

副主编　（按姓氏汉语拼音排序）

　　　　陈　坚　范春林　王　硕　谢明勇

编　委　（按姓氏汉语拼音排序）

　　　　陈　卫　高志贤　李培武　史贤明

　　　　宋　怿　王加启　杨　震　杨光富

　　　　杨信廷　叶志华　岳田利　张　峰

　　　　赵国华

丛 书 序

食品安全问题是世界各国共同面临的难题,已经成为影响国家稳定、社会和谐、经济繁荣、人类繁衍的重大公共安全问题,更是当前社会高度关注的民生问题。因此,立足国内外食品安全现状,总结国内外食品安全管理先进经验,开发食品安全检测技术,对揭示导致我国食品安全问题的根本原因,提出解决中国食品安全问题的有效策略,具有重要意义。

我国在食品安全风险评估方面已经初见成效。1994 年,中国《食品安全性评价的程序和方法》及《食品毒理学实验室操作规范》以国家标准形式颁布,为中国食品安全性评价工作进入规范化、标准化及与国际接轨提供了基本条件。特别是 2009 年《中华人民共和国食品安全法》和《中华人民共和国食品安全法实施条例》的颁布实施,为食品安全风险评估工作的制度化、规范化和科学化,从法律上给予了保障。但是,由于缺乏统一的机制,以及受经费支持力度、可利用信息资源限制,风险评估尚处于起步阶段,不具备主动进行风险评估的能力,还没有采用与国际接轨的风险评估程序和技术。

随着我国食品安全监管的强烈需求,以提高食品、农产品质量水平和食品工业的市场竞争力为最终目标,在"十一五"和"十二五"期间,陆续启动了有关食品安全的国家科技支撑计划项目。在这些项目的支持下,食品安全检测技术得到了快速发展。在农药、兽药残留检测和微生物、生物毒素检测方面,涌现了一大批新技术、新方法,如高通量色谱-质谱检测技术、微流控芯片技术、多维色谱技术、纳米检测技术、生物分析技术等。我国学者在吸收国外先进理念的基础上,于 2006 年和 2008 年先后建立了 20 项分别适用于水产品、农产品的农药及相关化学品多残留检测技术国家标准,并且在同时检测的农药品种数量上达到了国际领先水平。另外,兽药残留的检测也向多残留同时检测的方向发展,如磺胺类、氟喹诺酮类、大环内酯类兽药的定量检测方法,都可以同时检测多种药物的残留,大大提高了检测效率。具有公共卫生意义的致病性细菌、真菌、病毒、寄生虫、原生动物及其产生的有毒物质也是影响食品安全的主要因素,微生物污染检验方法也发展迅速。病原菌的检测、鉴定技术已由传统的微生物生化鉴定发展到生化、免疫、分子生物学与仪器自动化的多元技术。

为了保证食品安全和消费者的利益,有效召回或撤销出现问题的产品,世界各国都强调"从农田到餐桌"的全程监控,实施食品安全追溯管理制度。目前,世界上已有 20 多个国家和地区采用国际物品编码协会推出的 EAN·UCC 系统,对食品原料的生产、加工、储藏及零售等各个环节上的管理对象进行标识,通过条码和人工可识读方式使其相互连接,实现对食品供应过程的跟踪与追溯。食品的溯源技术可以分为物理方法(标签溯源技术,如条形码、电子标签等)、化学方法(如稳定同位素溯源技术、矿物元素指纹溯源技术、有机物溯源技术等)和生物方法(虹膜特征识别技术和 DNA 溯源技术)。我国积极开展食品安全溯源技术体系研究工作并取得了一定的成果,在溯源体系建设上需要逐步完善法律制度建设、建立和完善追溯体系数据中心、做好耳标佩戴和信息采集传输工作、加强追溯体系档案管理及相应的科技体系作为支撑,从而建立既适合我国国情又与国际通行做法接轨的食品、农产品可追溯系统与制度,以促进食品工业的发展。

为了有效应对食品安全问题,提高食品安全监控能力,特组织国内食品安全领域的专家学者,编著了"现代食品安全控制技术与策略丛书"。本套丛书由多部著作组成,涉及食品安全风险分析与管理、食品安全监测与检测技术、食品安全溯源技术等方面的内容。丛书的作者为来自于食品安全领域的一线科研人员,他们具有自己的学术思想和丰富的实践经验,通过对多年来研究成果的凝练与概括,以及对该学科领域充分把握,形成该套丛书。

该套丛书的出版,可为我国食品安全各个相关学科和技术领域的科技人员和管理人员提供一套重要的参考资料,希望能对我国建立以管理科学为主体、多学科协同且符合中国国情的食品安全管理体系、科技支撑创新体系起到积极的推动作用。

中国工程院院士

2015 年 4 月

前　言

物联网作为一种模糊的意识或想法而出现，可以追溯到 20 世纪末。1995 年，比尔·盖茨在《未来之路》一书中提及类似于物品互联的想法，只是当时受限于无线网络、硬件及传感设备的发展，并未引起重视。1999 年，美国麻省理工学院 Auto-ID 研究中心的创建者之一的 Kevin Ashton 教授在他的一个报告中首次使用了"Internet of Things"这个短语。Auto-ID 中心的目标就是在 Internet 的基础上建造一个网络，实现计算机与物品之间的互联网，这里的物品包括各种各样的硬件设备、软件、协议等，这就是物联网的起源。物联网既不是美好的预言，更不是科技的狂想，而是又一场会改变世界的伟大产业革命。根据美国独立市场机构 FORRESTER 预测，到 2020 年，全球物和物互联业务与现有的人和人互联业务之比达到 30∶1。至 2035 年左右，中国的物联网终端将达到数千亿个，到 2050 年，物联网将在生活中无处不在。可以预见，经过未来十年的发展，社会、企业、政府和城市的运行与管理都离不开物联网。物联网可以"感知任何领域，智能任何行业"。

水产物联网产业具有产业链长、涉及多个产业群的特点，其应用范围覆盖了多个行业。水产物联网将有力带动传统产业转型升级，引领战略性新兴产业的发展，实现经济结构的升级和调整，提高资源利用率和生产力水平，改善人与自然界的关系，引发社会生产和经济发展方式的深度变革，具有巨大的增长潜能，是当前社会发展、经济增长和科技创新的战略制高点。

本书根据信息生成、传输、处理和应用的原则，从关键技术的角度，将一个完整的水产物联网系统划分为五个层面：信息感知层、物联接入层、网络传输层、技术支撑层和应用接口层。水产物联网各层之间既相对独立又联系紧密。在应用接口层以下，同一层次上的不同技术互为补充，适用于不同环境，构成该层次技术的应对策略。而不同层次提供各种技术的配置和组合，根据应用需求，构成完整的解决方案。水产物联网形式多样、技术复杂、涉及面广，所涉及的内容横跨多个学科，本书的成果实际上是凝聚了大量专家、教授和众多工程人员的心血，作者只是将他们的思想、观点、技术和方法凭着个人的理解并按照自己的思路整理出来。

本书引用了一些互联网上的最新资讯、报刊中的报道,在此一并向原作者和刊发机构致谢,对于不能一一注明引用来源深表歉意。对于网络上收集到的共享资料没有注明出处或找不到出处的,作者对这些资料进行了加工、修改并纳入本书,作者郑重声明其著作权属于其原创作者,并在此向在网上共享所创作或提供的内容表示致敬和感谢!

作 者

2018 年 8 月

目 录

丛书序
前言
第1章 水产物联网进展 ·················1
1.1 物联网概述 ·················1
1.2 物联网的发展 ·················2
1.3 水产物联网概述 ·················3
1.4 水产物联网发展现状 ·················5
1.5 水产物联网面临的挑战 ·················6
参考文献 ·················7
第2章 养殖环境检测及传感器技术 ·················9
2.1 养殖环境参数的分析与测量方法 ·················9
2.1.1 水质常规物理化学参数分析与测量方法 ·················9
2.1.2 水质常规金属化合物参数分析与测量方法 ·················17
2.1.3 水质生物指标参数分析与测量方法 ·················19
2.2 水产物联网的感知技术及实现 ·················20
2.2.1 温度传感器及关键技术 ·················21
2.2.2 水质pH传感器及关键技术 ·················25
2.2.3 水质氨氮传感器及关键技术 ·················28
2.2.4 水质溶解氧传感器及关键技术 ·················30
2.2.5 盐度传感器 ·················36
2.3 传感器节点技术与系统集成技术 ·················41
2.3.1 传感器技术数字化 ·················41
2.3.2 多传感器节点的集成与融合 ·················45
2.4 传感器存在的其他问题 ·················48
2.4.1 消除传感器零点误差和零点漂移的方法 ·················48
2.4.2 提供直流供电电源的稳定性方法 ·················48
2.4.3 统一和标准化保证传感器精度 ·················49
2.4.4 传感器的标校 ·················49
2.4.5 敏感元件的质量控制 ·················49
2.4.6 传感器补偿技术 ·················50

参考文献 ··· 50
第 3 章　水产物联网传输技术 ··· 51
　3.1　基于现场总线的有线传输 ··· 51
　　　3.1.1　现场总线特点 ··· 52
　　　3.1.2　基于模拟仪表控制的数据传输技术 ··· 53
　　　3.1.3　基于集中式数字控制的数据传输技术 ··· 57
　　　3.1.4　基于集散控制的数据传输技术 ·· 58
　　　3.1.5　基于现场总线控制的数据传输技术 ·· 61
　3.2　基于无线通信的数据传输 ··· 66
　　　3.2.1　ZigBee 无线数据传输技术 ·· 66
　　　3.2.2　RFID 无线数据传输技术 ··· 72
　　　3.2.3　GPRS 无线数据传输技术 ·· 75
　　　3.2.4　LoRa 无线数据传输技术 ··· 77
　　　3.2.5　NB-IoT 无线数据传输技术 ·· 80
　3.3　有线/无线混合通信的数据传输技术 ··· 83
　　　3.3.1　基于电力载波混合通信的数据传输技术 ·· 83
　　　3.3.2　基于网关有线/无线混合通信的数据传输技术 ······························· 85
　3.4　面向通信节点的轻量级数据处理智能技术 ··· 88
　　　3.4.1　数据挖掘技术 ··· 89
　　　3.4.2　数据融合技术 ··· 90
　　参考文献 ··· 95
第 4 章　水产养殖专家系统 ·· 97
　4.1　水产养殖专家系统历程 ·· 97
　4.2　水产养殖专家系统理论 ·· 98
　　　4.2.1　知识的表示 ··· 99
　　　4.2.2　诊断推理的主要方法 ·· 102
　　　4.2.3　推理控制策略研究 ·· 104
　4.3　水产养殖专家系统模型 ·· 107
　　　4.3.1　水域控制 ··· 107
　　　4.3.2　养殖专家系统 ·· 124
　　　4.3.3　鱼病远程诊断模糊专家系统 ·· 128
　4.4　水产养殖中最新技术研究 ·· 137
　4.5　比较研究：我国主要临海省市水产养殖专家系统特色 ······················ 139
　　参考文献 ··· 141
第 5 章　基于物联网的水产品精细养殖系统关键技术 ································ 144

5.1 水产品精细养殖化概述 ··144
   5.1.1 我国水产品养殖概况 ···144
   5.1.2 我国主要水产养殖方式及优势条件 ···144
5.2 水产养殖物联网技术发展 ··146
   5.2.1 水产养殖物联网技术应用现状 ··146
   5.2.2 发展水产养殖物联网面临的主要问题 ···147
   5.2.3 发展水产养殖物联网应用的关键技术 ···148
5.3 基于HACCP的水产品养殖研究——以南美白对虾为例 ·························149
   5.3.1 HACCP原理概述 ···149
   5.3.2 HACCP原理在南美白对虾健康养殖中的应用 ································151
   5.3.3 南美白对虾养殖工厂化养殖工艺流程及其危害分析 ·······················152
   5.3.4 南美白对虾养殖苗种选育规范 ···157
   5.3.5 南美白对虾养殖饵料管理规范 ···162
   5.3.6 南美白对虾养殖水质管理规范 ···170
   5.3.7 南美白对虾养殖药物管理规范 ···172
5.4 基于物联网的水产品精细养殖系统 ···178
   5.4.1 水产品精细养殖系统分析 ···178
   5.4.2 水产品养殖精细化管理系统 ···179
   5.4.3 水产精细养殖物联网异构网络结构设计 ···185
   5.4.4 水产养殖精细化管理系统软件设计 ···187
5.5 水产品质量控制与安全溯源 ··192
   5.5.1 水产品质量安全追溯系统建立的目的与意义 ··································192
   5.5.2 我国水产品质量安全追溯系统现状与问题分析 ······························193
   5.5.3 水产品追溯系统关键技术 ···195
   5.5.4 基于物联网的水产品追溯体系 ···196
5.6 鱼病诊断方法及水产养殖用药安全管理规范研究 ····································199
   5.6.1 鱼病诊断概述 ···199
   5.6.2 鱼病诊断特点及依据 ···199
   5.6.3 鱼病检查与确诊方法 ···201
   5.6.4 水产养殖用药安全管理研究概况 ··203
   5.6.5 水产养殖用药存在的问题 ···204
   5.6.6 水产养殖规范用药的建议 ···206
参考文献 ···208

第6章 温室无线测控网络关键研究与系统集成 ··209
6.1 温室无线传感器网络系统集成 ··209

6.1.1 总体框架 ………………………………………………………209
6.1.2 技术路线 ………………………………………………………210
6.2 关键技术创新和突破 ………………………………………………212
6.3 系统开发 …………………………………………………………215
6.4 应用效果 …………………………………………………………224

第 7 章 集约化水产养殖数字化集成系统研究与应用 …………………225
7.1 集成架构 …………………………………………………………226
7.1.1 总体框架 ………………………………………………………226
7.1.2 技术路线 ………………………………………………………226
7.2 关键技术创新和突破 ………………………………………………226
7.3 系统开发 …………………………………………………………231
7.4 应用效果 …………………………………………………………235

第 8 章 农业生产过程精细管理物联网关键技术研究与应用 ……………236
8.1 集成架构 …………………………………………………………236
8.1.1 总体框架 ………………………………………………………236
8.1.2 技术路线 ………………………………………………………239
8.2 关键技术创新和突破 ………………………………………………242
8.3 系统开发 …………………………………………………………243
8.4 应用效果 …………………………………………………………252

第 9 章 分布式智能 RFID 微粒食品实时监测物联网关键技术研究 ……253
9.1 集成架构 …………………………………………………………253
9.1.1 总体框架 ………………………………………………………253
9.1.2 技术路线 ………………………………………………………255
9.2 关键技术创新和突破 ………………………………………………259
9.3 系统开发 …………………………………………………………260
9.4 应用效果 …………………………………………………………266

第 10 章 基于 LonWorks 总线廊下渔业监控系统实现 …………………268
10.1 集成架构 ………………………………………………………268
10.1.1 总体框架 ……………………………………………………268
10.1.2 技术路线 ……………………………………………………268
10.2 关键技术创新和突破 ……………………………………………269
10.3 系统开发 ………………………………………………………272
10.4 应用效果 ………………………………………………………278

第 11 章 基于图像技术的水产动物疾病诊疗与分析系统 ………………280
11.1 集成架构 ………………………………………………………281

		11.1.1 总体框架 ··· 281
		11.1.2 技术路线 ··· 282

    11.2　关键技术创新和突破 ·· 286
    11.3　系统开发 ·· 286
    11.4　应用效果 ·· 292

第 12 章　面向近海水域污染的无线传感原位监测技术研究 ················ 293
    12.1　集成架构 ·· 293
        12.1.1　总体框架 ··· 293
        12.1.2　技术路线 ··· 294
    12.2　关键技术创新和突破 ·· 299
    12.3　应用效果 ·· 300

第1章 水产物联网进展

1.1 物联网概述

物联网（Internet of things，IoT）的概念最初由美国麻省理工学院（MIT）的Kevin Ashton教授在1999年提出。物联网是通过各种信息传感器设备以及基于物物通信模式的短距离无线传感器网络，按约定的协议，把任何物体通过各种接入网与互联网连接起来所形成的一个巨大的智能网络，通过这一网络可以进行信息交换、传递和通信，以实现对物体的智能化识别、定位、跟踪、监控和管理。物联网主要有两个特征，即规模性和实时性。一是规模性，只有具备了规模，才能使物品的智能发挥作用；二是实时性，通过嵌入或附着在物品上的感知器件或外部信息获取技术，每隔极短的时间都可以反映物品状态，包括静止或运动、安全或危险、良好或腐烂，都可以实时地反映出来[1-3]。

当前物联网应用中有三项关键技术。①传感器技术：这也是计算机应用中的关键技术。大家都知道，到目前为止绝大部分计算机处理的都是数字信号。自从有计算机以来就需要传感器把模拟信号转换成数字信号，计算机才能处理[4,5]。②射频识别（radio frequency identification，RFID）技术：也是一种传感器技术，RFID技术是融合了无线射频技术和嵌入式技术的综合技术，RFID在自动识别、物品物流管理方面有着广阔的应用前景[6,7]。③嵌入式系统技术：是融计算机软硬件、传感器技术、集成电路技术、电子应用技术为一体的复杂技术。经过几十年的演变，以嵌入式系统为特征的智能终端产品随处可见；小到人们身边的MP3，大到航天航空的卫星系统。嵌入式系统正在改变着人们的生活，推动着工业生产以及国防工业的发展。如果把物联网用人体做一个简单比喻，传感器相当于人的眼睛、鼻子、皮肤等感官，网络就是神经系统，用来传递信息，嵌入式系统则是人的大脑，在接收到信息后要进行分类处理。这个例子很形象地描述了传感器、嵌入式系统在物联网中的位置与作用[8-10]。

物联网在实际应用上的开展需要各行各业的参与，并且需要国家政府的主导以及相关法规政策上的扶助，物联网的开展具有规模性、广泛参与性、管理性、技术性、物的属性等特征，其中，技术上的问题是物联网最为关键的问题；物联网技术是一项综合性的技术，更是一个系统工程，国内还没有哪家公司可以全面负责物联网的整个系统规划和建设，理论上的研究已经在各行各业展开，而实际应用还仅局限于行业内部。目前物联网的规划和设计以及研发关键在于RFID、传感器、嵌入式软件以及传输数据计算等领域的研究。

1.2 物联网的发展

随着物联网技术的不断发展和市场规模的不断扩大，其已经成为全球各国的技术及产业创新的重要战略。美国提出"智慧地球"的概念，引发全球物联网关注热潮，将物联网上升为国家创新战略的重点之一，先进的硬件设计制造技术，已经趋于完善的通信互联网络均为物联网的发展创造了良好的条件。目前，美国已经开始在工业、农业、军事、医疗、环境监测和海洋探索等领域开展相关物联网工作。我国就物联网发展也做出了多项国家政策及规划，推进物联网产业体系不断完善。《物联网"十二五"发展规划》、《国务院关于推进物联网有序健康发展的指导意见》、《国家发改委关于印发10个物联网发展专项行动计划的通知》，以及近期颁发的《中国制造2025》等多项政策不断出台，并指出"掌握物联网关键核心技术，基本形成安全可控、具有国际竞争力的物联网产业体系，成为推动经济社会智能化和可持续发展的重要力量"。在物联网发展热潮以及相关政策的推动下，我国物联网产业将持续保持高速增长的态势，虽然增长率近年略有下降，但仍保持在23%以上的增长速度，到2015年，我国物联网产业规模已经超过7500亿元。预计未来几年，我国物联网产业将呈加速增长态势，预计到2020年，我国物联网产业规模超过15000亿元。

自2016年6月窄带物联网（narrow band internet of things, NB-IoT）核心标准冻结以来，NB-IoT发展明显驶入快车道，而NB-IoT的规模化部署也成为物联网普及的重要突破点。2017年3月1日，中国移动在世界移动通信大会（MWC）上宣布将于2017年在杭州、上海等四个城市开展NB-IoT及eMTC规模试验。

LoRa是一种LPWAN通信技术，是美国Semtech公司采用和推广的一种基于扩频技术的超远距离无线传输方案。这一方案改变了以往关于传输距离与功耗的折中考虑方式，为用户提供一种简单的能实现远距离、长寿命、大容量的系统，进而扩展传感网络。目前LoRa网络已经在世界多地进行试点或部署。据LoRa Alliance早先公布的数据，已经有9个国家开始建网，56个国家开始进行试点。中国AUGTEK在北京京杭大运河完成284个基站的建设，覆盖1300km流域；美国网络运营商Senet于2015年在北美完成50个基站的建设、覆盖15000km^2，预计在下一阶段完成超过200个基站架设；法国电信Orange宣布在2016年初在法国建网；荷兰皇家电信（KPN）宣布将在新西兰建网；印度宣布将在Mumbai和Delhi建网。目前为止，LoRa已经在中国成功使用，已应用在停车场、市井盖、水产养殖等多个领域[11-13]。

1.3 水产物联网概述

传统水产养殖业目前在生产实践中存在着种种弊端,有诸多的问题亟待解决:养殖模式和技术落后、水域资源逐渐短缺、水体污染逐年加重、水产品食品安全问题时有发生等,这些都预示着传统养殖模式受到重大的挑战。随着科技的进步,传统水产养殖已经慢慢地向智能养殖靠拢。水产物联网是针对水产养殖过程中的不同养殖品种、不同养殖规模、不同养殖模式,充分利用现代传感技术、无线网络技术、智能控制技术、大数据技术以及人工智能技术,结合生物生长规律性模型和水产养殖的理论和方法,所形成的智能化、网络化、无线化、专家化的全过程精细养殖管理服务平台和集成系统[14,15]。水产物联网的技术发展伴随整个物联网体系的发展应运而生,其整体上可以说是物联网技术在水产养殖方面的应用,通常从四个技术层面来研究其发展。

现代渔业是养殖技术、装备技术和信息技术的高度融合,这些都需要现代渔业同物联网的深度融合,在大数据分析基础上进行科学决策,实现精准化、自动化和智能化,发展"物联网+水产养殖"是实现水产规模化标准化的必然之路。物联网技术在水域环境监测、投饵饲料系统、病害防治远程监控、育种监控、苗种饲养、设施化养殖等方面都有重要的应用。开展物联网技术在渔业领域的推广应用,以实现生产经营过程的智能化控制、科学化管理、信息化服务、全程化追溯,对提高资源利用率和劳动生产率,提高水产品产量、质量和安全性,提高渔民收入水平和广大消费者健康水平,都具有十分重要的意义[16,17]。

水产物联网是一种复杂多样的系统技术,主要包括信息感知技术、信息传输技术、信息处理技术、智能控制技术四个技术。物联网的技术在监控水产养殖水环境中应用,可以改善传统监控方式监控时间周期长,措施采取不及时等多种弊端,实现对水产养殖水环境的实时监测、自动化控制、远程监控,便于建立良好水环境适应产品生长。

1. 信息感知技术

信息感知技术是水产物联网发展的基础,也是发展的重点。它是整个水产物联网链条上最基础的环节,主要涉及传感器技术、RFID 技术等。传感器技术在水产养殖业中常用于测定水体溶解氧、酸碱度、氨氮、电导率和浊度等参数。RFID技术俗称电子标签,是一种非接触式的自动识别技术,它通过射频信号自动识别目标对象并获取相关数据,该技术在水产品质量追溯中有着广泛的应用[18-20]。

(1) 传感器技术。在水产物联网中,主要包括溶解氧传感器、温度传感器和氨传感器,它们负责采集水中信息,供养殖人员使用。

（2）RFID 技术。RFID 技术又称为无线射频识别，是一种通信技术，可通过无线电信号识别特定目标并读写相关数据，而无需识别系统与特定目标之间建立机械或光学接触。

2. 信息传输技术

这是水产物联网体系的关键点，是链接感知层和应用层的核心，主要技术手段有无线局域网技术、ZigBee 技术、移动通信技术、地理信息系统（geographic information system，GPS）定位技术；随着 TD-LTE 和 FDD-LTE 第四代无线通信技术（4G）的成熟，其也被越来越多地应用到水产物联网中。

3. 信息处理技术

信息处理技术是实施水产自动化控制的技术基础，主要涉及云计算、GIS、专家系统和决策支持系统等信息技术。其中云计算是指将计算任务在大量计算机构成的资源池上，使各种应用系统能够根据信息数据库进行空间信息的地理统计处理、图形转换与表达等，为分析差异性和实施调控提供处方决策方案。专家系统（expert system，ES），指运用特定领域的专门知识，通过推理来模拟通常由人类专家才能解决的各种复杂的、具体的问题，达到与专家具有同等解决问题能力的计算机智能程序系统。决策支持系统（decision support system，DSS），是辅助决策者通过数据、模型和知识，以人机交互方式进行半结构化或非结构化决策的计算机应用系统。

4. 智能控制技术

智能控制技术是控制理论发展的新阶段，主要用于解决那些用传统方法难以解决的复杂系统的控制问题。智能信息处理技术的研究内容主要包括 4 个方面：人工智能理论研究，即智能信息获取的形式化方法、海量信息处理的理论和方法以及机器学习与模式识别；先进的人机交互技术与系统，即声音、视频、图形、图像和文字处理以及虚拟现实技术；智能控制技术与系统，即给物体赋予智能，以实现人与物或物与物之间互相沟通和对话，如准确定位和跟踪目标等；智能信号处理，即信息特征识别和数据融合技术。

水产物联网的养殖模式主要有海水养殖、大水面养殖、标准化池塘养殖和工厂化养殖。

（1）海水养殖。海水养殖是利用浅海、滩涂、港湾、围塘等海域进行饲养和繁殖海产经济动植物的生产方式，是人类定向利用海洋生物资源、发展海洋水产业的重要途径之一。海水养殖的优点是：集中发展某些经济价值较高的鱼类、虾类、贝类及棘皮动物（如刺参）等，生产周期较短，单位面积产量较高。按养殖对象分为鱼类、虾类、贝类、藻类和海珍品等海水养殖,其中以贝类、藻类海水养殖发展较快,虾类、鱼类、海珍品养殖较薄弱。按空间分布分为围塘、海涂、港湾和浅海等。按集约程度分为粗养(包括护养、管养)、半精养和精养,以粗养为主。

(2)大水面养殖。大水面养殖是指利用水库、湖泊、江河等养殖水产品的一种方式,包括湖泊、水库、河沟养殖。除早期采取粗放型的增养殖,还包括"网箱、网栏、围网"等集约化养殖模式。粗放型大水面增养殖,主要以保持、恢复水域渔业资源为目的,依靠水体中的营养物质增殖,产量不稳定。网箱、网栏、围网等集约化养殖,应用人工投饵、施肥等技术,产量得到了较大的提高,但受到水体养殖容量的限制,必须严格控制。

(3)标准化池塘养殖。池塘养殖大多数采用精养和半精养方式,进行适当的密度混养,较充分地发挥了饵料、肥料和水体的生产潜力,资源利用程度较高。但部分海水池塘现在仍进行低产量、低效益的粗放式养殖。部分养殖池塘由于长期缺乏改造,日渐老化,池底淤积严重,影响了养殖生产。池塘养殖换水次数少,与外界水交换有限,对外界环境影响较小。但通过近年来生态池塘标准化改造,我国的生态标准化池塘面积大幅增加,大大促进了我国池塘养殖的可持续发展。

(4)工厂化养殖。工厂化养殖是在室内海水池中采用先进的机械和电子设备控制养殖水体的温度、光照、溶解氧、pH、投饵量等因素,进行高密度、高产量的养殖方式。

1.4 水产物联网发展现状

国外水产物联网的发展水平主要以欧洲、美国为代表,其物联网技术较为先进,特别是在传感器制造以及反馈设施的制造方面。在其他传感器制造领域,西方国家也处在领先的位置,许多核心专利技术都掌握在他们手中,以 MEAS、MC10、VLENCELL、霍尼韦尔等企业为代表;在通信领域,以思科、高通等为代表。因此,物联网技术在水产领域的应用在欧洲和美国有着得天独厚的优势。虽然西方国家的总体养殖规模并不大,但其养殖的单位产量下的成本明显低于其他国家。这不能不归功于他们在物联网技术的帮助下大大提高了劳动效率,降低了人力、物力、成本。

在我国,随着人们生活水平的提高,对水产品的需求也不断增高,而反观我国的水产养殖状况,情况却并不乐观。中国的水产养殖业具有悠久的历史,目前中国的水产品产量约占世界总产量的 1/3,已经连续 12 年位居世界第一,规模巨大。但长期以来水产养殖业基本为小规模工厂养殖和个体户养殖的形式,大多采用人力手工作业方式,科技含量不高。随着我国水产行业的快速发展,水产信息工作越来越受到人们的重视，但与其他行业相比，我国水产信息化建设无论硬件建设还是软件建设，都起步较晚，发展较慢，没有形成一定的规模，与我国水产业的快速发展极不相称。现阶段我国的信息收集和处理技术主要集中在编制大量的水产应用软件，如饲料配方的优化选择、放养密度模型、渔政管理软件、水质管理软件、渔业资源模型等，在数据的处理速度、科学性、数据库的智能化和数据资源共享等方面和国外还有一定的差距，这也是我国水产信息产业今后努力的方向。

我国首个物联网水产养殖示范基地于2011年在江苏建成。示范基地采用先进的网络监控设备、传感设备等将物联网和无线通信技术相结合，实现远程增氧、智能投喂、预报预警等自动控制。例如，水产养殖生产者通过手机终端登录水产养殖管理系统，就能随时随地了解养殖塘内的溶解氧、水温、水质等指标参数。一旦发现水中溶解氧指标预警，点击"开启增氧机"，就可实现远程操控。生产者也可用手机发送指令到管理系统，远程操控自动投喂机为池塘内的养殖动物投喂饲料。通过网络视频监控器，生产者还可以实时监测池塘内的各种状况，随时采取相应的应急措施。

随着现代信息技术的迅速发展，国内涌现出一批优秀的传感器厂商如上海惠质、北京旋振等，在通信领域有华为等高新企业。随着人们认识的不断提高、传感器等设备的国产化加快、新技术的不断涌现，系统研发成本将大大降低，物联网水产养殖在中国将大有作为。

1.5 水产物联网面临的挑战

1. 关键技术不成熟

传感器准确性、可靠性、稳定性都有待提高，如机理不清、材料不过关、制造工艺不过关等问题。信息模型（生长模型、控制模型、决策模型）大多偏经验模型和知识模型。

2. 大型制造商参与度低

由于技术难度大，成本高，目前国内市场上缺乏大型的传感器生产制造企业，我国传感器一般都靠进口；缺乏大型的农业软件提供商，我国目前的水产养殖软件系统一般由各小型公司、软件园或者高校负责，软件系统还存在诸多问题，如现在的智能终端一般是Android系统，iphone系统的应用还没有普及开来；缺乏大型农业物联网方案运营商以及没有大型农业装备提供商。

3. 缺乏商业化运营模式

由于水产物联网发展较慢，政府和科研院所目前没有统一的商业化运营模式，一般一个大型水产物联网系统需由几方共同完成，所以会造成推广、运维和利益分配等问题。

4. 缺乏统一标准

在水产物联网系统中，各个模块之间相互通信，目前缺乏统一的数据标准、接口标准、应用标准、测试标准、维护标准等。

5. 缺乏支持政策

一个大型物联网养殖系统都需要几千万以上的报价，如果没有制定好补贴政策、产业政策、投资政策等政策，项目可能进展很慢。

参 考 文 献

[1] 胡永利, 孙艳丰, 尹宝才. 物联网信息感知与交互技术[J]. 计算机学报, 2012, 35(6): 1147-1163.

[2] 申倩, 许美玉, 姜春茂. 云计算环境下任务调度研究综述[J]. 智能计算机与应用, 2014, 4(6): 75-77.

[3] 杨宁生, 袁永明, 孙英泽. 物联网技术在我国水产养殖上的应用发展对策[J]. 中国工程科学, 2016, 18(3): 57-61.

[4] 赵静, 苏光添. LoRa 无线网络技术分析[J]. 移动通信, 2016, 40(21): 50-57.

[5] 彭芳. 污水处理智能控制系统的研究与实现[D]. 成都: 电子科技大学, 2004.

[6] 陈新河. 无线射频识别(RFID)技术发展综述[J]. 信息技术与标准化, 2005, (7): 20-24.

[7] 王保云. 物联网技术研究综述[J]. 电子测量与仪器学报, 2009, 23(12): 1-7.

[8] 刘强, 崔莉, 陈海明. 物联网关键技术与应用[J]. 计算机科学, 2010, 37(6): 1-4.

[9] 钱志鸿, 王义君. 面向物联网的无线传感器网络综述[J]. 电子与信息学报, 2013, 35(1): 215-227.

[10] Sanchez L, Muñoz L, Galache J A, et al. SmartSantander: IoT experimentation over a smart city testbed[J]. Computer Networks, 2014, 61(6): 217-238.

[11] Duc A N, Jabangwe R, Paul P, et al. Security challenges in IoT development: a software engineering perspective[C]//The XP2017 Scientific Workshops. 2017: 1-5.

[12] Quack T, Bay H, Gool L V. Object Recognition for the Internet of Things[C]//The Internet of Things, First International Conference, IoT 2008, Zurich, Switzerland, March 26-28, 2008. Proceedings. DBLP, 2008: 230-246.

[13] Kovatsch M, Lanter M, Duquennoy S. Actinium: A RESTful runtime container for scriptable Internet of Things applications[C]//Internet of Things. IEEE, 2012: 135-142.

[14] 李慧, 刘星桥, 李景, 等. 基于物联网 Android 平台的水产养殖远程监控系统[J]. 农业工程

学报, 2013, 29(13): 175-181.
[15] 史兵, 赵德安, 刘星桥, 等. 基于无线传感网络的规模化水产养殖智能监控系统[J]. 农业工程学报, 2011, 27(9): 136-140.
[16] 李道亮, 傅泽田, 马莉, 等. 智能化水产养殖信息系统的设计与初步实现[J]. 农业工程学报, 2000, 16(4): 135-138.
[17] 颜波, 石平. 基于物联网的水产养殖智能化监控系统[J]. 农业机械学报, 2014, 45(1): 259-265.
[18] 徐皓, 倪琦, 刘晃. 我国水产养殖设施模式发展研究[J]. 渔业现代化, 2007, 34(6): 1-6.
[19] 王武. 我国水产养殖业的现状与发展趋势[J]. 渔业致富指南, 2009(7): 12-18.
[20] 曾洋泱, 匡迎春, 沈岳, 等. 水产养殖水质监控技术研究现状及发展趋势[J]. 渔业现代化, 2013, 40(1): 40-44.

第 2 章　养殖环境检测及传感器技术

在我国一些沿海城市，因为有各种各样的水产生物，水产养殖业兴旺，贸易往来也非常频繁，水产养殖场随处可见。但是，现代化的水产养殖，不能仅仅依靠人工条件，还应该依靠各种先进科学技术的支撑。有的生物对水的温度要求比较高就必须使用温度传感器来监控水的温度，有的生产对水中溶解氧要求高就需要用溶解氧传感器来监控水中氧的含量等。不管是鱼类、蚌类还是其他水产生物，都要有适合其生产的环境才能实现丰收。而水质是影响水产生物产量的一大原因之一。水质的监测作为水产物联网的数据采集前端，对精准养殖具有十分重要的作用，本章着重介绍和阐述水质环境的测量参数和测量方法，以及水质环境中的传感器技术。

2.1　养殖环境参数的分析与测量方法

工厂化水产养殖具有稳产、高产、品质好、耗水少等优点，能有效检测与控制养殖水中的各种环境参数，建立适于鱼类生长的最佳环境。而如何精确地找到水产养殖环境的参数有着十分重要的意义。目前影响水产养殖的环境参数主要有水质常规物理化学参数、水质常规金属化合物参数、水质生物指标参数等。

2.1.1　水质常规物理化学参数分析与测量方法

1. 水质常规物理参数分析与测量方法

水质环境有许多物理指标项目，其中水温、盐度、混浊度（透明度）等参数对养殖环境的好坏有着密切的关系。

1）温度

温度是最常用的物理指标之一。由于水的许多物理特性、水中进行的化学过程和生物过程都同温度有关，所以它经常是必须加以测定的。一方面温度直接影响着有机体的代谢强度，从而控制水生生物的生长、发育、数量消长和分布等；另一方面温度又影响着食物的丰度和水中物理、化学因素的动态，又间接地支配生物的生活和生存。绝大多数鱼类属于变温动物，它们的体温和水温相等或相近。在一定范围内温度每升高 10℃，代谢作用的速度将增大 2～4 倍，生物的生长、发育等一系列生命过程都受到水温的影响。在一定温度范围内，动物的摄食和生长也随温度而增强，变化幅度在适温范围内，周期性的变温对水生生物的生命活动有积极的意义。池塘溶氧量随水温的升高而减少，水温升高，鱼类呼吸加快，耗氧量增加，因而容易发生缺氧现象。

对水体温度的测量的方法有很多种，根据测温方式的不同，温度测量通常可分为接触式和非接触式测温两大类。接触式测温的特点是感温元件直接与被测对象相接触，两者进行充分的热交换，最后达到热平衡，此时感温元件的温度与被测对象的温度必然相等，温度计就可据此测出被测对象的温度。因此，接触式测温一方面有测温精度相对较高、直观可靠及测温仪表价格相对较低等优点；另一方面也存在由于感温元件与被测介质直接接触，从而影响被测介质热平衡状态，而接触不良则会增加测温误差，被测介质具有腐蚀性及温度太高也将严重影响感温元件性能和寿命等缺点。根据测温转换的原理，接触式测温又可分为膨胀式、热阻式、热电式等多种形式。非接触式测温的特点是感温元件不与被测对象直接接触，而是通过接受被测物体的热辐射能实现热交换，据此测出被测对象的温度。因此，非接触式测温具有不改变被测物体的温度分布，热惯性小，测温上限可设计得很高，便于测量运动物体的温度和快速变化的温度等优点。从温度检测使用的温度计来看，主要包括以下几种。

（1）利用物体热胀冷缩制成的温度计分为如下三大类。

玻璃温度计：利用玻璃感温包内的测温物质（水银、酒精、甲苯、油等）受热膨胀、遇冷收缩的原理进行温度测量。

双金属温度计：采用膨胀系数不同的两种金属牢固黏合在一起制得的双金属片作为感温元件，当温度变化时，一端固定的双金属片，由于两种金属膨胀系数不同而产生弯曲，自由端的位移通过传动机构带动指针指示出相应的温度。

压力式温度计：由感温物质（氮气、水银、二甲苯、甲苯、甘油和沸点液体如氯甲烷、氯乙烷等）随温度变化，压力发生相应变化，用弹簧管压力表测出它的压力值，经换算得出被测物质的温度值。

（2）利用热电效应技术制成的温度检测元件主要是热电偶。

热电偶发展较早，比较成熟，至今仍为应用最广泛的温度检测元件。热电偶具有结构简单、制作方便、测量范围宽、精度高、热惯性小等特点。

（3）利用热阻效应技术制成的温度计可分成以下几种。

电阻测温元件：是利用感温元件（导体）的电阻随温度变化的性质，将电阻的变化值用显示仪表反映出来，从而达到测温的目的。目前常用的有铂热电阻和铜热电阻。

半导体测温元件：它与热电阻的温阻特性刚好相反，即有很大的负温度系数，也就是说温度升高时，其阻值降低。

陶瓷热敏元件：它的实质是利用半导体电阻的正温特性，用半导体陶瓷材料制作而成的热敏元件，常称为PCT或NCT热敏元件。PCT热敏分为突变型和缓变型两类。突变型PCT元件的温阻特性是当温度达到顶点时，它的阻值突然变大，有限流功能，多数用于保护电器。缓变型PCT元件的温阻特性基本上随温度升高阻值慢慢增大，起温度补偿作用。NCT元件特性与PCT元件刚好相反，即随温度升高，它的阻值减小。

（4）利用热辐射原理制成的高温计通常分为两种。

一种是单色辐射高温计，一般称光学高温计；另一种是全辐射高温计，它的原理是物体受热辐射后，视物体本身的性质，能将其吸收、透过或反射。而受热物体放出的辐射能的多少，与它的温度有一定的关系。热辐射式高温计就是根据这种热辐射原理制成的。

2）盐度

盐度是反映水体含盐量的指标。盐度的最初含义是：当海水中的溴和碘被相当量的氯所取代、碳酸盐全部变为氧化物、有机物完全氧化时，海水中所含全部固体物的质量与海水质量之比，以 10^{-3} 或‰为单位，用符号 S（‰）表示。它与氯度的关系为 $S=0.030+1.8050Cl$（‰）。

与含盐量有密切关系的许多水质参数，如海水的折光率、海水的密度等都与海水含盐量有密切关系。不同种类生物的适应范围不同。水中一定的含盐量是保持生物体液一定渗透压的需要。而鱼的耐盐限度同盐分的组成有关。所以盐度是水质参数检测中必不可少的参数。

对于水质盐度的测量主要有电导率法、表面等离子共振法、微波遥感法、布里渊散射法和光纤传感技术法等。

（1）电导率法。

目前，在各种盐度测量方法中，电导率法在工业应用方面最为成熟，也是最主流的方法。温盐深仪能够实现长期连续的盐度检测，已经商品化，其中最具代表性的是美国海鸟公司生产的仪器。电导率是电解质溶液的固有特性，直接反映了溶液中离子浓度。只要知道海水体积、电极电压和电流大小即可得出电导率，从而可以根据电导率计算得出盐度。电导率法测量精度高，可实现现场连续测量。若盐度值（以NaCl计算）记为 y_{NaCl}，电导率记为 x（μS/cm），当前水温为 t，则换算公式为 $y_{NaCl}=1.3888x-0.02478xt-6171.9$。这个公式得到盐度的"单位"为ppm[①]，若以千分计还需除1000。

（2）表面等离子共振法。

表面等离子共振（SPR）光作用于金属和电介质的交界面，形成改变光波传输的谐振波。当光波入射角大于全反射角时，部分光波被反射，另一部分光波被

---

① 1ppm=10^{-6}。

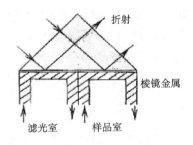

图 2-1 温度补偿型 SPR 盐度传感器

耦合进入等离子体内。若与界面平行的入射波矢分量与表面等离子波矢量相等，则光波能量发生损失。该技术可用于不同的传感测量，合适的初始条件下即可将其用于传感测量盐度。被用于盐度传感测量的初始条件设为多波长光入射，将入射角设定为一固定值，分析反射率与入射光波长之间存在不同的关系，即可得出其共振波长。盐度和温度都会影响其共振波长，据此科研工作者提出了一种具有自参考功能的盐度测量系统，这种系统是基于测量共振波长差来计算盐度，从而有效减小温度对盐度测量的负面影响。图 2-1 为一种温度补偿型盐度传感器，采样池中分别装有蒸馏水和海水。

(3) 微波遥感法。

20 世纪 90 年代末，人们开始了微波遥感技术测量海水盐度的研究，经过不断探索和努力，这项技术有了长足的进步。利用航空航天器携带被动式微波辐射计即可同步测量大面积甚至全球的海洋表面的盐度，目前范围内校正后的盐度测量精度可达。微波遥感法测量盐度原理：海水盐度与海水的介电常数密切相关，介电常数的变化会使海面辐射的微波亮度温度发生变化，因此微波辐射计只要测量海水表面的亮度温度即可测得海水的盐度。

(4) 布里渊散射法。

光束入射水中时会发生弹性散射和非弹性散射，布里渊散射是其中的一种非弹性散射，特点是散射光有频移现象，频移大小为 $\Delta V_B = \dfrac{2n}{\lambda} V \sin \dfrac{\theta}{2}$。其中 n 为水的折射率，λ 为入射光波长，θ 为散射角，V 为水中的声速，可以通过测量频移等参量，从而计算获得盐度的大小。

(5) 光纤传感技术法。

光纤最初被用于光学系统中传输光学信号。在最初生产出低损耗光纤后，光纤就被用于通信技术中的长距离信号传输。而伴随着光纤在光通信的发展，其在传感领域也展示了巨大潜力。光纤传感器是利用光在光导纤维中传输的过程中，光波的特征参量（如相位、波长、频率、偏振态等）会因外界因素（如压强、应变、温度等）的影响直接或者间接地发生改变的传感器。基本原理如图 2-2 所示。

工艺的进一步提高使得人们可以直接在光纤内部制作不同结构的全光纤盐度传感器。通过全光纤化，此传感器克服了传统盐度传感器系统的不足，为传感器应用迈出重要的一步。溶液盐度变化会引起传输光折射角发生改变，接收端光线发生偏移，利用这种特性，人们提出了一种基于光纤传感技术的盐度检测法。

除此之外还有裸露光纤盐度检测法、基于水凝胶涂层的光纤盐度测量法、光纤微弯损耗型盐度传感器、光纤光栅型盐度传感器、长周期光纤光栅型盐度传感器等。

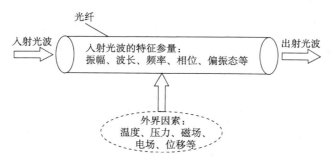

图 2-2　光纤传感器原理示意图

3）混浊度（透明度）

水中若含有悬浮及胶体状态的物质，常会发生混浊现象。混浊度是一种光学效应，它表示光线透过水层时受到阻碍的程度。这种光学效应与微粒的大小及形状有关。从胶体颗粒到悬浮颗粒都能产生混浊现象，其粒径的变化幅度是很大的。有相同悬浮物质含量的两种水体若颗粒粒径分级状况不同，其混浊程度就未必相等。

透明度是表示水体透明程度的指标。它与混浊度的意义恰恰相反，但都表明水中杂质对透过光线的阻碍程度。若把某一面为白色或黑白相间的圆盘作为观察对象，透过水层俯视圆盘并调节圆盘深度至恰能看到为止，此时圆盘所在的深度位置称为透明度。

水体混浊度是由悬浮固体颗粒所形成的，这些颗粒均大于 0.45，包括泥沙、有机碎屑和游浮生物等。混浊度过高，能直接影响鱼的生长和繁殖，甚至使鱼死亡，还因影响鱼类饵料生物的繁生，而间接地降低鱼产量。混浊度对渔业发展的影响，主要是悬浮泥沙造成的，浮游生物和有机碎屑是养鱼所希望的饵料基础。悬浮泥沙颗粒对鱼的机械影响，主要是损害鱼鳃，堵塞鳃孔，刺激鳃丝和黏膜。影响程度除取决于悬浮颗粒的性质、硬度和形状，也取决于鱼类品种及其忍耐性状。

混浊度的测定方法主要为比浊法或散射光法。我国一般采用比浊法测定，将水样和用高岭土配制的浊度标准溶液进行比较，测度不高，并规定 1L 蒸馏水中含有 1mg 二氧化硅为一个浊度单位。另用浊度计来测定，浊度计发出光线，使其穿过一段样品，并从与入射光呈 90°的方向上检测有多少光被水中的颗粒物所散射。这种散射光测量方法称为散射法。任何真正的浊度都必须按这种方式测量。浊度计既适用于野外和实验室内的测量，也适用于全天候的连续监测。可以设置浊度计,使其在所测浊度值超出安全标准时发出警报。

2. 水质常规化学参数分析与测量方法

利用化学反应、生物化学的反应及物理化学的原理测定的水质指标,总称为化学指标。影响养殖环境的化学指标主要有溶解氧、酸碱度、氨氮、亚硝酸盐、硫化氢等。

1)溶解氧

溶解氧指溶解在水中的分子态氧,通常记作 DO,溶解氧的浓度在计量体系中通常用每升水中氧的毫克数(mg/L)和饱和百分比率(%)表示。水体中溶解氧的浓度与大气压力、空气中氧的分压、水温和水质状况有密切关系,是评定水质优劣、水体被污染程度的一个重要指标。

溶解氧是与养殖鱼类关系最为密切的化学因子之一。溶解氧是大多数水生生物包括鱼类在内生存的必需条件。鱼池中过多的氧一般对鱼类没有什么危害,但饱和度很高时会引起气泡病,尤其是在鱼苗阶段,危害更大。

在溶解氧不足的情况下,有机物质不能完全分解,产生有机酸、氨、硫化氢等有害的中间产物,这些物质大量积累影响鱼类和水生生物的生长,还会产生毒害作用,引起鱼类中毒死亡。因此溶解氧对养殖环境有着重要的影响。

目前比较常用的溶解氧测定仪器为溶解氧传感器,按照所依据的基本测试原理,现有的溶解氧传感器主要可以分为化学型、电化学型和光学型三种。这三种不同的溶解氧传感器各有特点,使用时需要考虑具体的检测环境和测试要求加以优选。

2)酸碱度

酸碱度是指水中能与强碱反应的物质的总量,用 1L 水中能与—OH 结合的物质的量来表示。水质环境 pH 的改变可通过渗透与吸收作用,使水生动物血液 pH 发生改变,从而破坏其输氧功能。而 pH 的改变,影响许多物质存在的形式,特别是一些有毒物质形式的改变,间接影响生物的生命活动。因此,酸碱度对养殖环境有着重要的影响。

酸碱度的测定方法除了实验室测定法外,现在比较常用的是 pH 传感器,主要有光信号传感器和电信号传感器。

3)氨氮

氨溶解于水中的非离子氨或分子氨(NH_3)与离子氨(NH_4^+)的总量称为总氨。NH_3 与 NH_4^+ 在水中可以相互转化,建立下面的守恒关系式:

$$NH_3 + H_2O \rightleftharpoons NH_4^+ + OH^-$$

守恒时氨与氨离子的含量主要取决于水的氢离子浓度即 pH,pH 增加,氨的比率增大，pH 小于 7 时，几乎都以氨离子的形式存在，pH 大于 11 时，几乎都以氨的形式存在。同时水温也有影响，但不如 pH 的影响大，水温高时氨的比率增大。

氨氮以两种形式存在于水中，一种是氨（NH_3），又称非离子氨，对水生生物有毒，极易溶于水。另一种是铵（NH_4^+），又称离子氨，对水生生物无毒。当氨通过鳃进入水生生物体内时，会直接增加水生生物氨氮排泄的负担，氨氮在血液中的浓度升高，血液 pH 随之上升，水生生物体内的多种酶活性受到抑制，并可降低血液的输氧能力，破坏鳃表皮组织，降低血液的携氧能力，导致氧气和废物交换不畅而窒息。此外，水中氨浓度高也影响水对水生生物的渗透性，降低内部离子浓度。氨氮对水生动物的危害有急性和慢性之分。慢性氨氮中毒危害为：摄食降低，生长减慢；组织损伤，降低氧在组织间的输送；鱼和虾均需要与水体进行离子交换（如钠、钙等），氨氮过高会增加鳃的通透性，损害鳃的离子交换功能；使水生生物长期处于应激状态，增加动物对疾病的易感性，降低生长速度；降低生殖能力，减少怀卵量，降低卵的存活力，延迟产卵繁殖。急性氨氮中毒危害为：水生生物表现为亢奋、在水中丧失平衡、抽搐，严重者甚至死亡。

氨氮的测定方法通常有纳氏试剂比色法、苯酚-次氯酸盐（或水杨酸-次氯酸盐）比色法和电极法等。纳氏试剂比色法具操作简便、灵敏等特点，水中钙、镁和铁等金属离子、硫化物、醛和酮类、颜色，以及混浊等干扰测定，需做相应的预处理，苯酚-次氯酸盐比色法具灵敏、稳定等优点，干扰情况和消除方法同纳氏试剂比色法。电极法通常不需要对水样进行预处理和具有测量范围宽等优点。氨氮含量较高时，还可采用蒸馏-酸滴定法。

氨氮的常规测量可以用测试工具和小型分光光度计，在高负荷的循环养殖系统中可以选择氨气敏感电极作为传感器来测定。

4）亚硝酸盐

随着国内外水产养殖业迅猛发展，养殖规模的日益扩大，集约化程度的不断提高，超限量放养和集中投饵产生了大量的残饵、粪便和死亡的动植物尸体，这些有机物沉积于池底，在异养菌的作用下腐败发酵，其中的蛋白质和核酸慢慢被分解，产生大量含氮有害物质，使养殖水体水质迅速恶化，造成严重的自身污染，甚至使得整个养殖生态环境遭到破坏。污染发生时，水体中氨氮、亚硝酸盐等有害物质大量产生，尤其是高浓度的亚硝酸盐不仅直接危害养殖动物，同时由于它的长期蓄积中毒作用，鱼、虾等抗病力降低，易招致各种病原菌的侵袭，故被视为鱼、虾的致病根源，使养殖户蒙受了严重损失，极大地限制了水产养殖业的发展。

当亚硝酸盐浓度没有达到致死浓度，但超过了养殖对象的忍耐程度时，将导致养殖对象的生理功能紊乱，影响其生长或引起其他疾病的发生。慢性中毒症状不明显，一般肉眼很难看出，但严重影响鱼类的正常生活。中毒较深的摄食量减少，活动力减弱，鱼体消瘦，体表无光泽，这些症状只要细心观察，还是可以发现的。而一旦水体转好，这些症状会逐步消失，但如果不及时调节水质，就会严重影响成活率，特别是恶劣天气或病害侵入时，会造成极大损失。

水域环境中因亚硝酸盐中毒而死亡的鱼类，死后无明显的外观症状，与缺氧死亡相似，大部分沉在池底，解剖时可发现鳃变黑肿大，肝脏、胰脏模糊不清，肠道充血等症状。

水域环境中较低浓度的亚硝酸盐也会使水生动物中毒，当水中的亚硝态氮浓度达到 0.1mg/L 时，鱼、虾红细胞数量和血红蛋白数量就逐渐减少，血液载氧能力逐渐丧失，造成鱼虾慢性中毒，此时鱼、虾摄食率降低，鳃组织出现病变，呼吸困难，骚动不安。当水中的亚硝酸盐浓度达到 0.5mg/L 时，鱼、虾某些新陈代谢功能失常，体力衰退，此时鱼、虾很容易患病，继而出现大面积暴发性疾病死亡。我国淡水渔业用水标准规定，养殖水体中的亚硝态氮应控制在 0.2mg/L 以下，河蟹、对虾育苗水体中的亚硝态氮应控制在 0.1mg/L 以下。

它的测定方法有 N-（1-萘基）-胺光法、紫外分光光度法、示波极谱法、离子色谱法。

前三种方法使用的重氮和偶联试剂种类较多，并且在化学方法分析过程中人员、试剂、玻璃器皿也会对分析结果产生一定的系统误差，且用化学分析时间较长，而亚硝酸盐在水中可受微生物等作用而很不稳定，又是氮循环的中间产物，在较长时间的分析过程中会氧化而流失，在采集后应尽快分析。目前离子色谱分析水中的亚硝酸盐是分析亚硝酸盐的最佳方法。

5）硫化氢

硫化氢的来源：在缺氧条件下，含硫的有机物经厌氧细菌分解而产生；在富硫酸盐的池水中，经硫酸盐还原细菌的作用，使硫酸盐转化成硫化物，在缺氧条件下进一步生成硫化氢。硫化物和硫化氢均具毒性。硫化氢有臭蛋味，具刺激、麻醉作用。硫化氢在有氧条件下很不稳定，可通过化学或微生物作用转化为硫酸盐。在底层水中有一定量的活性铁，可被转化为无毒的硫或硫化铁。

水体中的硫化氢通过鱼鳃表面和黏膜可很快被吸收，与组织中的钠离子结合形成具有强烈刺激作用的硫化钠，还可与细胞色素氧化酶中的铁结合，使血红素量减少，因而影响鱼类呼吸，为此硫化氢对鱼类具有较强的毒性，检测水中的硫化氢可以使用奥克丹水产养殖水质检测仪。在养殖水体中硫化氢含量达 0.1mg/L 就可影响幼鱼的生存和生长，当达到 6.3mg/L 时可使鲤鱼全部死亡。中毒鱼类的主要症状为鳃呈紫红色，鳃盖、胸鳍张开，鱼体失去光泽，漂浮在水面上。

硫化物的测定方法为亚甲基蓝分光光度法，测定的原理是含硫离子的溶液与 N,N-二甲基对苯二胺和硫酸铁铵反应生成蓝色的络合物亚甲基蓝，在 665nm 波长处测定。

2.1.2 水质常规金属化合物参数分析与测量方法

近年来,由有毒金属引起的一次次严重污染事件的发生,使世界各国越来越重视和关注重金属的潜在危害。我国也开展了水中优先污染物筛选工作,其中重金属及其化合物,如镉、汞、铜等九类金属及其化合物被列入"黑名单"中。因此,自20世纪70年代起,国内外学者便开展了重金属形态分析的研究工作,以便为建立新的水质标准提供可靠的依据。根据国际纯粹化学与应用化学联合会(IUPAC)定义,"形态分析指确定分析物质的原子和分子组成形式的过程,即指元素的各种存在形式,包括游离态、共价结合态、络合配位态、超分子结合态等定性和定量的分析方法"。根据化学形态来评价环境中重金属对生物体的毒性是当前形态分析发展的重要方向。

水产养殖过程中的重金属污染分为两类,一类为外源性污染,即由于养殖过程中外来重金属污染源的排入引起的水产品受到污染,或是养殖区域原有环境曾经遭受重金属污染,从而在养殖过程中,通过底泥释放、水体交换等途径,对养殖的水产品造成污染;另一类为内源性污染,即在养殖过程中,饲料的投放、鱼药的施用等养殖行为所导致的重金属污染。

水产养殖重金属污染的危害主要体现在两方面,一方面是重金属污染对水产品自身繁殖、生长等过程的危害;另一方面是重金属含量过高的水产品进入食物链,最终对人类自身健康造成的危害。重金属对水生生物的危害包括急性中毒死亡与慢性中毒死亡,水体或底泥中释放的重金属对水体的影响具有持久性,可以对养殖的水生生物产生明显的致畸、致死、致突变效应。重金属对人类的危害主要体现在进入人体内的重金属具有致癌、致畸、致突变、影响人体免疫机能、加重一些非特异性疾病等。

目前国内水产养殖相关的重金属去除的研究报告较少,但随着人们对食品安全性能的关注和养殖场所受污染程度的日益严重,对水产养殖过程中水体重金属控制的要求逐步引起人们的重视。

以下仅就重金属形态几种主要的分析方法进行概述。

1. 计算法

采用计算法的前提是,假定被研究体系是封闭体系,介质处于热力学平衡状态,已知所有组分的总浓度及被分析元素和各组分之间发生的全部化学反应的平衡常数。通过对一系列代表这些反应的方程组求解而计算出被分析元素的形态。目前,已提出的水质化学平衡模式主要有MINTEQA2、REDEQL2等,其已广泛应用于形态分析。计算法的优点是简便、快速,不需要做实验或仅需少量辅助性实验,但不能准确处理体系中所有的化学反应,缺乏可靠的热力学数据和各种反应的平衡常数,并忽略了一些动力学因素的影响,只能反映局部环境短期内主要变化趋势和预测可能达到的极限状态,不能代表环境体系的真实情况。目前,数学计算模型应用于描述环境污染物在环境中的迁移规律工作较多,应用于描述形态分布与生物有效性和毒性关系的报道甚少。如何真实地表征环境中元素的存在状态是水质化学平衡模式研究中亟待解决的问题[1]。

2. 实验方法

对于比较简单的化学形态分析,某些方法可直接完成,如用分光光度法分析同一元素的不同价态,用阳极溶出伏安法分离分析稳定态与不稳定态金属等。而对于复杂的化学形态分析,则需要测定方法与分离富集方法相结合,并且是多种分离富集、分析方法的联用。下面介绍用于形态分析的常用的几种实验方法(包括检测和分离富集技术)。

1)阳极溶出伏安法

阳极溶出伏安(ASV)法是水环境中最常用的一种重金属形态分析方法。ASV分析一般的毒性金属具有较高的灵敏度,被用于铜、铅、锌、锰等元素的形态分析,检验极限有的可达 $10\sim 11 mol/L$。该法将金属形态按其不同的电极行为特征分为稳定态和不稳定态。不稳定态金属包括自由金属离子、不稳定的络合物和与胶体结合的不稳定金属,通常被认为是主要的毒性形态。用 ASV 可直接测量出样品中元素的不稳定态,然后,将样品经过化学处理后再测元素的总量,由差减法可求得元素的稳定态含量。ASV 原理是在某一电位下富集金属络合物于电极表面,然后进行阳极的溶出,依据溶出峰的电流大小与金属离子浓度变化的线性关系进行分析。金属离子通过扩散层与重金属穿过细胞膜进入细胞的过程类似,所以能较好地反映出重金属的毒性。但实际上,通过生物膜时还受膜条件的限制。近几年发展起来的化学修饰电极,由于具有电化学传感,选择富集与分离等功能,大大促进了溶出伏安法的发展,适当地选择修饰物和控制电极电位为测定离子组分提供可能,这对水中化学形态分析意义重大。微分脉冲阳极溶出伏安法(DPASV)因其高灵敏度得到广泛的应用。从总体上看,ASV 测定水中痕量金属形态有很高的灵敏度,并在一定程度上能获得测定结果与金属毒性的一致性。但该法存在一些问题。例如,ASV 法只能测定出一定环境下金属的一类形态浓度,而不能区别单一形态及其毒性大小,所以不能将测定结果推广到所有环境。

2)原子吸收光谱法

火焰原子吸收光谱法(FAAS)和石墨炉原子吸收光谱法(FGAAS)均只能检测元素的总量,不能直接用于元素的形态分析,但利用它们简便、快速、灵敏度高的特点常将其与其他分离富集技术相结合测量元素的不同形态。

3）分离富集技术

选择简便、快速的分离富集技术,有效地防止分析过程中形态的改变和污染或损失是分析结果准确的关键。

萃取法:脂溶性金属能以被动扩散方式通过生物膜,对于生物具高度积累性和高毒性。有人采用与生物膜具有相似介电性质的有机溶剂萃取法来研究脂溶性金属的分离。

离子交换树脂法:利用元素的价态或配位情况的不同或与离子交换树脂的亲和力不同,选用合适的淋洗液,可直接分离、分析同一元素的不同形态。chelex-100是最常用的螯合树脂。某种树脂对特定金属截留的量与金属的毒性实验一致,但对另一种金属,可能会过高或过低地估计毒性,所以没有广适性,而且,也不能具体指出哪一种形态的毒性大小。

吸附法:可分为静态吸附和动态吸附两大类,吸附机理随吸附剂的结构、性能不同而不同,利用吸附剂特有的官能团、表面静电荷、表面键能、表面特定孔径等与待分离富集元素形成配位化合物、离子缔合物或形成物理吸附可达到分离富集特定元素形态的目的。

膜滤分离法:膜滤分离法依据金属的毒性形态与非毒性形态的粒度大小及透过性能来判断毒性。超滤膜、透析膜的孔径分别为1~15nm、1~5nm,元素胶体态的直径为10~500nm,自由离子和无机络合物的直径多在纳米以内,因此,不稳定态金属可以透过,而大分子稳定络合物被截留,在一定程度上可以表征金属的毒性。

2.1.3 水质生物指标参数分析与测量方法

当水体受到污染时,水生生物的生存与繁衍必然会受到一定的影响,因此水生生物必然会产生不同的反应和变化。这些反应和变化可以被我们利用作为评价水质的指标。必须强调,水质的生物学指标的调查分析结果对于科学评价水环境质量越来越显示其重要性。像英国、美国、日本等对水环境的要求,都从生态学的观点出发,重视生物监测。例如,英国泰晤士河由于进行了长时间的治理,1969年已有鱼群重新出现,其治理效果就是用100多种鱼类重新回到泰晤士河加以表征的;1970年日本将生物学水质判断法列入有关水环境质量指标中;我国现在已将细菌学指标列为部分水环境质量标准。

关于水色和浮游植物种类的关系,一般来说,金藻、黄藻、硅藻、甲藻的细胞呈褐色或褐绿色,其水华也接近上述颜色;绿藻和裸藻细胞呈绿色,其水华也接近绿色;蓝藻细胞呈深绿或蓝绿色,其水华也接近深绿或蓝绿。一般认为褐色、黄色或带黄褐色的水是好水,绿色或蓝绿色的水是劣水。然而实际情况要复杂得多。

首先,同一门藻类在色素组成上虽然有其通性,但还有特殊的情况。如蓝藻门种类一般呈蓝绿或灰绿。而有些种类（孟氏颤藻、泥褐席藻等）因含较多的胡萝卜素、叶黄素和藻红素而使细胞呈黄褐、红褐或紫红等颜色。裸藻通常呈绿色；但血红裸藻细胞内有大量血红素而使水呈红褐色。有些藻类因具囊壳或被甲，水色也受壳、甲颜色的影响。此外，同一种类的色素组成也可随生活条件的变化而改变，特别是蓝藻和绿藻，当种群达到指数增长期末时，常因养分（氮、磷、碳或微量元素）不足或其他原因而使细胞出现"老化刁"现象，这时叶绿素量减少而胡萝卜素和叶黄素量增多，因而使藻体发黄或呈褐色。各种藻类对光照条件的色素适应而改变颜色的现象更为常见。渔农一般都认为红褐、褐绿、褐青（墨绿）和绿色的水较好，蓝绿、深绿、灰绿、黄绿、泥黄色等则是水色不正的劣水。大致说来，施肥初期形成的褐色水是好水，中后期从其他水色转变为褐色的则是劣水。

我国传统养鱼方式的特点是逐日定量地向鱼池施投有机肥料和人工饵料，丰富的有机质使兼性营养的鞭毛藻类在种间竞争中处于有利的地位；如果不能适时满足鞭毛藻类的要求，蓝藻即取得竞争上的优势。看来以隐藻为代表的鞭毛藻类和蓝藻应是我国养鱼池生态系中两类基本的顶级群落，前者为水质管理得当、水中物质循环良好的我国传统肥水的代表，后者通常为管理欠佳、物质循环不良的"老水刁"。当然，从养鱼效果来看有些蓝藻塘（如鱼腥藻和拟鱼腥藻塘）还是头等好水。看来，当前采用定向培育鞭毛藻类肥水是一项易于在生产上推广应用的方法。今后随着养鱼事业的发展，化学肥料的使用将日渐增大[2]。

微生物在水产养殖环境中能起到的作用主要是生物修复。生物修复是利用微生物（细菌、真菌、酵母菌或提取物）对环境污染物的吸收、代谢、降解等功能，在环境中对污染物的降解起催化作用，从而去除或消除环境污染的一个受控或自发的过程。在水中，微生物参与碳循环的转化，主要是通过它们对各种含碳化合物，特别是含碳无氮有机物的作用而进行的，其主要作用是常见的发酵和氧化作用。因此，对水体环境中的微生物的检测也是衡量养殖环境的好坏的一个重要指标。

2.2 水产物联网的感知技术及实现

水产物联网的感知技术主要包括常用的水质监测和检测技术，以及其他的生物生态及生物生理检测技术等。而水质传感器是为了解决环境水质参数在现场取样通过实验分析化验得到麻烦的问题，它作为水质监测的项目，可以反映水质几个重要参数的连续实时监测。而水质传感器技术也因此成为目前国内水产养殖和海洋环境监测的重要技术及亟待发展和提高的技术。下面介绍溶解氧传感器、温度传感器、盐度传感器、氨传感器和pH传感器等传感器技术。

2.2.1 温度传感器及关键技术

温度传感器有多种结构,包括热电偶、金属测温电阻温度传感器和热敏电阻。

1. 热电偶温度传感器

用两根不同种类的金属芯线构成电路,在接点处温度有变化时,与温度差相对应在电路中产生温差电动势。这种现象称为塞贝克效应。利用这个效应制成的温度传感器就是热电偶,如图 2-3 所示。

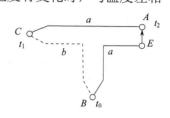

对于实际应用的热电偶来说,要求具备各种条件,如温差电动势与温度之间的线性度、稳定性与寿命、耐热性、耐腐蚀性、均匀性和立换性等。热电偶用于实验室等特殊用途的场合时,可使用芯线直接进行测量。但在工业部门,为了增加机械强度,以及耐热和耐腐蚀等目的,在使用时是把热电偶放入保护管中。

图 2-3 热电偶的测量原理

铠装热电偶是一种特殊构造的热电偶,目前已经得到广泛的应用,如图 2-4 所示。极细的套管和芯线之间结实地填充了氧化镁和氧化铝等物质,这些填充物除了保持绝缘以外,还使芯线处于气密状态,以防止腐蚀和老化。与保护管式热电偶相比,铠装热电偶响应速度快,更具耐热性和耐震动性,通常使用的产品的芯线直径为 $\phi 0.12 \sim 1.3$mm,套管外径为 $\phi 0.65 \sim 8.0$mm,也有外径为 $\phi 0.2$mm 的产品[3]。

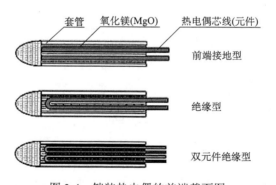

图 2-4 铠装热电偶的前端截面图

2. 金属测温电阻温度传感器

1)测温电阻材料与温度特性

白金(Pt)、铜(Cu)、镍(Ni)等纯金属丝的电阻具有 0.3%/℃~0.6%/℃的温度系数。把这些金属做成细丝绕成测温电阻。

对测温电阻的芯线材料要求具有如下条件：①电阻的温度系数大，线性度好；②性能稳定；③能在大的温度范围内使用；④能得到适当的电阻值；⑤容易加工；等等。

具备这些条件最合适的材料是白金，白金测温电阻已广泛用于各种测温中。由于白金测温电阻非常稳定，因此把白金测温电阻设计成特殊结构可作为标准温度计来使用（国际实用温标 IITS-68）。镍比白金便宜，温度系数也比较大，在常温下达 0.6%/℃，缺点是原材料不同，其特性也不同，使用的温度范围为-50～+300℃。铜测温电阻器鼓便宜，线性度也好，但使用温度，如果稍高，因会发生氧化而不能使用，使用温度范围局限在 0～120℃的温区附近。

2）测温电阻的构造

对于测温电阻所用的芯线，如果出现机械上的缺陷，就会引起电阻值和温度系数发生变化，所以必须注意不要对芯线施加张力，不要让芯线出现弯曲，在这些要求下才能在线架上绕芯线。此外，还要设法避免由冲击和振动造成细芯线断线现象。图 2-5 是一种云母绕线架的芯线结构。在线长的云母绝缘板的两侧加工成齿形槽，沿着这些槽绕上白金芯线。在芯线体上，通过云母绝缘板安装不锈钢的鳍状散热片。这个元件必须放入保护管中进行使用。鳍状散热片有良好的热传导性能，除了能减轻由于时间过长电阻器本身的发热以外，还能起到加固作用，且具有很好的耐振动特性。白金芯线直径为 0.035～0.05mm，使用长度约为 1m。

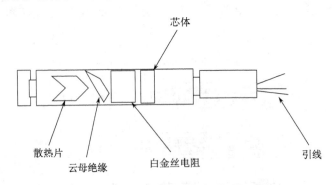

图 2-5 云母线架白金测温电阻元件

图 2-6 是玻璃密封型白金测温电阻元件，绕线芯架是一根玻璃圆棒，膨胀系数与白金相同。在玻璃圆棒上刻两道平行的槽，然后在圆棒上来回绕上白金芯线并进行固定，这是为了防止电感应。把绕线芯架插入玻璃管，两端密封。元件外形尺寸从 $\phi 2 \times 23$（50Ω元件）到 $\phi 4 \times 40$（100Ω元件）之间各个品种都有，也有 $\phi 1$ 的特殊元件。玻璃密封型元件最高使用温度为 400℃左右，如果在玻璃周围覆

盖陶瓷，则能在 600℃高温下使用。

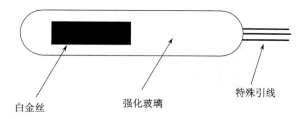

图 2-6　玻璃密封型白金测温电阻元件

套管型测温电阻是在不锈钢套筒顶端的测温电阻元件上填充无机绝缘物并加以固化。这种测温电阻响应速度快，适合于几振动条件或恶劣环境中使用，还有一个特点就是容易进行弯曲加工。套管外径 $\phi1.8$ 到 $\phi6.4$ 各种规格都有。白金测温电阻元件除了绕线以外，还有厚膜型、薄膜型等构造。

3. 半导体热敏电阻

一般来说，半导体比金属具有更大的电阻温度系数，常用热敏电阻这个名称并具有图 2-7 所示的各种特性，作为一种温度传感器已经得到实用[4]。

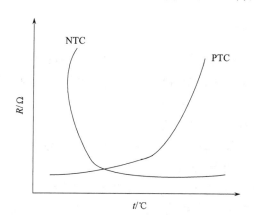

图 2-7　各种热敏电阻温度传感器特性

NTC 热敏电阻可用于温度测量。PTC 热敏电阻主要采用 BaTO 系列的材料，当温度超过某一数值时，其电阻值朝正的方向快速变化。

NTC 热敏电阻主要是 Mn、Co、Ni、Fe 等过渡金属氧化物的复合烧结体，通过不同材料的组合，能对电阻值和温度特性进行调整。在热敏电阻的构造中，有圆球型、圆片型、芯片型等各种型式。圆球型如图 2-8 所示，把感温材料烧结在两根白金丝上，使其呈圆球状，在大多数情况下再加一层玻璃覆盖层，使其成为一种性能稳定、结构坚固的感温元件。

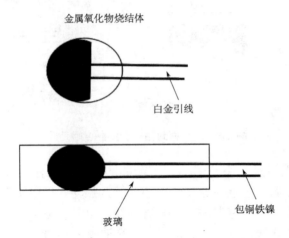

图 2-8 热敏电阻温度传感器的构造（圆球型）

热敏电阻温度传感器的特征是元件尺寸小，响应速度快，电阻随温度的变化能力强，并能测量微小的温度变化。缺点是稳定性差，没有互换性，但目前已有改良品种。

4. 其他的温度检测方法

在振荡器电路中用作频率控制元件的石英晶体也可用来进行温度测量。在通信工程领域中早已认识到这种晶体对温度变化的敏感性。使用按频率与温度关系线性最佳的方向切割的石英晶体便可利用上述的关系测量 $-50\sim 25℃$ 的温度。当这种晶体与振荡电路连接，且谐振在三次谐波（30MHz 左右）时，可提供约 1kHz/℃ 的灵敏度。通常使振荡器的输出与参考振荡器的输出混频，从而获得差频。然后，可将差频显示在频率计数器上[5]。

热噪声温度传感器是利用"电阻器中热噪声的产生取决于温度"这一原理进行工作的。把电阻器接入高增益放大器，此放大器能够放大电阻器的热噪声而本身却不产生任何明显的噪声。当用于 $10\sim 90K$ 间的低温测量时，需要用某些方法获得基准温度以便将校准的"不确定性"（如由放大器增益和带宽不定而引起的）减到最小程度。在温度低到超导装置可以工作时（低于 10K），可用约瑟夫森结作为前置放大器进行温度测量。一般将此结接入振荡器电路，这样通过旁路电阻中热噪声的变化就可获得正比于温度的输出频率。约瑟夫森结噪声温度计已可测出低于 1K 的热力学温度。

电容温度传感器是利用其介质特性随温度变化的原理。这类传感器主要用于低温和超低温范围的测量，可根据在欲测的温度范围内最佳的温度依赖性选择介质材料。电容温度传感器的优点之一是不存在由磁场引起的误差。核磁共振（NMR）和核四极矩共振（NQR）技术也已实验性地用于温度测量。

5. 比较分析

热电偶技术成熟，应用领域广，货源充足。但是选择热电偶必须满足温度范围要求，且其材料与环境相容。电阻温度传感器（RTDs）的原理为金属的电阻随温度的改变而改变。大多电阻温度传感器由铂、镍或镍合金制成，其线性度比热电偶好，而且更加稳定，但容易破碎。热敏电阻是电阻与温度具有负相关关系的半导体。热敏电阻比 RTDs 和热电偶更灵敏，也更容易破碎，不能承受大的温差，但这一点在水产养殖中不成问题。在水产养殖生产过程中，鱼类的适宜温度为 $0 \sim 40℃$，而且在 PT 阻值与温度对应关系式中，常数对应的二次项较小，引起的误差较小，一般忽略不计，实际使用时一般以热敏电阻分度表对应的线性方程为基准，因此水产养殖中考虑到实际可操作性、简便性，常选用 PT 系列的热敏电阻作为水产养殖温度采集的传感器。

2.2.2 水质 pH 传感器及关键技术

pH 传感器广泛应用于化学和生物医学领域，如环境监控（水质）、血液 pH 测量和实验室 pH 测量等。常见的 pH 传感器按信号传输方式主要有光信号 pH 传感器和电信号 pH 传感器。光信号 pH 传感器主要包括光纤 pH 传感器和荧光 pH 传感器。荧光 pH 传感器在光纤 pH 传感器的基础上固定了荧光染料，使 pH 测定结果更为精确。目前，塑料光纤已能够代替石英光纤作为光信号传输介质，降低传感器制作成本，并且有利于固定敏感聚合物响应介质或荧光染料。对于荧光 pH 传感器，聚合物是众多荧光剂固定载体中性能最优异、应用最广泛的材料。根据导电高分子或半导体高分子对溶液 pH 的响应机理及检测方式的不同可将聚合物基电信号 pH 传感器分为阻抗型、电流型和电导型传感器。

1. 基于分子体积变化

对于光纤 pH 传感器，聚电解质或水凝胶由于体积变化，透射光谱共振波长发生变化，通过分析特定区域的透射谱便可获得相应溶液的 pH。光子晶体水凝胶传感器依赖于光衍射引起的变色。

物质溶于溶剂中能电离或水解出氢离子，这种物质称为酸；能接受氢离子的物质称为碱。酸（HA）失去氢离子后变成碱（A^-），而碱（A^-）接受氢离子后变成酸（HA）。HA 与 A^- 构成共轭酸碱对。化学中有许多物质的颜色受到 pH 影响，可以用酸碱指示剂来测定溶液的 pH。这种酸碱指示剂本身是一种弱酸或弱碱，其共轭酸碱对具有不同的结构。溶液 pH 的改变可能引起酸碱指示剂结构的变化，从而引起溶剂吸收峰的改变，表现为溶液颜色发生变化。其中 pK_a 为酸度常数。原酚酞分子中只有一个苯环和羧基形成的非共轭体系，吸收峰在紫外区，为无色；离解形成的酚酞阴离子构成一个大的共轭体系，其吸收峰红移到可见光区，为粉红色。当溶液的 pH 由酸到碱变化时，平衡向右移动。因此，在碱性溶液中，平衡向右移动，溶液由无色变为粉红色；在酸性溶液中，平衡向左移动，溶液由粉红色变为无色。光纤 pH 化学传感器就是利用酸碱指示剂的这一特点，以光纤为传输元件，将酸碱指示剂固定在载体上制成薄膜状，然后固定在光纤的端面或侧面，构成 pH 探针。当溶液中的 H^+ 进入薄膜与薄膜中的酸碱指示剂相互作用时，会改变指示剂分子的结构，薄膜的光学性质（如吸收率、反射率、荧光性、能量转移、折射率等）会发生相应的变化，进而引起光纤传播光诸特性的变化，通过检测光纤传播光诸特性的变化来检测溶液 pH 的变化。光纤 pH 化学传感器的基本组成部分包括光源、传输光纤、传感器探针、光学检测器和信号处理系统。图 2-9 是一个简单完整的光纤 pH 化学传感器检测装置图。传感器探针是光纤 pH 化学传感器中最重要的组成元件，它是一个试剂固定装置，可以将敏感膜（膜成分一般由 pH 敏感指示剂、固定试剂支持剂、增塑剂等构成）固定于光纤末端，也可以将敏感膜直接涂敷在腐蚀掉包层的纤芯上，构成传感器探针。

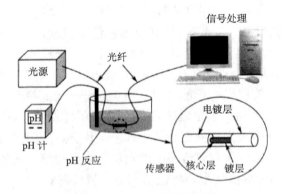

图 2-9　光纤 pH 化学传感器

2. 基于电流或电导率变化

在恒定电压下，测量电流或电导率的 pH 传感器信号来自氢离子浓度变化引起的电极间电流或电导率的变化。导电聚合物或半导体聚合物可以制备 pH 传感器电极，溶液中质子在电场作用下在聚合物表面富集形成界面电荷，测量并记录电流或电导率的变化可以反映溶液的 pH。

用导电聚合物修饰传感器电极可以增强弱信号，但通常不会提高信噪比。共轭导电聚合物还可作为氧化还原介质减少待测离子的氧化还原电位（ORP），从而减少背景和干扰电流的影响。聚苯胺（PANI）薄膜涂布在棒状石墨电极上,该石墨电极与稳压器的工作和辅助电极连接,并与参比电极一起浸在待测溶液中。当外部电源开启,电流的大小随溶液的 pH 变化而变化,测量电流值即可获得相应溶液的 pH。传感器如图 2-10 所示。

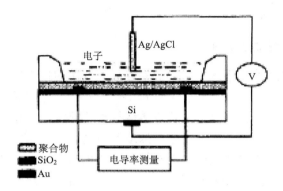

图 2-10 基于电导率变化测量 pH 设备简图

3. 基于阻抗变化

基于场效应晶体管的 pH 传感器是常用的一种替代玻璃电极的新型传感设备。该传感器的工作原理是将场效应晶体管浸在一定 pH 的溶液中,检测漏电流的大小以表征溶液的 pH。近年来,半导体聚合物及导电聚合物也被用来制作这一类型的传感器。该装置是通过引入导电或半导体聚合物 pH 敏感膜而形成一种高阻抗场效应晶体管装置。该聚合物敏感膜在不同 pH 溶液中阻抗会发生变化,且承担着传感和电荷传输的双重任务。利用一对电极来测量敏感膜的阻抗即可确定溶液的 pH。到目前为止,这种阻抗滴定传感模式是替代主流 pH 传感的最有前途的方法。

4. 基于电位变化

电位传感器是以工作电极和参比电极之间的差异（电压）作为潜在测量信号的一类传感器。敏感聚合物作为响应介质可制作电位传感器的工作电极。当溶液 pH 改变时工作电极和参比电极间电压将发生改变,测量两电极间电位差便可得到溶液 pH。这类传感器可以在较高温度和压力下工作,而且 pH 响应范围宽,响应时间比其他类型传感器要短。

5. 比较分析

pH 敏感高分子如聚电解质、水凝胶、导电高分子、半导体高分子及非响应性高分子材料在 pH 传感器领域获得了广泛的应用。在光、电不同信号的传感器中敏感聚合物 pH 响应方式不同。目前，聚合物基 pH 传感器已在远程、长期测量方面崭露头角，彰显了小分子所不具备的性能优势。但聚合物作为传感器敏感介质依然有其难以克服的弊端。在今后的研究工作中，应尽量发挥高分子的优势，研究高分子基 pH 传感器真正适用的测试环境和体系。

2.2.3 水质氨氮传感器及关键技术

氨的浓度在水产养殖系统中是关键的参数，在集约化养殖中要对氨的浓度进行常规测量。常规测量时，有测试工具和小型分光光度计就够了。但在高负荷的循环养殖系统中，为确保生物过滤器有效运行和鱼虾等的健康，需要频繁地检测氨的浓度。用于测量循环养殖系统中氨浓度的自动操作系统中，传感器是一种氨气敏感电极。这个电极能通过一种选择性的膜测出溶液中的游离氨气量。为了测量水样中的总氨量，要使水样的 pH 高于 11 以保证溶液中所有的氨是以氨气的形式存在。

1. 金属半导体传感器

金属半导体材料是最早应用于氨气传感器的一类材料，而且目前大部分的氨气传感器仍采用 SnO_2 半导体材料。该材料主要是依靠接触氨气前后的电导率变化进行检测，不少学者对单一的金属半导体材料进行掺杂改性，获得了不错的效果。

2. 导电聚合物传感器

导电聚合物氨气传感器是以导电聚合物为敏感材料，是从 20 世纪 80 年代发展起来的新型气敏传感器，它比原有的传感器具有制备简单、价格低廉、应用限制少等优点。气体通过时，吸附的气体与高分子导电聚合物之间产生电子授受关系，通过检测相互作用导致的物性变化（如电导率变化）而得知检测气体分子存在的信息。作为氨气检测用的导电聚合物材料主要有聚苯胺、聚吡咯、聚噻吩等。

1）聚苯胺

在众多共轭高分子材料中，聚苯胺（PANI）以其单体价格低廉、合成工艺简单、导电性能优良和空气及热稳定性高而受到人们的关注，成为导电聚合物领域的前沿。PANI 不熔不溶，加工困难，因此众多研究者将目光投向了 PANI 的复合改性。通过各种办法，将 PANI 与无机物、高分子聚合物等进行掺杂，虽然掺杂后的氨敏性能有一定下降，但是材料的可加工性能得到了显著的增强。近年来，不少学者已经不满足于简单的掺杂复合改性，他们将纳米技术以及声、光波检测手段引入 PANI 基氨气传感器的制作，获得了较好的效果。

2）聚吡咯

聚吡咯膜具有空气中稳定性好、易于电化学制备成膜、无毒等优点，纯的聚吡咯电导率非常低，掺杂是获得高电导率的必要方法。

3. 电化学传感器

电化学氨气传感器是通过检测电极在通过氨气前后电位、电流的变化来确定氨气的浓度，可分为电位型、直接电流型和电容型。

电位型传感器：是指将氨气溶解于电解质中产生的电位变化作为传感器的输出的一类传感器。

直接电流型传感器：保持电位恒定，氨气通过介质时，介质氧化或还原产生的电流变化作为输出的一类传感器，工作介质一般是碱性溶液。

电容型传感器：用多孔材料作为电容器的介电材料，在氨气存在下，电容值会发生变化。

传统的电化学传感器使用液体电解质，电解质的蒸发或污染导致传感器信号衰降，一般使用寿命只有 1 年，因此利用固体高聚物电解质（SPE）研制电化学传感器已成为国际热点。

4. 纳米材料传感器

碳纳米材料于 2000 年首次应用到氨敏传感器中。纳米材料传感器与传统传感器相比，优势在于：比表面积大，有中空的结构，电化学性能独特，能耗低，易实现微型化和智能化。

碳纳米管传感器依据管壁中碳原子的层数分为单壁碳纳米管（SWNT）和多壁碳纳米管（NWNT）。多壁碳纳米管与单壁相比，制造成本低，可以制作大尺寸的纳米管。

长度大于 $1\mu m$ 的纳米材料称为纳米线。纳米材料传感器一般恢复时间较长，虽然通过紫外线照射或高压脉冲，可以加快恢复，但是这限制了它的使用范围。

5. 光纤传感器

光纤传感技术出现于 20 世纪 80 年代，光纤传感器的特点是灵敏度高，适用于微量检测，但仪器较昂贵，分析周期长。光学传感器根据原理可分为 pH 指示剂型、荧光型、光谱吸收型。pH 指示剂型传感器是以百里芬蓝、溴甲酚紫、溴百里酚蓝等 pH 指示剂吸收光波导表面吸收波为原理。荧光型光纤气体传感器是通过与气体相应的荧光辐射来确定其浓度的光纤传感器。光谱吸收型传感器是依据氨气的吸收光谱进行测试的仪器。氨气的近红外波段的特征吸收峰波长为 $11544\mu m$，一般光谱吸收型传感器采用氨气这一特性进行检测。

6. 比较分析

随着人们安全意识的增强,对环境安全性要求的提高和政府相关安全法规的推动,对氨气传感器提出了新的要求。目前,氨气传感器的发展趋势集中表现为:

(1) 提高氨敏材料的灵敏度、选择性,增强稳定性和可靠性。目前的热点在于开发新材料和将声、光、电、纳米技术等前沿科技引入传感器的研发。

(2) 利用计算机辅助设计(CAD)技术和微机电系统(MEMS)技术使传感器微型化,降低传感器的功耗和成本。

(3) 大力发展多功能、智能型传感器。未来的氨气传感器将充分利用计算机、微机械、微电子、仿生学等技术,实现多学科交叉融合。研制能够同时监测多种气体的全自动数字式的智能气体传感器将是该领域的重要研究方向。

2.2.4 水质溶解氧传感器及关键技术

溶解氧指溶解在水中的分子态氧,通常记作 DO,溶解氧的浓度在计量体系中通常用每升水中氧的毫克数和饱和百分比率表示。水体中溶解氧的浓度与大气压力、空气中氧的分压、水温和水质状况有密切关系,是评定水质优劣、水体被污染程度的一个重要指标。溶解氧传感器是一种用于测量氧气在水中的溶解量的传感设备。现有的溶解氧传感器多种多样,其基本的工作原理都是利用各种器件或仪器测定氧分子在化学、电化学和光化学反应中产生的电学或光学信号,然后将这些信号统一转换为电学信号,再经放大电路处理或模数转换电路,最后将测量结果输出到仪器显示界面,从而实现溶解氧浓度的测量。按照所依据的基本测试原理,现有的溶解氧传感器主要可以分为化学型、电化学型和光学型三种。这三种不同的溶解氧传感器各有特点,使用时需要考虑具体的检测环境和测试要求加以优选。

1. 化学型溶解氧传感器

化学型溶解氧传感器依据碘量法进行溶解氧浓度的测量。碘量法是国际公认的测定水中溶解氧的基准方法,也是我国溶解氧测量的国家标准方法之一。碘量法测量溶解氧的主要步骤如下:

在定量的待测水样中加入适量的氯化锰和碱性碘化钾试剂,两者反应生成的氢氧化锰会被水中氧分子氧化成褐色沉淀,其主要成分为 $MnO(OH)_2$,加 H_2SO_4 酸化后,沉淀溶解。在碘化物存在的情况下,被氧化的锰又被还原为二价,同时析出与溶解氧原子等物质的量的碘分子。用硫代硫酸钠滴定反应中析出的碘,同时,以淀粉指示滴定量,最终实现溶解氧浓度的测定。测试中主要的化学反应过程如下所示:

$$Mn^{2+} + 2OH^- \rightleftharpoons Mn(OH)_2$$
$$2Mn(OH)_2 + O_2 \longrightarrow 2MnO(OH)_2$$
$$MnO(OH)_2 + 2I^- + 4H^+ \rightleftharpoons Mn^{2+} + I_2 + 3H_2O$$
$$I_2 + 2S_2O_3^{2-} \rightleftharpoons 2I^- + S_4O_6^{2-}$$

由于碘量法是直接建立氧分子与碘之间的当量关系，所以这种检测方法准确度高，并且检测过程不会受到温度、气压等环境参数的影响。但该方法也有一些缺点，如滴定操作复杂烦琐，单个样品测试周期长，不能满足实时在线连续测量的要求。在没有明显干扰的情况下，碘量法适用的测量值 x(mg/L)：$0.2 \leqslant x \leqslant 20$（20mg/L 约为自然水样中饱和溶解氧浓度值的 2 倍）。如果水样中含有易氧化物质，则无法直接使用，需要进行改进或采用其他检测方法。因此，依据碘量法研制的溶解氧传感器系统虽然测量精确，但往往结构较复杂（图 2-11），系统体积大，无法实现实时在线监测。

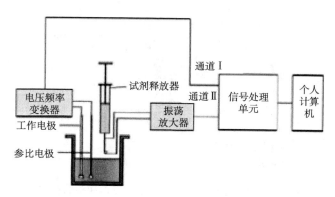

图 2-11 一种基于改进型碘量法的溶解氧测量系统

2. 电化学型溶解氧传感器

电化学型溶解氧传感器按照具体的检测原理又可以细分为 Clark 型溶解氧传感器、原电池型溶解氧传感器和电位溶解氧传感器。

1）Clark 型溶解氧传感器

Clark 型溶解氧传感器所依据的检测原理是覆膜电极法，该方法是我国规定的溶解氧检测标准方法之一。这种方法使用一种由选择性透气膜覆盖的电化学检测腔进行测量，探头结构通常为一个凹陷的腔体，由选择性透气膜将腔体与外界溶液环境隔离，检测腔内设有工作电极和辅助电极，并由电解液浸没。选择性透气膜可以允许氧分子自由穿越，但会阻断其他分子（如水分子和大分子有机物）或离子。当在工作电极和辅助电极间施加一定的电压时，氧分子在工作电极上被还原，造成透气膜两侧溶解氧存在浓度差，进而使氧分子穿越透气膜进入测试腔，同时，在测量回路中产生正比于穿越透气膜氧分子数目的电流值，最终实现电极外部溶液中溶解氧浓度的测定。图 2-12 所示为一个典型的 Clark 型溶解氧传感器探头，其中工作电极和辅助电极分别为金电极和银电极。当在两个电极间施加恒定的工作电压时，检测腔内的溶解氧被消耗，进而使外部溶液中的氧分子穿过透气膜并连续扩散到内置电解液中，其中扩散到金电极表面的氧分子继续被还原并产生扩散电流，其大小与扩散到金电极表面的氧分子数目成正比。具体的工作电极（阴极）和辅助电极（阳极）反应过程用化学方程式分别表示为

$$O_2 + 2H_2O + 4e^- \longrightarrow 4OH^-$$

$$4Ag + 4Cl^- \longrightarrow 4AgCl + 4e^-$$

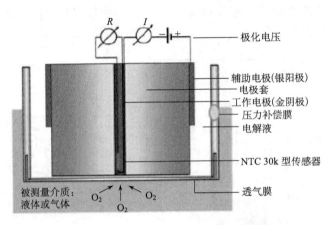

图 2-12　典型的 Clark 型溶解氧传感器探头结构图

Clark 型溶解氧传感器结构简单、探头使用寿命较长，能够实现溶解氧的在线监测，可以广泛用于天然水和污水的检测。同时，对于一些色度高的混浊水样、含铁水样或能与碘发生反应的水样，由于选择性透气膜能够起到明显的识别和保护作用，此时通常推荐使用此种方法。目前国内市场使用的溶解氧检测仪大多属于 Clark 电极型，代表产品有美国 YSI 公司的系列便携式溶解氧测量仪，如 YSI58 型溶解氧测量仪操作简便、携带方便，测量范围为 0~20mg/L，精度为±0.03mg/L。

2）原电池型溶解氧传感器

这种传感器的工作原理与燃料电池类似，一般由贵金属材料（如 Pt、Au 或 Ag）制成阴极，由铅构成阳极。在电解质中加 KCl 或乙酸铅，生成 $PbCl_2$。当水样中的溶解氧分子到达阴极时会产生阴极表面的溶解氧被还原和铅阳极被氧化，其分别为

$$O_2 + 2H_2O + 4e^- \longrightarrow 4OH^-$$

$$2Pb + 2KOH + 4OH^- \longrightarrow 2KHPbO_2 + 2H_2O + 4e^-$$

氧分子在阴极上被还原为氢氧根离子,同时从外电路获得电子;阳极与氢氧化钾反应,生成铅酸氢钾,同时向外电路输出电子,进而产生电流信号,电流大小与溶液中溶解氧浓度成正比。

也有研究人员利用生物燃料电池技术进行溶解氧的检测,该检测系统的结构如图 2-13 所示。待测水样进入阳极反应腔后,预先富集在阳极的微生物将水样中的有机物氧化,并产生一定数量的电子;水样中的氧分子则能够穿过阳极和阴极之间的透气性膜,接受这些电子,并在阴极上被还原。通过测量外接电阻上的电流密度即可实现溶解氧浓度的实时监测[6]。

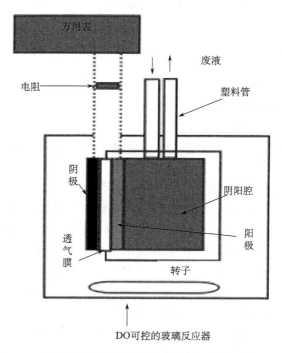

图 2-13 基于生物燃料电池技术的溶解氧传感器检测系统

3) 电位溶解氧传感器

电位溶解氧传感器是将对氧气敏感的材料固定在工作电极表面,当氧分子靠近敏感表面时,工作电极被极化,测量工作电极与参比电极之间的电压差即可获取溶解氧电位,该电位值与水样中溶解氧的浓度对数成正比,最终实现检测。目前报道中所使用的敏感材料主要是金属氧化物(如 RuO_2、IrO_2、TiO_2、MnO_2、

Ta$_2$O$_5$ 等），其中 RuO$_2$ 是最常使用的一种敏感材料。图 2-14 所示为固定 RuO$_2$ 敏感材料的溶解氧检测电极，该电极能够实现 $0.5\times10^{-6}\sim8\times10^{-6}$ 浓度内的溶解氧检测。

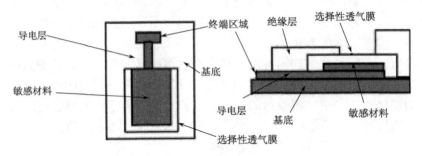

图 2-14 典型的电位溶解氧传感器电极结构

3. 光学型溶解氧传感器

光学型溶解氧传感器主要分为两种：基于分光光度法的溶解氧传感器和基于荧光猝灭原理的溶解氧传感器。

1）基于分光光度法的溶解氧传感器

传感器的检测原理与碘量法类似。在碘量法中，水样中的溶解氧与硫酸锰和碱性碘化钾反应，然后加硫酸溶解，水样中溶解氧的含量由溶液中碘的析出量确定；同时，从分析化学的相关知识可知，当溶液中碘的浓度不同时，溶液所呈现的黄色深浅程度也不同，因此可以使用分光光度计测量溶液中碘的含量，进而实现溶解氧的测定。通常该方法的检测范围为 10～100mg/L，检出限为 2mg/L。这种检测手段借助分光光度计实现特定物质的定量测定，避免了碘量法中的滴定操作，因此，测试过程更加便捷、快速，精度更高，污染更少。但测试中需要使用精密昂贵的光学仪器，而且测量准确性受样品温度影响明显。

2）基于荧光猝灭原理的溶解氧传感器

荧光猝灭法基于氧分子对荧光物质的荧光猝灭效应原理。某些荧光物质的原子受激发后，会以发射荧光的形式释放能量并返回基态，而氧分子的存在会干扰荧光激发的过程，因此可以根据敏感界面上产生的荧光强度或荧光寿命来测定水样中氧分子的含量，即氧分子含量越大，荧光寿命越短，对应强度越低。

检测过程中荧光物质分子 F 和猝灭分子 Q（氧分子）相互碰撞而引起猝灭的过程，即吸收光子、荧光过程和猝灭过程，可分别表示为

$$F + h\nu \longrightarrow F^*$$

$$F^* \longrightarrow F + h\nu$$

$$F^* + Q \longrightarrow F^* + Q$$

式中，F^* 为处于激发态的荧光物质分子；hv 为分子吸收的光子能量。

常用的荧光物质包括芘、芘丁酸和荧蒽等多环芳香化合物。这类荧光敏感物质不会消耗溶解氧，响应速度很快（可低于 50ms），且较为稳定。此外，为了提高检测灵敏度，钌等金属的铬合物也被当作荧光指示剂用于溶解氧的检测。这类金属化合物的荧光强度与溶解氧分压具有浓度对应关系，原子激发态寿命较长，也不会消耗氧分子，自身十分稳定，是理想的荧光敏感指示剂。

图 2-15 所示为 Hach 公司生产的一款荧光猝灭法无膜溶解氧传感器结构示意图。检测探头的前端覆盖一层含荧光指示剂的薄膜，当 LED 光源发出的蓝光照射到薄膜上时，荧光物质会被激发，并发射红光；使用微型光电池检测荧光指示剂从发射红光到回到基态所需要的时间。该时间参数与探头周围的氧分子浓度直接相关：传感器周围的氧分子越多，荧光指示剂发射红光的时间就越短。依据该特性可以测定出探头周围溶解氧的浓度。该产品可以实现 $0 \sim 2.00 \times 10^{-5}$ mg/L 内的溶解氧检测，单次检测所需时间小于 30 s，可在一年内免校准，检测精度高、使用十分便捷。由于光纤传感器具有体积小、质量轻、电绝缘性好、安全、抗电磁干扰、灵敏度高和便于利用现有光通信技术组成遥测网络等优点，因此非常适用于荧光的传输与检测，所以目前所报道的荧光猝灭法溶解氧传感器大多使用光纤传送荧光信号。常见的做法是使用溶胶-凝胶法把钌的络合物覆盖、固定在光纤探头表面，作为荧光指示剂；经氧分子猝灭后的荧光信号通过光纤传送至光电转换器，经信号处理后获取溶解氧浓度值。基于荧光猝灭原理的溶解氧传感器能够克服碘量法和 Clark 溶氧电极法的不足，具有很强的抗干扰能力及较好的重复性和

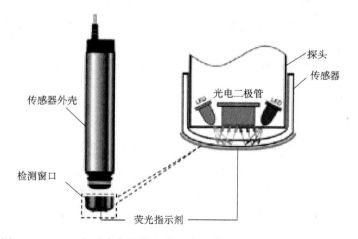

图 2-15　Hach 公司生产的荧光猝灭法无膜溶解氧传感器结构示意图

稳定性，而且可在各种复杂的环境（如外部磁场干扰等）中实现溶解氧的实时在线监测，已成为欧美各国的溶解氧在线监测的标准方法。

氧气的消耗量与存在的氧含量成正比，而氧是通过可透膜扩散进来的。传感器与专门设计的监测溶氧的测量电路或计算机数据采集系统相连。溶解氧传感器能够空气校准，一般校准所需时间较长，在使用后要注意保养。如果在养殖水中工作时间过长，就必须定期地清洗膜，对其进行额外保养。在很多水产养殖中，每天测几次溶解氧就可以了解溶解氧情况。对池塘和许多水槽养殖系统，溶解氧水平不会变化很快，池塘一般每天检测2～3次。对于较高密度养殖系统，增氧泵发生故障可能不到1h就会造成鱼虾等大面积死亡。这些密度高的养殖系统要求有足够多的装备或每小时多次自动测量溶解氧。

4. 比较分析

传统的溶解氧传感器技术经过多年的发展，已经较为成熟。目前在环保监测、污染治理、化工行业、水产养殖、酿酒发酵和临床医学领域应用最为广泛的两种溶解氧传感器为手持式Clark型溶解氧传感器和荧光猝灭法无膜溶解氧传感器，其中Clark型溶解氧传感器具有简单易用、灵敏度高和价格较低的优点。但这种传感器使用时较为耗时，电极表面容易钝化、中毒，选择性透气膜容易被污染，无法实现长期的实时在线监测。而基于荧光猝灭原理的无膜溶解氧传感器则具有较高的测量精度和较强的抗干扰能力以及很好的重复性和稳定性，能够实现长期在线监测，已经成为欧美发达国家溶解氧在线监测的标准方法。近年来，为了满足生物化学领域的应用需求，研究人员将微加工技术应用到溶解氧传感器的制造中，实现了传感器的小型化，使传感探头能够直接进入生物组织内部完成溶解氧的检测；同时，为了提高传感器的选择性和使用寿命，又将固态电解质技术引入传感器的设计和制造过程，进一步提升了微型溶解氧传感器的实用性，笔者认为这种新颖的微型全固态溶解氧传感器是未来一段时间内溶解氧传感器研究的热点之一，值得引起更多关注。

2.2.5 盐度传感器

盐度是溶液的一个重要物理参数。海水盐度的变化与海洋环境及气候变化有很强的内在联系。实时精确检测海水盐度对海洋养殖、海洋环境保护、海洋资源开发及现代军事等都有着重要意义。盐度影响了水体密度和水体状况，盐度是海洋渔业必不可少的因素，此外盐度，也是水质检测评价的重要参数。

1. 电极式电导率传感器

目前海水盐度主要是通过温盐深仪（CTD）测得的，其中盐度的测量主要通过电导率传感实现，而电导率传感有电极式和感应式两种。

电极式电导率传感器的测量电极一般由激励电极和接收电极组成，激励电极产生激励信号在溶液中产生电场，再由接收电极将电场中的电信号接收并传导到信号放大电路，最后通过电路将信号转换为采集系统可识别的数字信号输出。

电导池的设计是电导率传感器设计的最重要内容，设计的一般原则是电极要稳定，一般采用铂金作为电极材料；被测溶液注入、排灌电导池要流畅不留余液和不产生气泡；在测定范围内，试样溶液要有足够大的等效阻值以减小测定误差；电极面积尽可能大些，以减小电流密度，达到减小极化效应的目的。为增大电极有效面积，多采用镀铂黑的方法；电极间距要长，以利于减小寄生电容；热交换要充分；电极在电导池中的位置要牢固；电极引线与电导池基体之间的烧结必须良好。电极式电导率传感器形式很多，根据电极数量由少到多主要分为：两电极、三电极、四电极和七电极，它们具有各自的测量原理和优缺点。

如图 2-16 为三种形式的两电极电导池，将交流信号分别接到电极上，电导池全部浸入被测海水中便可实施测量，电极材料为高纯度铂金，电导池材料多采用石英玻璃。

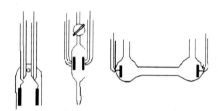

图 2-16 三种类型的两电极电导池

三电极传感器的电路原理图如图 2-17 所示。

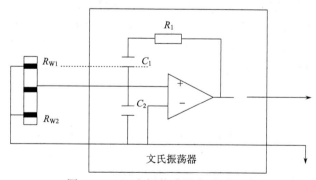

图 2-17 三电极传感器电路原理图

图 2-17 中，三电极中的两个外电极连到一起与转换电路的地相接，中电极与电路的 C_1、C_2 相连构成桥路，海水等效电阻为 R_{W1}、R_{W2} 并联。

图 2-18 所示为三种不同长度的三电极电导池，最短的为 9cm，最长的为 18cm。电导池基体为玻璃材料，玻璃管内壁上镶嵌了三个铂金电极，并有引线引出。

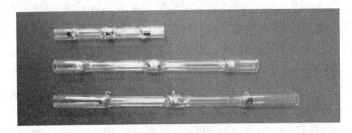

图 2-18　三电极电导池

图 2-19 中，A1、A2 为运放，A3 为信号隔离，R_1、R_3、R_W 之和为 RC 反馈网络。

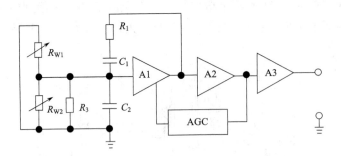

图 2-19　三电极文氏振荡器

四电极传感器如图 2-20 所示，该传感器有两个相对放置的电极板，每个电极板上包括一个半圆球型的电流电极和一个同轴环状电压电极。分别在两个电流电极上接入交流激励信号，流过交流电流，这样就在两个电极板间的海水中产生交变电场，同时分别利用与电流电极同轴的电压电极接收交变电场下的电压降，通过运放反馈电路保持这两个电压的幅值，则流过两个电极板间海水的电流与电导率建立起比例关系：

$$C=K/R_C=K\times I_C/V_C$$

式中，C 为电导率；K 为传感器常数；V_C 为两个电压电极的电压差；I_C 为流过两个电极板间海水的电流。

七电极传感器的电导池（图 2-21）是一个圆形管，七个环形电极嵌在圆管内壁上，电导池由长约 100 mm、直径 15 mm 的非金属材料制成。

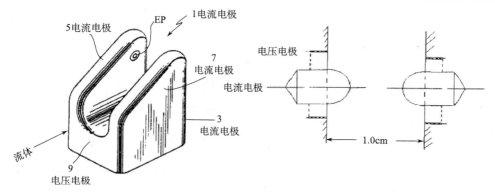

图 2-20 四电极传感器

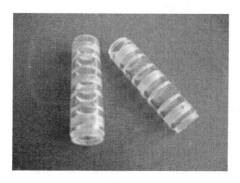

图 2-21 七电极传感器的电导池

七电极传感器电路原理如图 2-22 所示，电路同样采用交流电流激励，分别从两对电压电极上取被测海水的电导率信号，将这两个电压取平均值，经过运放

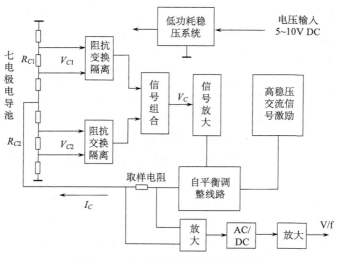

图 2-22 七电极传感器电路原理图

电路反馈调节，实现闭环增益控制，使得两个电压保持不变，则被测海水的电导率与流过两对电压电极间的电流呈比例关系。

与四电极传感器相比，七电极传感器在电导池两边最外端增加了环形接地电极，所以七电极传感器内部的海水被两端的接地电极屏蔽起来，外部环境的电磁干扰无法影响传感器内部的被测海水。与三电极传感器相比，七电极传感器增加了两对共四个用于获取感应电压的电压电极，通过获取这两个电压来反映被测海水电导率信号。三电极传感器和四电极传感器各自的优点在七电极传感器上得以集中体现，并且避免了三电极传感器的极化影响和四电极传感器的加工精度影响，进一步提高了测量性能。此外，七电极传感器结构尺寸小、相对直径大，测量过程中不需要外加水泵就能实现快速测量。

2. 微纳光纤环形腔的海水盐度传感

近年来，基于倏逝场效应的光学环形腔受到了人们的关注，被广泛应用于折射率、湿度测量等领域。微纳光纤由于具有很小的尺寸可以提供很强的倏逝场，这样就增强了光与周围介质的相互作用，可以提供很高的灵敏度。此外，其成本低廉，且大表面体积比可提高响应速度。因此，从器件成本及测量灵敏度、响应速度上说，利用微纳光纤环形腔进行海水盐度的测量是很有优势的。

基于微纳光纤环形腔结构的折射率传感，其原理是当液体折射率发生变化时，会影响光纤中光波的倏逝场分布，从而引起光波模有效折射率发生变化，使得谐振峰发生移动。在海水盐度测量中，从测得的谐振峰移动仅可推知折射率的变化。由于温度和盐度都可引起谐振峰的位置变化，故在这种情况下很难区分盐度和温度对测量的影响。因此，对于盐度测量，应消除温度对系统的影响。

对于不同结构的盐度传感器而言，其灵敏度与海水中能量分配比例之间并没有明显的相关性。这是因为灵敏度与具体的能量分布形式也有关。而微纳光纤投射到海水中的倏逝场分布与光纤镀膜的结构紧密相关。不同的镀膜机制，决定了不同的能量分布形式，从而导致不同的灵敏度。相对于嵌入式的夹层结构，具有圆柱型的镀膜结构更易制作。可以通过真空蒸镀的方法在微纳光纤上镀一层均匀的 MgF_2 薄膜，其结构如图 2-23 所示。微纳光纤半径为 r，镀膜厚度为 d。镀膜后的环形腔放置于海水中，如图 2-24 所示。

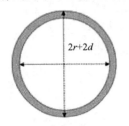

图 2-23　镀膜后微纳光纤横截面示意图

从镀膜的材料和结构设计新型传感器：第一种是直接将拉制的微纳光纤环形腔放置于海水中，第二种是将微纳光纤环形腔嵌入低折射率材料 Teflon 中。对上述三种嵌入式传感器的温度特性及性能进行比较，又设计圆柱型镀膜的环形腔传感器并分析其性能，发现在灵

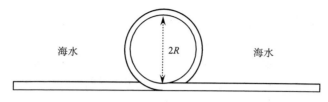

图 2-24 海水中微纳光纤环形腔示意图

敏度和探测极限方面都有所改善。其最高灵敏度可达 0.03 nm/‰,最小探测极限为 0.13‰。

3. 比较分析

电导率法测盐度得到的电导率是以盐度、温度、压力为参数的情况下测量得到的,这三种参数检测不同步会使测量存在误差,且此法易受电磁干扰并且电极易损坏。其中,电极式测量精度高,抗干扰能力强,但其响应速度较慢,且电极易损易受污染;而感应式响应速度较快,但测量精度不高且容易受到电磁干扰。

微纳光纤具有低损耗、大倏逝场、可制备高 Q 微腔等优点,是构建光学传感系统的理想基元。

2.3 传感器节点技术与系统集成技术

我国养殖水质监控的发展总体还处于较低水平。多数采取经验法,目测比较;有的采取分析法,由于现场缺少精确的分析,量化的精度较低。而实验室检测成本高、周期长、数据有限,效果不尽如人意。目前国内大多采用 485 工业总线和通用分组无线业务(GPRS)等通信协议相结合方式,选用电力载波通信(PLC)或 I/O 工控模块、多参数水质传感器等集成养殖水质监控系统,实现了数字化运行。系统连续、及时、准确地监测养殖水质及其变化状况,把水质控制在养殖要求的范围内。

2.3.1 传感器技术数字化

进行信息采集的传感器技术是水产物联网重要的前期基础工作,之后才有后期的信息分析、处理、架构等技术问题。只有采用各种传感器来检测、监视和控制水产养殖过程中各个静动态参数,使设备与系统以及科学研究工作能正常运行,才能保证水产养殖工作与生产的高效率、高质量。

微型计算机以高速度向着高性能、低成本和单片化发展的同时,单片机也向着集成化、智能化方向发展,这两者的结合必将导致数字化、智能化传感器的诞生。数字化传感器不仅能对外界信号进行测量、转换,同时还有数据存储、数据处理等功能。绝大多数自动化系统都带有电子计算机或数字显示器，因此，对具有数字输出的数字传感器有着迫切的需求。

随着计算机的飞速发展以及单片机的日益普及，世界进入了数字时代，人们在处理被测信号时首先想到的是单片机或计算机，能输出便于单片机或计算机处理的数字信号的传感器就是所谓的数字传感器。模拟传感器输出的信号经过调理、转换、线性化及量纲处理后转换成数字信号。该数字信号可根据要求以各种标准的接口形式与中央处理机相连，这就是数字传感器的巨大优势。

传感器数字化后，每个传感器的信号线可以同时连接到总线上，通过完善的总线通信协议可以识别不同地址的传感器，就可以监测和识别出每一个现场传感器的输出信号，进而掌握各个工作现场的状态，所以信号传输所需的电缆只需几条就可以完成，数字信号在传输过程中抗干扰能力强，通信速度快。

1. 传感器数字化的功能框架

传感器数字化的实现过程，从系统功能来看，最初从模拟传感器的信号经调理后送入进行模数转换，转换后的数据信号通过和方式传送到中控机中，并进行相应处理。图 2-25 为根据系统功能给出的系统功能模块组成图。

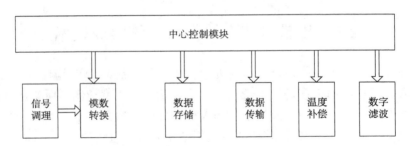

图 2-25　传感器数字化系统功能模块组成图

系统主要由信号调理模块、模数转换模块、数据存储模块、数据传输模块、温度补偿模块和数字滤波模块组成。

信号调理模块由信号分压和滤波电路构成，是系统的前端预处理模块，其任务是将传感器的模拟信号经过信号分压和信号滤波电路，变换成满足后续采样要求的目标信号。模数转换模块主要完成模拟信号的采集，即模拟信号的数字化，这是实现传感器数字化的关键步骤。

在一些特殊场合，有时需要将传感器的信号不断地实时采集和存储起来，并且在需要时把数据从存储器中读出并上传到中控机中进行分析和处理。数据存储模块即是实现对转换后的数据进行存储，起到数据缓冲或方便事后数据回收的作用，提高了数字传感器的应用灵活性。

数据传输模块一般有 RS232 和 CAN 两种数据通信方式，是系统数据输入和输出的主要通道，负责计算机及其他设备和传感器系统之间数据和控制信号的传递。与计算机连接方便，便于系统的调试并可实现数据高速、远距离传输，可以组成数字传感器监测网络，与其他节点进行通信。

温度补偿模块是为了消除环境温度对传感器输出特性的影响，根据实时监测的工作环境温度求得校正量,将这个校正量补偿到采集到的传感器加速度数据中。

数字滤波模块是利用单片机的数据处理功能，采用软件滤波方法滤除信号中的干扰，提高数字传感器的精度。

2. 传感器数字化的系统实现方案

为了满足系统的功能需求，根据传感器数字化总体方案，并考虑到采集的精度、速率、接口类型等元素，系统的硬件具体组成一般主要由中央微处理器、分压电路、集成滤波器、串口电平转换芯片等组成，如图 2-26 所示。

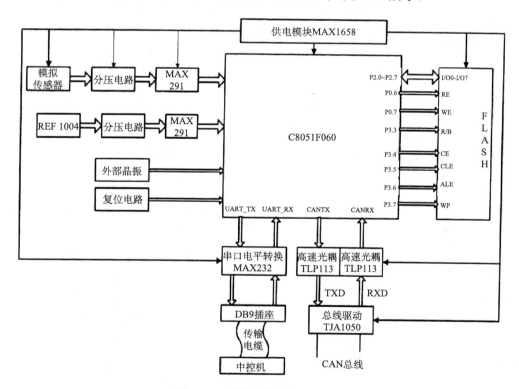

图 2-26 系统硬件模块组成框图

系统硬件模块主要包括信号分压电路、滤波电路、中央控制电路、数据通信电路及电源模块等部分，在中央微处理器的控制下，通过其自带的位转换模块实现对经过分压、滤波的模拟加速度信号的采集,并将采集转换的数据经处理后存储到存储器或实时传递给中控机。中央微处理器是整个系统的控制、通信核心。

由以上分析可知,数字传感器的实现最终取决于硬件电路设计和软件设计。在硬件电路设计中涉及信号调理技术、数据通信技术、降噪技术等多种硬件处理技术,软件设计主要是数据处理和制定相关通信协议,保证数字传感器和中控机之间数据和命令的高速可靠的通信。

3. 水产物联网中传感器数字化的系统实现

水质检测无线传输采集节点装置,用于集约化水产养殖无线传输网络中的水质环境参数采集、数据处理及传输,其组成模块示意图如图 2-27 所示,包括微处

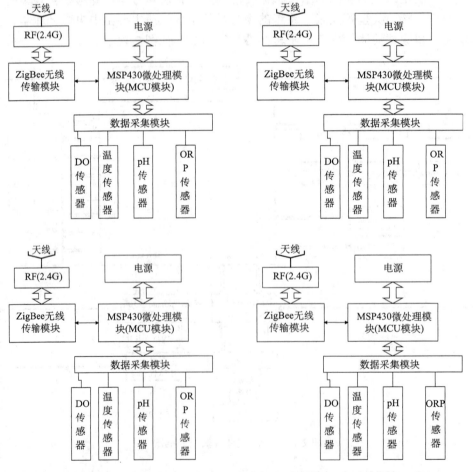

图 2-27 无线 pH、ORP、DO 以及温度值传感器节点结构框图

理器模块、ZigBee 无线通信模块、传感器数据采集模块、电源管理模块。微处理器接收传感器数据采集模块采集到的养殖场水质参数 pH、ORP、DO 及温度值数据，将异常水质环境状态及环境参数数据经 ZigBee 无线通信模块传送到汇聚节点。

2.3.2 多传感器节点的集成与融合

近年来，多传感器集成与融合技术已经成为智能机器与系统领域的一个重要的研究方向。它涉及信息科学的多个领域，是新一代智能信息技术的核心基础之一。

多传感器集成是指综合利用多个传感器提供的信息来帮助系统完成某项任务;多传感器融合是指集成过程中的某个阶段，在此阶段中将不同的传感信息融合为一种表示形式。多传感器集成与融合系统的一般模式如图 2-28 所示。图中，信息融合发生在每个节点上，而整个网络结构以及系统的集成功能（图中的系统部分）作为多传感器集成过程的一部分。集成功能包括传感器选择、世界模型和数据变换三部分。图中右边的标尺用来表示与网络结构层次相对应的信息表示层次。在信息由下至上的处理过程中，信息从低级的表示形式（如图像的像素表示形式）转换成高级的表示形式（如物体的形状、位置以及颜色等特征）。如果需要的话，高级的表示形式还会被转换成更高级、更抽象的表示形式（如符号形式等）。

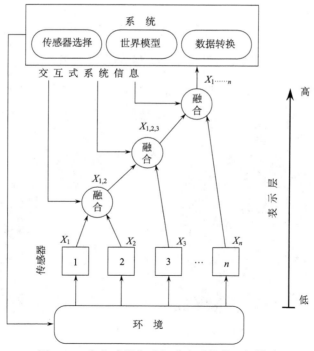

图 2-28　多传感器集成与融合系统的一般模式

在水产物联网中，多传感器的集成与融合也扮演着重要的角色，水质检测无线传输采集节点装置，用于集约化水产养殖无线传输网络中的水质环境参数采集，将养殖场水质参数 pH、ORP、DO 以及温度值数据，经融合算法处理后，将异常水质环境状态及环境参数数据经 ZigBee 无线通信模块传送到汇聚节点，并通过汇聚节点接收监控中心后台处理得到的融合算法的相关参数，对现场级融合方法进行调整。无线水质传感器节点结构框图和无线水质采集节点样机分别如图 2-29 和图 2-30 所示。

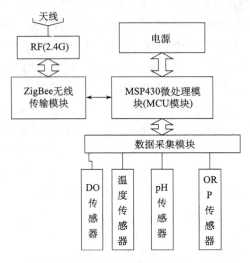

图 2-29　无线 pH 传感器节点结构框图

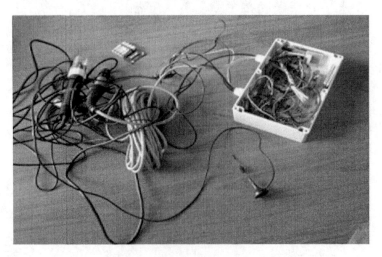

图 2-30　无线水质采集节点样机

无线传感器网络（wireless sensor network,WSN）由数据采集节点、无线传输网络和信息处理中心组成。数据采集节点集成传感器、数据处理和通信模块，各节点间通过通信协议自组成一个分布式网络，将采集数据优化后传输给信息处理中心。

基于 IEEE 802.15.4 通信协议的 ZigBee 无线通信网络，它的低速率传输、低成本的双向无线通信技术，可嵌入各种设备中。ZigBee 对等网络允许通过多跳路由的方式在网络中传输数据，具有自组织、自修复的组网能力。它特别适合于工业控制与养殖水质检测、无线传感网络和智能养殖等设备分布范围较广的应用。

ZigBee 网络节点由个人区域网络（personal-area network,PAN）协调器、全功能设备（full functional device,FFD）和简化功能设备（reduced function device,RFD）等组成。PAN 协调器是一个起网络控制中心作用的 FFD，作为 ZigBee 路由器。当网络状态发生变化时，其他 FFD 也能起 ZigBee 协调器作用。ZigBee 可以构建成星状拓扑和对等网络拓扑。

在星状网络中，终端设备都与唯一的 PAN 协调器通信。PAN 协调器一般使用持续电力系统供电，而其他设备采用电池供电。星状网络适合小范围应用。

构建 ZigBee 对等网络时，PAN 协调器首先将自己设为簇首（cluster header, CLH），并将簇标识（cluster identifier, CID）设为 0，形成网络中的第一簇。PAN 协调器选择一个未被使用的 PAN 标识符，向其邻近设备广播信标帧。如果 PAN

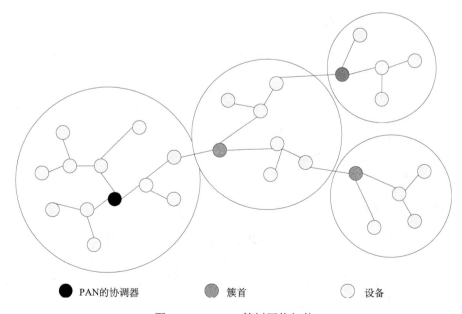

图 2-31 ZigBee 簇树网络拓扑

协调器允许请求设备加入该簇，就把该设备作为子设备加入 PAN 协调器的邻居列表中。新加入的设备也将簇首作为它的父设备加入自己的邻居列表中，并且发送周期性的信标帧，以便其他设备加入网络中。多个邻近簇相连构成一个更大的网络。PAN 协调器可以指定一个设备成为邻近的一个新簇的簇首，新簇首同样可以指定其他设备成为其相邻簇首，构成一个多簇的对等网络。ZigBee 簇树网络拓扑如图 2-31 所示。图中设备间的连线只表示设备间的父子关系，而不是通信链路。多簇网络结构扩大了网络覆盖范围。

在养殖水质检测无线传感器网络中，由传感器和网络通信模块组成数据采集的网络节点，多个无线节点与汇聚节点决定水质检测区域的范围。终端数据通过无线网络至网关，并将数据进行初步处理，然后通过串行通信接口传送至网关计算机，形成大面积水质检测无线传输网络。

2.4 传感器存在的其他问题

传感器是自动化控制中重要部件之一，它的精度直接影响过程控制的精度。影响传感器精度的因素很多，其中最主要的是传感器的零点误差、零点漂移、非线性误差、温度漂移及供电直流稳压电源稳定度等因素。为提高传感器的精度，采用下列方法消除上述诸影响因素。

2.4.1 消除传感器零点误差和零点漂移的方法

当无任何物理量输入时，传感器的输出值并非等于零，这个值称为零点误差。零点漂移主要是由机械蠕变或载流子扩散不稳定现象所引起的零点时间漂移。

用零点校正电路消除零点误差和零点漂移。用调零电桥抵消传感器的零点输出，由高稳定的电阻（R_1、R_2、R_3、R_4、R_5）、多圈电位器 W_0 及直流稳压电源 E_0 组成，连接在传感器输出和测量系统之间。通过调节调零电桥的电位器 W_0，改变桥路不平衡输出电压 U_2，使其和传感器空载时输出电压 U_1 大小相等，极性相反，从而使传感器在空载时输出电压 U_0 为零，消除零点误差和零点漂移。

2.4.2 提供直流供电电源的稳定性方法

传感器所需要的直流供电电源要求在一定范围内有平稳和均匀的输出，以保证传感器输出电压的精度要求，更重要的是要求直流供电电压的时漂和温漂很小，其稳定度一般要求高于传感器精度几倍，甚至一个数量级，否则由于供电直流电压不稳定而影响传感器的输出性能。

当供电电源距离与传感器的安装位置较远时，为了减少线路损耗，其连线一般采用铜线，但铜线的电阻温度系数较大，致使传感器输入端的电压将由铜线电阻随温度的变化而变化。这一点在环境温度变化较大地区尤为显著。解决的办法除了上述采用传感器恒流源供电外，目前更多的是采用六线制长线补偿法。

2.4.3 统一和标准化保证传感器精度

基于传感器具有高度离散性、多样性的技术特点，更要强调把统一和标准化列为传感器精度技术的基础研究内容。

为了系统内传感器的选择具有互换性和灵活性，在传感器的制造和标定过程中，进行统一的质量标准约定，以实现高效的数据交换和数据处理，提高经济效益。在制订标准时，要注意标准的科学性、配套性和领先性，要努力提高标准质量，使标准更好地起指导作用。从统一精度的标准化要求考虑，还应开展以下标准化研究：传感器综合精度标准化；传感器、变换器接口标准；环境因素与传感器标校实验指南；综合环境实验规程等。

2.4.4 传感器的标校

传感器的工作特点决定了对其进行的试验要求十分严格，这些要求也就是要考核传感器的结构和精度特性是否符合规定的技术要求。

通常把标校与环境试验分开进行。标校是在室内标准条件下进行的，由于室内标准条件与实际工作环境相差甚远，致使标校结果的使用价值受到种种责难。标校传感器时要考虑环境因素的影响，开展多因素实验研究，设法减少环境因素对传感器的影响，这是当前传感器精度技术研究的重要课题。

2.4.5 敏感元件的质量控制

方案正确选定后，敏感元件的质量就是关键，从材料选择、物性效应应用到加工工艺方法和检测技术都要做通盘的、认真的设计和管理。由于新技术的迅速发展，许多新型敏感元件发展得更加迅速，并已在汽车、民用电器等方面得到广泛的应用。其中居于突出地位的是硅材料。其次，石英、陶瓷、SOS、MOM 等薄膜敏感元件也发展迅速，这是由于：

（1）硅、石英和多种薄膜材料是一些机电性能优异的敏感元件材料，其生产工艺成熟，结构稳定。

（2）微电子工艺（如光刻、扩散、薄膜）易于移植来制造微型敏感元件。

（3）适于批量生产，成品率高，一致性好，成本低。

（4）易于实现传感器小型、轻量和集成化。

在国外，上述敏感元件已经做得很好，但就我国目前水平看，相当数量的敏感元件的稳定性和可靠性还不理想，性能有待改进，除原材料质量问题外，就传感器技术讲其原因可以归纳为两条：

（1）工艺技术尚未完善，缺乏完善的质量控制手段。
（2）设计上未采用现代设计技术和有效的补偿。

因此新型敏感元件的质量控制技术是新型传感器精度与可靠性水平的关键。对此，还需要下大功夫去解决。

2.4.6 传感器补偿技术

传感器的补偿技术可分为有源补偿和无源补偿两种，但与结构防护有不同之处。补偿是在电路上对电信号采取措施以减小传感器对影响因素的灵敏度，在微电子技术支持下，补偿得当对于提高传感器的精度是很有效的。

无源补偿通常是对电桥电路实施电桥零点补偿、灵敏度补偿和校准电阻接入，对电桥臂的电阻不对称和电阻温度系数引起的零点失调和漂移在一个较宽的温度范围起补偿作用，而灵敏度温度补偿只能在某一特定的温度下补偿到零。国内外对电阻型传感器已做了大量的工作，并有成熟的电路，但它适合于电阻变化具有对称性的敏感元件。

对直接变换的传感器有源补偿有多种调节和补偿电路、信号放大和阻抗变换补偿电路，其作用为降低传感器对外部电源的要求，改善输出信号的稳定性，对信号放大器也有零点补偿和灵敏度补偿，阻抗变换能起到改善信噪比或减少外来干扰影响（如内装式压电传感器）的作用。

以上方法在一定程度上都可以提高传感器的精度。

参 考 文 献

[1] 曾文辉, 匡迎春, 欧明文, 等. 水产养殖水质监测温度补偿系统[J]. 中国农学通报, 2016, 32(11): 17-21.

[2] 谢英男, 詹自力, 张红芹, 等. 磺酸掺杂聚苯胺的氨敏性能[J]. 化工新型材料, 2008, 36 (3): 4243.

[3] 刘洋, 吴双, 赵永刚. 热电偶温度传感器的研究与发展现状[J]. 中国仪器仪表, 2003, (11): 1-3.

[4] 王存玲. 新型压阻式加速度传感器的研究[D]. 西安: 西安科技大学, 2011.

[5] 黄建清, 王卫星, 姜晟, 等. 基于无线传感器网络的水产养殖水质监测系统开发与试验[J]. 农业工程学报, 2013, 29(4): 183-190.

[6] 朱亚明, 丁为民. 一种在线检测溶解氧的方法[J]. 电子测量技术, 2009, 32(7): 122-124.

[7] 郭瑛, 张震. 大规模水下传感器网络时间同步研究[J]. 电子与信息学报, 2014, 36(6): 1498-1503.

[8] 许昆明, 鲁中明, 陈进顺. CO_2 和 pH 光纤化学传感器研究进展[J]. 分析科学学报, 2005, 21(1): 93-97.

[9] Verma D, Dutta V. Role of novel microstructure of polyaniline CSA thin film in ammonia sensing at room temperature[J]. Sensors and Actuators B, 2008, 134(2): 373-376.

第 3 章　水产物联网传输技术

传输技术是指能够汇聚感知数据，并实现物联网数据传输的技术，它包括有线网络、无线网络。

有线网络：采用同轴电缆、双绞线和光纤等连接的计算机网络。同轴电缆网是常见的一种联网方式，它比较经济，安装较为便利，传输率和抗干扰能力一般，传输距离较短。双绞线网是目前最常见的联网方式。光纤是目前传输速度较快的联网方式，它具有传输频带宽、距离远、可靠性高等特点。

无线网络：在水产物联网中，目前运用最为广泛的是无线传感器网络，是以无线通信方式形成的一个多跳的自组织的网络系统，由部署在监测区域内大量的传感器节点组成，负责感知、采集和处理网络覆盖区域中被感知对象的信息，并发送给观察者。例如，ZigBee 技术是基于 IEEE 802.15.4 标准的关于无线组网、安全和应用等方面的标准，被广泛应用在无线传感器网络的组建中，如水环境监测、水产养殖和产品质量追溯等。另外，基于 Android 等移动手机平台系统的水产养殖远程监控系统等功能的信息传输技术开发，将使得针对多控制节点的远程控制更为方便快捷。目前主要使用 WiFi 网络、ZigBee 网络、RFID 网络以及 LoRa 网络。

在水产养殖中，为了监测水质环境、收集水产品的信息，最开始采用基于工业总线的有线通信技术将采集到的信息传输给监控室，随着电力载波网络的发展，在水产养殖现场，通常配备供电网络，并具有一定的覆盖率，而且供电线路距离长，架空线路较多，干扰较小，负荷较小而且相对稳定，这些特点非常适合使用电力载波来进行通信。随着无线网络和物联网技术的发展，无线技术在一些场合已经逐渐替代了有线技术，但无线技术也存在许多问题，如通信距离受限、信号不稳定、易受干扰，所以出现了有线/无线混合通信方式，基于供电网络构建以电力载波为通信媒介的通信主干网，并结合目前流行的 RF 射频通信技术构成异构、灵活的物联网系统，有助于降低整个组网的成本并解决传统无线传感网络中存在的问题。

3.1　基于现场总线的有线传输

现场总线（Field bus）是 20 世纪 80 年代末 90 年代初国际上发展形成的，用于过程自动化、制造自动化、楼宇自动化等领域的现场智能设备互连通信网络。

它作为工厂数字通信网络的基础，建立了生产过程现场及控制设备之间及其与更高控制管理层次之间的联系。它不仅是一个基层网络，还是一种开放式、新型全分布控制系统。这项以智能传感、控制、计算机、数字通信等技术为主要内容的综合技术，已经受到世界范围的关注，成为自动化技术发展的热点，并将导致自动化系统结构与设备的深刻变革。国际上许多有实力、有影响的公司都先后在不同程度上进行了现场总线技术与产品的开发。现场总线设备的工作环境处于过程设备的底层，作为工厂设备级基础通信网络，要求具有协议简单、容错能力强、安全性好、成本低的特点，具有一定的时间确定性和较高的实时性要求，还具有网络负载稳定、多数为短帧传送、信息交换频繁等特点。由于上述特点，现场总线系统从网络结构到通信技术，都具有不同上层高速数据通信网的特色。

3.1.1 现场总线特点

节省硬件数量与投资：由于现场总线系统中分散在设备前端的智能设备能直接执行多种传感、控制、报警和计算功能，因而可减少变送器的数量，不再需要单独的控制器、计算单元等，也不再需要集散控制系统的信号调理、转换、隔离技术等功能单元及其复杂接线，还可以用工控 PC 机作为操作站，从而节省了一大笔硬件投资，由于控制设备的减少，还可减少控制室的占地面积。

节省安装费用：现场总线系统的接线十分简单，由于一对双绞线或一条电缆上通常可挂接多个设备，因而电缆、端子、槽盒、桥架的用量大大减少，连线设计与接头校对的工作量也大大减少。当需要增加现场控制设备时，无需增设新的电缆，可就近连接在原有的电缆上，既节省了投资，也减少了设计、安装的工作量。据有关典型试验工程的测算资料，可节约安装费用 60%以上。

节省维护开销：由于现场控制设备具有自诊断与简单故障处理的能力，并通过数字通信将相关的诊断维护信息送往控制室，用户可以查询所有设备的运行，诊断维护信息，以便早期分析故障原因并快速排除。缩短了维护停工时间，同时现场总线技术相对于传统总线来说提高了系统的集成主动权，用户可以自由选择不同厂商所提供的设备来集成系统，避免因选择了某一产品而被限制了设备选择的范围，系统选择的主动权掌握在用户自己手中。由于现场总线设备的智能化、数字化，与模拟信号相比，它从根本上提高了测量与控制的准确度，减少了传送误差。同时，由于系统的结构简化，设备与连线减少，现场仪表内部功能加强，信号的往返传输减少，系统的工作可靠性提高。此外，由于它的设备标准化和功能模块化，因而还具有设计简单、易于重构等优点。目前主要有基于模拟仪表控制的数据传输技术、基于集中式数字控制的数据传输技术、基于集散控制的数据传输技术和基于现场总线控制的数据传输技术。

3.1.2 基于模拟仪表控制的数据传输技术

模拟仪表显示、变换、控制输入和输出信号，是连续的物理量的仪表，通常又称为常规仪表。这类仪表免不了要使用磁电偏转机构或机电式伺服结构，因此，测量速度较慢，精度较低且容易造成读数多值性。但它结构简单、工作可靠、低廉且能反映出被测值的变化趋势，因此目前大量地应用于工业生产中。按工作原理可分为以下几类。

磁电式显示与记录仪表：即动圈式显示仪表，具有体积小、质量轻、结构简单、造价低，既能单独用作显示仪表，又兼有显示、调节、报警功能。可以和热电偶、热电阻相配合来显示温度，也可以与压力变送器配合显示压力等参数。图3-1是一个磁电式仪表，采用最先进的磁电检测技术，适用于多种场合[1]。

图 3-1　磁电式仪表

自动平衡式显示与记录仪表：自动平衡电位差计、自动平衡电桥；由于动圈式仪表实际上是一种测量电流的仪表，因此能引起电流变化的各种干扰因素都会导致测量误差，这种误差不是靠提高仪表的加工要求就能弥补的。同时，它的可动部分容易损坏，抗震性差，阻尼时间较长，且不便于实现自动记录。利用电子电位差来测量电位，就可以克服以上缺点，提高测量精度。图3-2显示了自动平衡记录仪，是电位差计与各种标准分度的热电偶、感温器配套使用以记录温度，也可与产生直流电位的相应变送器配套以记录压力、流量或进行成分分析，广泛应用于冶金、化工和发电等企业和科研单位作自动测量、记录，并用于控制各种参数[2]。

图 3-2 自动平衡记录仪

光柱式显示仪表：光柱显示器为新颖电子式指示电表，用以代替动圈式指针表及色带仪，直观显示电压、电流、温度、压力、液位、转速等物理量，具有精度高、寿命长、防磁抗震、醒目等优点，尤其在背景亮度不大的情况下具有无可比拟的优越性。它因具有显示直观、亮度均匀、可靠性高、抗震、耐冲击以及成本低等特点已用于各种显示调节仪表，作为过程量或控制量以及阀位的模拟指示。图 3-3 是双光柱显示仪表，具有防磁、抗震、直观、醒目等特点，仪表结构简单，安装方便，可用于直流、电流、电压、铂电阻及频率显示。

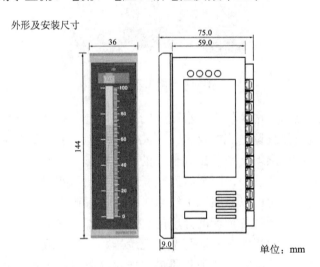

图 3-3 双光柱显示仪表

在水产养殖系统中，模拟仪表的主要作用是把被控制量的测量值和给定值进行比较，得出偏差后，按一定的调节规律进行运算，输出控制信号，以推动执行器动作,对生产过程进行自动调节。常用的仪表有电动仪表、气动仪表、自力式仪表。在水产养殖系统中,应用最多的是以微处理器为中心的控制仪表。它的主要缺点是抗干扰性差,比较难以实现高智能化。

在水产养殖中,仪表能连接到计算机并与其通信,采用 RS232 或 RS485 传输标准。仪表与计算机之间通信都以 ASCII 码实现,意味着计算机能以任何高级语言编程。仪表的命令由数条指令组成,完成计算机从仪表读取测量值、报警状态、控制值、参数值,向仪表输出模拟量以及对仪表的参数进行设置。与仪表面板设置参数相同,通过计算机对仪表的参数设置被存入 EEPROM 存储器,在掉电情况下也能保存这些参数。为避免通信冲突,所有的操作均受计算机控制。当仪表不进行发送时,都处于侦听方式。计算机按规定地址向某一仪表发出一个命令,然后等待一段时间,等候仪表回答,如果没收到回答,则超时中止,将控制转回计算机。

1. 仪表的基本构成与通信命令的关系

仪表的基本功能单元包括模拟量输入、输出,开关量输入、输出,参数存储器;带记录功能的仪表还包括数据记录单元,所有的这些单元都能通过不同的命令与计算机进行数据传送,计算机也能通过控制权转移的方法,直接操作仪表的模拟量输出和开关量输出,由于仪表内部有独立的输出缓冲区和计算机控制输出缓冲区,因而可实现控制的无扰动的切换。

2. 接线

仪表与计算机接线时,必须在断电条件下进行,否则有可能损坏仪表及计算机接口。RS232 接口的仪表与计算机的接线:当仪表以 RS232 接口为端子连接时,如图 3-4 所示。

图 3-4　仪表以 RS232 接口为端子连接

当仪表以 RS232 接口为 9 芯接口连接时,如图 3-5 所示。

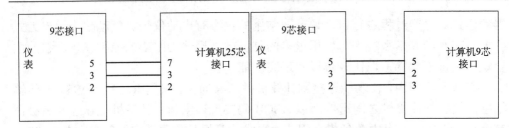

图 3-5　仪表以 RS232 接口为 9 芯接口连接

3. RS485 接口的仪表与计算机的接线

当计算机仅有 RS232 接口时，需要 RS232/RS485 转换器，以便将 RS232 信号转换成正确的 RS485 协议。转换器分为非隔离（型号 C485）、隔离（型号 JR485）两种。隔离的转换器可防止静电、连线出错等损坏计算机串口。

当仪表以 RS485 接口为端子连接时，如图 3-6 所示。

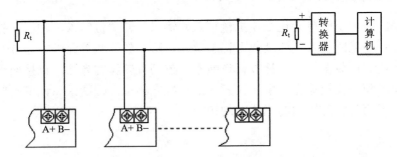

图 3-6　仪表以 RS485 接口为端子连接

当仪表以 RS485 接口为 9 芯接口连接时，如图 3-7 所示。

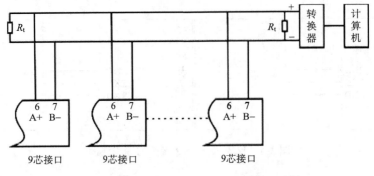

图 3-7　仪表以 RS485 接口为 9 芯接口连接

4. 关于 JR485 转换器

JR485 转换器是 RS485 和 RS232 两种通信接口之间的转换器,由于仪表以 19200bit/s 高速率与计算机通信,所以要求 485 转换器响应速度较快。我们建议用户使用 JR485 型号的转换器,如选用其他型号的 485 转换器可能会出现 485 转换器响应速度慢而引起的数据传输错误。通信接口要素如下。

格式:数据格式为 10 位,1 位起始位,8 位数据位,无奇偶校验位,1 位停止位。

波特率:可选范围为 2400bit/s、4800bit/s、9600bit/s、19200bit/s,出厂设定为 9600bit/s。通过参数设置,当修改波特率时,必须将相连的所有仪表及计算机修改成同一波特率。修改波特率后,仪表必须断电后重新上电,才能按新设置的波特率工作。这意味着可以通过计算机对网络中的仪表逐一修改波特率。

地址可选范围:00~99 十进制,出厂设定为 01,通过仪表参数设置。必须将相连的所有仪表设置为不同的地址。

延迟:定界符为 # 的命令的回答延迟不大于 500μs,保证高效率的数据传送。仪表对其他命令的回答延迟不大于 200ms。

3.1.3 基于集中式数字控制的数据传输技术

集中式数字控制系统又称中央控制系统,是指通过一定的专用设备,接上各类终端、系统设备,并根据需要任意定制控制流程和人机交互界面,从而达到控制和操作简单化的目的。使用集中控制系统的必要性:

(1) 复杂的应用系统使用简单化。应用系统中的所有设备都通过主控机进行控制,并通过触摸屏进行操作,使得应用系统的控制、操作和切换简单明了。通过编程,能够将复杂的应用逻辑转换成人们熟悉的按键操作。您只需在触摸屏上操作,整个控制过程将变得前所未有的轻松。

(2) 应用系统智能化、有序化,提高资源使用率。有了集中式数字控制系统,使烦琐的操作由控制系统自动处理,复杂的逻辑过程在后台主控机中完成,尽量减少人为的干预和操作。系统将会自动根据您的命令去执行相应的动作系列,包括任意并行或异步、定时或延时处理,能够使系统中的设备按照实际应用逻辑有序化地工作。

(3) 各子系统更好地协调工作,充分发挥各设备的效能。控制系统能够根据用户的应用需求,适时控制各设备的开关,进行功能的切换,并使相关媒体、环境设备与应用环境进行融合,协调工作,达到最佳的应用效果。

(4) 极大地提高系统的可靠性和稳定性。使用集中式数字控制系统的工程,从设备的布置到常用接口和线缆的安装,都严格按照结构化布线和工程施工规范进行,并充分使用旁路设计、冗余设计;实现应急手动控制、多点控制;对所有设备电源进行智能电源管理等措施。这些措施能极大地提高系统的可靠性、稳定性。

(5)实现远程维护、管理和自动升级。通过中央管理软件,集中式数字控制系统可以实现在线自动升级、远程管理和远程控制。对于工程商和用户来说,随着工程数量的增多,实现远程维护和管理变得非常重要。由于主控设备都带有网口,再配合中央管理软件,控制室技术人员就可以进行远程编程、维护和管理。

(6)网络中控集中控制和后台管理。传统的系统缺乏集中控制和后台管理功能,不能实现对多个或数十个系统进行统一控制,维护成本高,为了维护人员的方便管理,集中式数字控制系统专门为这样的需求量身定制,解决后顾之忧。

典型集中式数字控制系统如图 3-8 所示。在图中,控制器与变频驱动器之间采用自编协议实现通信完成控制器与驱动器的数据交换,控制其运行频率和运行方式。在机械执行机构的外围传感器中,部分采用 485 接口通信类智能传感器,也可以通过自编协议通信方式加入 S7-200 的通信网络中,与上位机单元处理方式相类似。

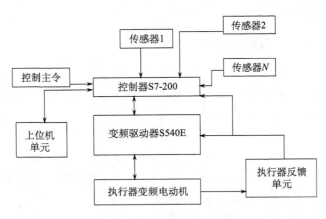

图 3-8 集中式数字控制系统

集中式数字控制系统只适合中小型系统,对于大型的工业现场,还需总线型甚至更高级的系统形式。

3.1.4 基于集散控制的数据传输技术

集散控制系统(distributed control system,DCS)是由过程控制级和过程监控级组成的以通信网络为纽带的多级计算机系统,综合了计算机、通信、显示和控制等技术,其基本思想是分散控制、集中操作、分级管理、配置灵活、组态方便。

集散控制系统一般由以下五大部分组成。

过程控制单元：又可称为基本控制器或闭环控制站，它是集散控制系统的核心，主要完成算式运算功能、顺序控制功能、连续控制功能、过程 I/O 功能、数据处理功能、报警检查功能和通信功能等。该单元在各种集散系统中差别较大，控制通路 2~64 个，固有算法 7~212 种，类型有 PID、选择性控制、非线性增益、位式控制、多项式系数、函数计算、史密斯预估。工作周期为 0.1~2s。

过程输入/输出接口：直接与生产过程相连接，实现对过程变量进行数据采集，主要完成数据采集和预处理，并对实时数据进一步加工，为操作站提供数据，实现对过程变量和状态监测、打印，实现开环监视，或为控制回路运算提供辅助数据和信息。

操作员站：是操作人员进行过程监视、过程控制操作的主要设备。操作员站提供良好的人机交互界面，用以实现集中显示、集中操作和集中管理等功能。有的操作员站可以进行系统组态的部分或全部工作，兼具工程师站的功能。

高速数据通路：又可称为高速通信总线、大道、公路，是一种具有高速通信能力的信息总线，一般采用双绞线、同轴电缆或光导纤维。为了实现集散控制系统各站之间数据的合理传送，通信系统必须采用一定的网络结构，并遵循一定的网络通信协议。

管理计算机：是集散控制系统的主机，习惯上称它为上位机，它监视全系统的各单位，管理全系统的所有信息，具有进行大型复杂运算的能力以及对输入、多输出控制功能，以实现系统的最优控制和全厂的优化管理。

集散控制系统具有集中管理和分散控制的显著特征，成为当前主流的过程工业自动化控制与管理设备，它的主要特点可以分为以下几个方面。

（1）功能分散。功能分散是指对过程参数的运算处理、检测、控制策略的实现、控制信息的输出以及过程参数的实时控制等，都是在现场的控制单元中自动进行，从而实现了功能的高度分散。一方面，控制和数据采集设备可以尽可能地接近现场安装，避免了模拟信号的远距离传输，提高了运行的可靠性；另一方面，所有的过程控制单元都由自身的计算机管理，使系统发生故障时影响面小，危险分散，提高了系统的安全性。

（2）分级递阶结构。它是从系统工程出发，考虑系统控制功能分散、提高可靠性、强化系统应用灵活性、危险分散、降低投资成本、便于维修和技术更新等而得出的。分级递阶结构通常分为四级。第一级是过程控制级，根据上层决策直接控制过程或对象的状态；第二级是优化控制级，根据上层给定的目标函数或约束条件、系统辨识的数学模型得出优化控制策略，对过程控制进行设定点控制；第三级是自适应控制级，根据运行经验，补偿工况变化对控制规律的影响，维持系统在最佳状态；第四级是工厂管理级，其任务是系统总任务或总目标决策、管理、计划、调度和调节，规定各级任务并决策协调各级任务。

（3）信息综合与集中管理。集中监视可以提供丰富的显示手段和显示方式，给出全局和局部的运行信息，更好地监视和管理生产过程。集中管理与操作可以保证操作的一致性，改变系统运行条件的操作是专门人员进行，减少误操作的可能。

集散控制系统的体系结构通常分为三级[3,4]：第一级为直接过程控制级，第二级为集中操作监视级，第三级为综合信息管理级，各级之间由通信网络相连，级内各站或单元由本级的通信网络进行通信联系。

集散控制系统的功能有如下几种。

（1）控制功能。

直接数字控制（DDC）：收集现场设备过程量，按照确定算法进行控制。

数据采集功能：完成现场设备信号的采集、处理、显示、存储、传递等功能。

顺序控制功能：通过来自状态输入、输出信号和反馈控制状态信号，按预先设定的顺序和控制条件对被控对象的各阶段进行控制。

优化与协调控制：根据生产计划及当前设备运行情况，采用先进的控制技术与算法，协调各控制站的运行，使生产最优化。

信号报警：对异常状态报警。

（2）显示功能。

DDC 标准画面：总貌画面、组貌画面、回路画面。

顺序标准画面：总貌画面、步进画面、时间画面。

流程画面。

趋势曲线画面。

报警状态。

数据表格。

（3）操作功能。

操作员操作功能：操作员通过操作站对各控制功能和程序控制功能进行操作和监视。

运行管理功能：指整个系统的运行管理，包括系统调度、过程信息文件的形成、各级画面的调用、数据修改等。

工程师站操作功能：进行系统的组态、系统测试、系统维护等。

数据通信功能：为了使整个系统中的信息能进行沟通，在集散控制系统中，各层之间必须有数据通信，各层内也要有数据通信。

（4）综合信息管理功能。

实现整个企业综合信息管理功能，进行技术、经营管理的最优化。

如图 3-9 所示是集散控制系统图，该系统分为数据采集、无线传输及 PC 机的界面设计两个部分。数据采集部分是通过各种传感器采集养殖车间信息，然后经过 A/D 转换器完成多路的模拟电量的数字化，最后将数字化的数据送到单片机进行处理；而传输及显示部分是通过无线收发模块将单片机处理完的数据信息以无线的形式发送出去，然后经上位机侧的无线模块通过串口传给 PC 机，最后在 PC 机上以直观的形式显示出来。

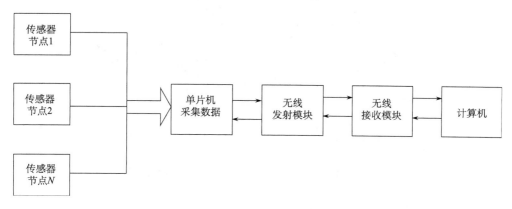

图 3-9 集散控制系统图

3.1.5 基于现场总线控制的数据传输技术

现场总线技术的出现和成熟，促使控制系统由集散控制系统向现场总线控制系统的过渡。现场总线系统具有以下特点[5,6]：

（1）分级控制系统中，采用现场总线的系统虽然可能具备足够的智能，但只执行简单的节点顺序或一种控制方式等较低级功能。

（2）现场总线经常只负责发送或接收较小的数据报文，并且以这种数据报文作为与较高一级的控制系统实现设备数据往返传送的有效手段。

（3）采用现场总线的系统通常费用较低，可以用低廉的造价组成一个系统，而且与上层系统连接的费用也不高[7]。

1. LonWorks

它由美国 Echelon 公司推出，并由 Motorola、Toshiba 公司共同倡导。它采用 ISO/OSI 模型的全部 7 层通信协议，采用面向对象的设计方法，通过网络变量把网络通信设计简化为参数设置。支持双绞线、同轴电缆、光缆和红外线等多种通信介质，通信速率为 300bit/s～1.5Mbit/s，直接通信距离可达 2700m（78kbit/s），被誉为通用控制网络。LonWorks 技术采用的 LonTalk 协议被封装到神经元（neuron）的芯片中，并得以实现。如图 3-10 是基于 LonWorks 总线技术智能节点硬件图，以 Neuron 3150 神经元芯片主构成的 LonWorks 现场总线一侧，其基本功能是实现 Lon 网络上的智能节点功能；另一侧是由单片机系统构成的串行通信接口，其功能是实现 EIA RS-232-C/RS-485 标准的串行通信[8]。

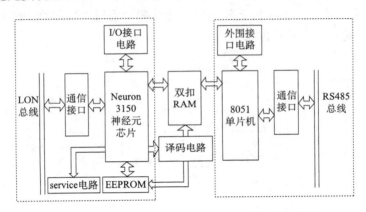

图 3-10　基于 LonWorks 总线技术智能节点硬件图

LonWorks 技术具有以下优势：

（1）使用 LonWorks 技术的控制网络具有结构简单、容易更改的特点，可以灵活地选用各种通信介质，包括双绞线、电力线、无线射频、红外波、同轴电缆等，并且多种介质可以在同一网络中混合使用，使得网络兼容性更强。

（2）LonWorks 技术具有开放的网络协议，协议对任何用户都是对等的。而且已被一些国际标准组织确认为标准，如 EIA709 和 IEEE1473。网络协议非常完整，任何制造商生产的产品都可以进行互操作。使用 LonWorks 技术提供的微处理器接口程序（MIP）软件制造商还可以开发低成本的网关，方便不同系统的互联，使得系统的可靠性更高。可以通过 Internet 实现远程监控和管理，使得系统监控和管理更灵活。

（3）LonWorks 技术具有功能强大的网络管理服务体系，能管理各种不同类型的应用，配置各种不同规模的 LonWorks 网络，使得网络配置、管理、监控、维护非常方便。

（4）LonWorks 技术具有非常完备的开发工具，能满足各种不同的开发要求，开发者可以很容易掌握和使用，并以最快的速度开发出产品。

（5）LonWorks 网络上的每个节点都不依赖于其他设备，能独立地接收、发送和处理网络中的信息。网络中的个别节点发生故障也不会影响其他节点的工作，使得 LonWorks 网络更加可靠。

2. PROFIBUS

PROFIBUS 是过程现场总线（Process fieldbus）的缩写，于 1989 年正式成为现场总线的国际标准。在多种自动化的领域中占据主导地位，全世界的设备节点数已经超过 2000 万。它由三个兼容部分组成，即 PROFIBUS-DP（decentralized periphery）、PROFIBUS-PA（process automation）和 PROFIBUS-FMS（fieldbus message specification）。其中 PROFIBUS-DP 应用于现场级，它是一种高速低成本通信，用于设备级控制系统与分散式 I/O 之间的通信，总线周期一般小于 10ms，使用协议第 1、2 层和用户接口，确保数据传输的快速和有效进行。PROFIBUS-PA 适用于过程自动化，可使传感器和执行器接在一根共用的总线上，可应用于本征安全领域；PROFIBUS-FMS 用于车间级监控网络，它是令牌结构的实时多主网络，用来完成控制器和智能现场设备之间的通信以及控制器之间的信息交换。主要使用主从方式，通常周期性地与传动装置进行数据交换。图 3-11 是基于 PROFIBUS 总线技术的监控系统[9]。

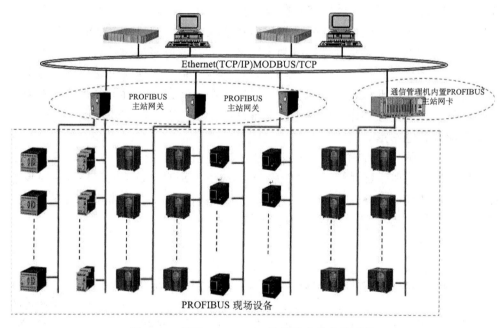

图 3-11　基于 PROFIBUS 总线技术的监控系统

PROFIBUS 技术优势如下：

（1）总线存取协议。三种系列的 PROFIBUS 均使用单一的总线存取协议，数据链路层采用混合介质存取方式，即主站间按令牌方式、主站和从站间按主从方式工作。得到令牌的主站可在一定的时间内执行本站的工作,这种方式保证了在任一时刻只能有一个站点发送数据,并且任一个主站在一个特定的时间范围内都可以得到总线操作权,这就完全避免了冲突。这样的好处在于传输速度较快,而其他一些总线标准则采用的是冲突碰撞检测法,在这种情况下,某些信息组需要等待,然后发送,从而使系统传输速度降低。

（2）灵活的配置。根据不同的应用对象,可灵活选取不同规格的总线系统,如简单的设备级的高速数据传送,可选用 PROFIBUS-DP 单主站系统,稍微复杂的设备级的高速数据传送,可选用 PROFIBUS-DP 多主站系统,比较复杂的系统可将 rPROFIBUS-DP 和 rPROFIBUS-FMS 混合选用,两套系统可方便地在同一根电缆上同时操作,而无需附加任何转换装置。

（3）本征安全。目前被普遍接受的电气设备防爆技术措施有:隔爆（Exd）、增安（Exe）、本征安全（Eix）等。对低功率电气设备（如自动化仪表）,最理想的保护技术是本征安全防爆技术。它是一种以抑制电火花和热效应能量为防爆手段的"安全设计"技术。本征安全性一直是工控网络在过程控制领域应用时首先需要考虑的问题,否则,即使网络功能设计得再完善,也无法在化工、石油等工业现场使用。目前各种现场总线技术中考虑本征安全特性的只有 PROFIBUS 与 FF,而 FF 的部分协议及成套硬件支撑尚未完善,可以说目前过程自动化中现场总线技术的成熟解决方案是 rPROFIBUS-PA。它只需一条双绞线就可既传送信息又向现场设备供电,由于总线的操作电源来自单一供电装置,它就不再需要绝缘装置和隔离装置,设备在操作过程中进行的维修、接通或断开,即使在潜在的爆炸区也不会影响其他站点。

（4）功能强大的 FMS。FMS 提供上下文环境管理、变量的存取、定义域管理、程序调用管理、事件管理、对 VFD（iVurtali Fled Dveice）的支持以及对象字典管理等服务功能。FMS 同时提供点对点或有选择广播通信、带可调监视时间间隔的自动联结、当地和远程网络管理等功能。

3. CAN

CAN（controller area network）是 ISO 国际标准化的串行通信协议,广泛应用于汽车、船舶等,具有已经被大家认可的高性能和可靠性。CAN 控制器通过组成总线的 2 根线（CAN-H 和 CAN-L）的电位差来确定总线的电平,在任一时刻,总线上有 2 种电平:显性电平和隐性电平。"显性"具有"优先"的意味,只要有一个单元输出显性电平,总线上即为显性电平,并且,"隐性"具有"包容"的意味,只有所有的单元都输出隐性电平,总线上才为隐性电平。显性电平比隐性电平更强。

CAN 总线依据开放系统互连提供平了 2 层[10,12]：物理层、数据链滤层，现在很多公司也为 CAN 开发了相应的应用层，如图 3-12 所示。

CAN 总线具有如下优势：

（1）控制器工作于多主站方式，网络中的各节点都可根据总线访问优先权（取决于报文标识符）采用无损结构的逐位仲裁的方式竞争向总线发送数据。而利用 RS485 只能构成主从式结构系统，通信方式也只能以主站轮询的方式进行，系统的实时性、可靠性较差。

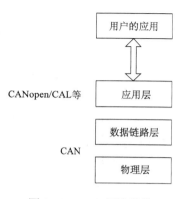

图 3-12 CAN 层次结构

（2）协议废除了传统的站地址编码，而代之以对通信数据进行编码，其优点是可使网络内的节点个数在理论上不受限制，增加或减少设备都不影响系统的工作。同时可使不同的节点同时接收到相同的数据，这些特点使得 CAN 总线构成的网络各节点之间的数据通信实时性强，并且容易构成冗余结构，提高系统的可靠性和灵活性。

（3）总线通过 CAN 控制器接口芯片的两个输出端 CANH 和 CANL 与物理总线相连，而 CANH 端的状态只能是高电平或悬浮状态，CANL 端只能是低电平或悬浮状态。这样就保证不会出现类似在 RS485 网络中系统有错误时出现多节点同时向总线发送数据而导致总线呈现短路从而损坏某些节点的现象。而且 CAN 节点在错误严重的情况下具有自动关闭输出功能，以使总线上其他节点的操作不受影响，从而保证不会出现在网络中因个别节点出现问题，使得总线处于"死锁"状态。

（4）具有的完善的通信协议可由 CAN 控制器芯片及其接口芯片来实现，从而大大降低了用户系统开发的难度，缩短了开发周期，这些是仅有电气协议的 RS485 所无法比拟的。

（5）与其他现场总线相比，CAN 总线通信最高速率可达 1Mbit/s，传输速率为 5kbit/s 时，采用双绞线，传输距离可达 10km，并且数据传输可靠性高；CAN 总线是具有通信速率高、容易实现且性价比高等诸多特点的一种已形成国际标准的现场总线。这些也是目前 CAN 总线应用于众多领域具有强劲的市场竞争力的重要原因。

（6）电路结构简单，要求的线数较少，只需要两根线与外部器件互联，各控制单元能够通过 CAN 总线共享所有的信息和资源。

3.2 基于无线通信的数据传输

无线通信是采用电磁波作为信息承载工具的一种通信方式。由于电磁波可以在自由空间中传播，无需各种有线媒质传输的限制，所以无线通信方式是一种非常便捷的通信方式，可以实现任何时间、任何地点、与任何人进行通信。随着无线通信技术的发展，通信的业务也呈现出多种方式，使得人们之间的通信彻底实现了自由互联互通。在这中间，无线通信发挥了自由通信的作用。同样，在物联网中，无线通信不但承担了感知层的短距离通信的任务，还发挥了接入和传送的重要作用，本节将介绍水产物联网中常用的无线通信技术，包括 ZigBee 技术、RFID 技术、GPRS 技术和 LoRa 技术。

3.2.1 ZigBee 无线数据传输技术

1. ZigBee 基础

在水产养殖中，传感器可以用于对水质参数及环境参数的实时采集，进而为水质控制提供科学依据。目前运用较多的是通过 ZigBee 网络来传递传感器采集到的数据。ZigBee 技术采用 IEEE802.15.4 标准，是一种短距离无线通信技术，在全球 2.4GHz 频段范围内实现低功耗、低速率、低成本通信。ZigBee 规范将网络节点按照功能划分为协调器、路由器和终端设备。

协调器：一个 ZigBee 网络有且仅有一个协调器，它负责 ZigBee 网络启动，并配置网络使用的信道和网络标识符。此外，协调器还负责完成网络成员地址分配、节点绑定、建立安全层等任务，它在网络中需要最多的存储资源和计算能力。ZigBee 网络是最优美的分布式网络，当协调器成功建立网络之后，基本上就完成了协调器的任务。此时，关闭协调器节点，网络中其余节点能够互相通信。

路由器：路由器主要实现允许设备加入网络、扩展网络覆盖的物理范围和数据包路由的功能。ZigBee 路由器扩展网络是指该设备可以作为网络中的潜在父节点，允许更多的路由和终端设备接入网络。其中，路由器最为重要的功能是"允许多跳路由"，即使两个设备不在彼此的物理射频范围内，也能通过路由器进行信号中转和中继，进行通信；路由节点存储路由表，负责寻找、建立及修复数据包路由路径。路由器一般还协助由电池供电的终端设备子节点工作，如缓存子节点数据等。路由器和协调器一般由主电源供电，且经常处于活跃状态。

终端设备：终端设备一般为 ZigBee 网络边缘设备，它不仅具备成为协调器和路由器的能力，还常与监控对象连接在一起。终端设备一般由于干电池或纽扣电池供电，大部分时间处于休眠状态。终端设备的一些工作常交由父节点路由器处理,如设备周期性处于休眠状态,发送到设备的数据不能立即被接收,就暂存到其父节点。终端设备会定期向其父设备轮询数据;终端设备在向其他节点发送数据时,先将数据交由其父节点设备,然后以父设备的名义进行网络路由。

2. ZigBee 组网步骤

首先,通过串口对硬件进行初始化,随后进行介质访问控制(MAC)层的初始化,进行网络组建[13]。

其次,一个全功能设备在第一次激活后,首先广播查询网络协调器的请求,如果接收到回应,则说明网络中已经存在网络协调器,再通过一系列认证过程,该设备就成为这个网络中的普通设备。如果没有收到回应,或者认证不成功,这个全功能设备就可以建立自己的网络,并且成为这个网络的协调器。网络协调器要为网络选择一个唯一的标识符,所有该网络的设备都是用这个标识符来规定自己的主从关系。

再次,建立新网络。ZigBee 协议定义了一个称为端点绑定的过程,作为绑定过程的一部分,一个远程网络或一个类似于设备管理器的节点会请求协调器修改其绑定表。协调器节点维护一个基本上包含两个或多个端点之间的逻辑链路的绑定表。每个链路根据其源端点和群集 ID 来唯一定义。

最后,网络协调器判断设备能否加入网络。如果设备加入网络中,则分配其一个网络地址,并将其信息记录在地址表中。图 3-13 是 ZigBee 数据采集网络架

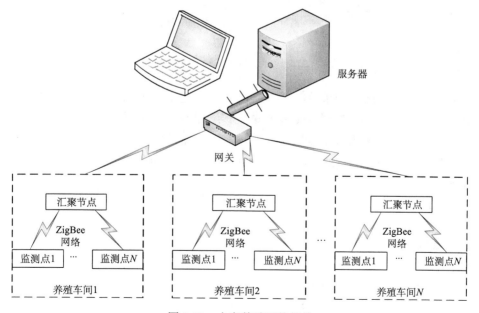

图 3-13 水产养殖网络架构

构,将传感器采集到的温度、溶解氧、电导率和 pH 等参数通过 ZigBee 传给汇聚节点,汇聚节点负责接收和处理网络中所有节点的信息,将数据通过网关继而上传至服务器,监测中心软件对接收的数据进行分析、处理、图形化显示与报警,实现水质环境参数的实时在线监测。汇聚节点也可以通过 GPRS 模块接入 Internet 网络,将数据传回远程监测中心,或以短信方式将数据传送给用户手机。

3. 节点结构图

汇聚节点是连通无线传感器网络与上位机之间的关键节点,其功能为创建 ZigBee 网络,接收网络中传感器采集的信息,并与远程服务器进行通信。汇聚节点结构图如图 3-14 所示,主要由 CC2530 电路、GPRS 模块和显示屏三部分组成。其中 CC2530 电路负责与底层传感网络进行通信,GPRS 模块负责与远程服务器通信,显示屏负责本地显示各个传感器节点采集的信息。由于此节点功耗较大,在整个系统中处于核心位置,所以采用电源供电,通过开关电源将 220V 交流电压转换成 5V 直流电压[14]。

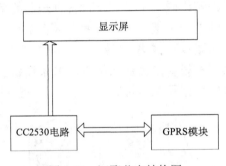

图 3-14 汇聚节点结构图

监测传感器节点作为系统的基本监测点被布置于养殖池中,用于采集鱼塘中的水温、溶解氧和 pH。监测点在整个底层传感器网络中不仅负责自身采集信息的传输,还要承担对其他节点信息的跳转,具有一定的路由功能。监测点的结构图如图 3-15 所示,主要由电源模块、电源转换模块、控制电路(CC2530 核电路)和传感器组成。

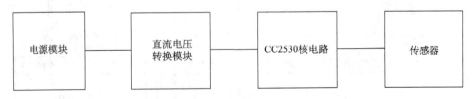

图 3-15 监测点的结构图

ZigBee-GPRS 无线网关的组成如图 3-16 所示，主要有基于 CC2530 的 ZigBee Sink 模块、华为 MG323 GPRS 模块、电源管理单元、接口电路等。GPRS 模块和 ZigBee 模块间通过串口进行通信。

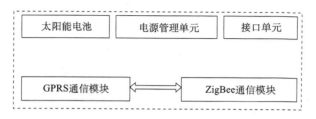

图 3-16　ZigBee-GPRS 无线网关的组成

4. 无线传感器网络供能技术

由于锂电池的电压高、能量密度高、无"记忆效应"、放电曲线平缓等优点，很多便携式产品采用单节锂电池进行供电。同时锂电池也是比较娇贵的产品，过冲、过放电、短路等都会对使用寿命产生影响，甚至爆炸危害到人身安全。加上目前很多便携式产品在电池电量没有完全用完时就不允许继续工作，降低了电池使用效率和产品的使用时间。由此可见，对单节锂电池进行相关的处理措施是非常必要的。

系统主要由四个模块组成：充电、安全保护、测量、计算通信。这种结构以 Intel 和其他公司开发的双线总线为中心，数据协议 SB 数据规范使得电源管理系统所用的电池数据保持一致性。它包含固定值、测量值、计算值和预测值，以及充电和报警信息。这些数据用于主系统、智能电池系统之间互相传递。数据协议规范定义了 34 个数值，代表了操作条件、计算而得的预测和供电特性。在功能上具有参数测量（电压、温度、电流和平均电流）、容量讯息查询（容量值包括相对充电状态、绝对充电状态、剩余容量和完全充电容量）、剩余时间估算（耗尽时间、平均耗尽时间、平均充满时间、充放电定值、定值充满时间、定值耗尽时间和定值）、报警与广播（剩余容量告警、剩余时间告警、充电电流和充电电压）、模式、状态和错误（电池模式、容量模式、充电器模式、最大错误、电池状态和制造商访问）以及电池身份识别（周期计数、设计容量、设计电压、规范讯息、制造日期、编号、制造商名称、器件名称、器件化学以及制造商数据）功能。

研制的单节智能锂电池在成本和能耗方面考虑，对标准做出很大的改进，如图 3-17 所示。接口通信方式改为 Maxim 公司的"一线"（Onewire）标准，对 SBData2.0 协议做出精简，提炼出对供电系统至关重要的参数。采用理光 R5421 实现单节锂电池的保护功能、Intersil 公司的 ISL6292 实现电池的充电功能，Maxim

的 DS2438 完成电池的状态监测及电池标识。在与主系统接口上，留有电源和地，只有 Onewire 和控制充电芯片的接口，也可以为将来升级到 SMBus 系统中使用。

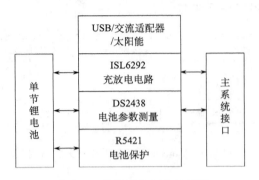

图 3-17　单节智能锂电池系统

主要功能特点：

（1）智能化的充电管理，可调节系统充电电流和充电方式，降低系统的发热量，且具有自动关断功能。

（2）具有电池安全保护功能，防止对电池的过度充放电造成的不良影响，延长电池使用寿命。

（3）可实时监测电池电量、状态等信息，便于对电池的使用和管理。

（4）系统的实现为其他便携式仪器设备的电源模块设计奠定了基础。

5. 太阳能供电系统集成研究

太阳能作为世界上最清洁的能源，目前有着广泛的用途。太阳能具有取之不尽、用之不竭、没有环境污染、不需要长距离输送、可靠性高、寿命长、使用维护简单、安全性强、适合分散供电、扩充容量方便、与其他电源系统容易兼容、储能比较方便等优点。特别适合分散、交通不便、输电困难的地点使用。一套基本的太阳能供电系统是由太阳电池板、充电控制器、逆变器和蓄电池构成，一次性投入后，可提供环境测量设备的长时间工作能源需求，而且能够节省大量能源和人力资源，因此，研究太阳能、蓄电池组大容量发电供电系统，对扩展仪器设备的使用范围、减少投入费用、提高生产效益有着极大的促进作用。

整套太阳能供电系统由太阳能电池板、太阳能控制器、蓄电池组、逆变器四部分组成。太阳能电池组件是太阳能供电系统中的核心部分，也是太阳能供电系统中价值最高的部分。其作用是将太阳的辐射能量转换为电能，或送往蓄电池中存储起来，或推动负载工作。太阳能电池组件的质量和成本将直接决定整个系统的质量和成本；太阳能控制器的作用是控制整个系统的工作状态，并对蓄电池起到过充电保护、过放电保护的作用。在温差较大的地方，合格的控制器还应具备温度补偿的功能。其他附加功能如光控开关、时控开关都应当是控制器的可选功能。蓄电池一般为铅酸电池，小微型系统中，也可用镍氢电池、镍镉电池或锂电池。其作用是在有光照时将太阳能电池组件所供出的电能储存起来，需要的时候再释放出来；在很多场合，都需要提供220V AC、110V AC的交流（AC）电源。由于太阳能的直接输出一般是12V DC、24V DC、48V DC直流（DC）电。为能向220V AC的电器提供电能，需要将太阳能供电系统所供出的直流电能转换成交流电能，因此需要使用 DC-AC 逆变器。在某些场合，需要使用多种电压的负载时，也要用到DC-AC 逆变器，如将 24V DC 的电能转换成 5V DC 的电能（注意：不是简单地降压）[15]。系统设计原理结构图如图3-18所示。

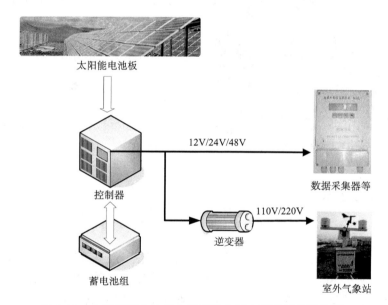

图 3-18　太阳能蓄电池组大容量发电供电系统原理结构图

主要功能特点如下：

（1）采用太阳能蓄电池组发电供电系统避免了传统供电方式中对供电网络的需求，系统无污染、维护简便、使用寿命长。

（2）将太阳能供电与蓄电池组相结合，发挥了各个模块部分各自的优势，更利于太阳能资源的利用和系统能源供应的稳定性。

（3）智能化的控制系统设计，使得负载匹配更加灵活，系统的供电能力得到有效提升。针对不同系统，研究的专业供电方案，在确保系统正常工作的前提下，尽可能降低系统功耗，延长蓄电池组使用寿命。

6. 基于平板电脑和组态软件无线汇聚节点

以先进的平板电脑为核心，以无线数据采集控制模块为节点进行数据的采集和设备控制。平板电脑采用 ARM9 作为核心处理系统，外扩标准 RS232/485 和网络接口，内嵌 WinCE 操作系统，如图 3-19 所示。平板电脑结合自控软件系统，可方便地进行数据采集、管理、存储、设备控制、报表统计等，其拥有的智能化、自动化采集控制方法，可非常便利地进行温室生产智能控制与管理。

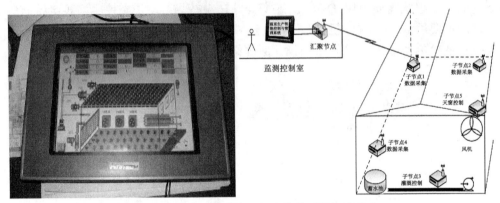

图 3-19 基于平板电脑和组态软件无线汇聚节点

3.2.2 RFID 无线数据传输技术

1. RFID 基础

射频（radio frequency，RF）是一种高频交流变化电磁波，通常所指的频率范围为 100kHz～30GHz。在电子学理论中，电流流过导体，导体周围会形成磁场；交变电流通过导体，导体周围会形成交变电磁场，称为电磁波。RFID 技术在水产养殖中能够追本溯源，确定农产品质量问题所在。由于"多宝鱼"等农产品安全事故频发，在北京、上海、南京等地已经开始采用条码、IC 卡和 RFID 等技术建立水产品质量安全追溯系统。RFID 技术的基本工作原理并不复杂，标签进入磁场后，会接收到读写器发出的射频信号，凭借感应电流所获得的能量发送出存储在芯片中的产品信息（passive tag，无源标签或被动标签），或者主动发送某一频率的信号（active tag，有源标签或主动标签）；读写器读取信息并解码后，送至中央信息系统进行有关数据处理。

2. RFID 系统工作原理

RFID 系统是利用射频标签与射频读写器之间的射频信号及其空间耦合、传输特性,实现对静止的、移动的待识别物体的自动识别。在 RFID 系统中,射频标签与读写器之间,通过两者的天线架起空间电磁波传输的通道,如图 3-20 所示。通过电感耦合或电磁耦合的方式,实现能量和数据信息的传输。这两种方式采用的频率不同,工作原理也不同[16]。低频和高频 RFID 的工作波长较长,基本都采用电感耦合识别方式,电子标签处于读写器天线的近区,电子标签与读写器之间通过感应而不是通过辐射获得信号和能量;微波波段 RFID 的工作波长较短,电子标签基本都处于读写器天线的远区,电子标签与读写器之间通过辐射获得信号和能量。微波 RFID 是视距传播,电波有直射、反射、绕射和散射等多种传播方式,电波传播有自由空间传输损耗、菲涅耳区、多径传输和衰落等多种现象。

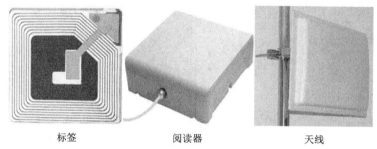

标签　　　　阅读器　　　　天线

图 3-20　RFID 系统组成部件图

3. RFID 传输技术

RFID 标签主要记录鱼的信息(放养的品种、放养的数量、放养的时间、投饲量、用药情况、疾病情况),系统架构图如图 3-21 所示。RFID 标签通过天线把汇总的信息传输到 RFID 阅读器上,同时在此完成对信息的分析与处理,然后 RFID 阅读器把信息上传到网关。网关通过 ZigBee 无线通信模块把信息都上传到 PC 机,PC 机监控系统对输入的信息整理入数据库,实时监控,与预先设定的指标相比,如果超出了指标范围,就发出警报,现场控制中心、远程控制中心都会收到,同时短信通知用户。

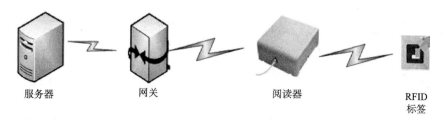

服务器　　　网关　　　　　阅读器　　　　RFID 标签

图 3-21　RFID 系统架构图

4. 基于RFID的水产品供应链业务信息建模及追溯算法

水产品的供应链包含诸多环节，每个环节都对水产品的安全起到至关重要的作用。因此，本节将结合水产品的特点以及传统模式下水产品供应链管理存在的问题，从水产品供应链的业务环节入手，研究分析每个环节需要采集的信息，从而对水产品供应链进行建模，为研究高性能的溯源体系的数据组织形式和提出基于RFID技术的水产品追溯系统做好准备。RFID技术在水产品供应链中应用的整体流程图如图3-22所示。

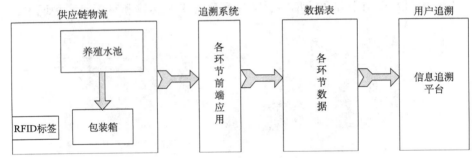

图3-22　RFID技术在水产品供应链中应用的整体流程图

在水产品供应链管理方面，融合HACCP管理体系，依托RFID、WiFi、传感器等技术，采集与水产品种苗、养殖、检测、出厂包装、运输及销售等环节密切相关的数据，通过两种方法来实现水产品安全管理：一是从上往下进行跟踪，即种苗→养殖→检测→出厂→物流→销售→消费者，这种方法主要用于数据采集，对水产品从种苗到餐桌的各个环节进行跟踪，以RFID标签为载体记录水产品养殖过程的各类数据，尤其是水产品安全相关的数据；另一种是从下往上进行水产品追溯，主要体现在两个方面：第一，当消费者消费该水产品时，采用RFID技术可以实现水产品历史信息的查询和浏览；第二，当消费者在消费过程中发现水产品安全问题时，食品安全部门可以以RFID标签为介质，向上层进行追溯，最终确定问题所在。该模型如图3-23所示。

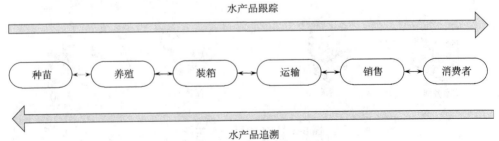

图3-23　水产品跟踪和追溯模型

3.2.3 GPRS 无线数据传输技术

1. 概述

移动通信技术从第一代的模拟通信系统发展到第二代的数字通信系统，以及之后的 3G、4G、5G，正以突飞猛进的速度发展。在第二代移动通信技术中，全球移动通信系统（GSM）的应用最广泛。但是 GSM 只能进行电路域的数据交换，且最高传输速率为 9.6kbit/s，难以满足数据业务的需求。因此，欧洲电信标准协会（ETSI）推出了通用分组无线业务（general packet radio service，GPRS）。GPRS 是 2G 向 3G 过渡的 2.5G 技术，GPRS 以 GSM 电路交换系统为基础，通过嵌入分组交换功能而实现网络分组交换，解决了 GSM 只能实现语音通信的缺点，GPRS 网络架构是基于 IP 协议设计的，在操作 TCP 协议的基础上能与 Internet 互联，通过 GPRS 网络能访问 Internet，可实现文件传输、上网和其他领域的远程监控方面的应用。

2. 特点

（1）高速数据传输。GPRS 可提供高达 115kbit/s 的传输速率（最高值为 171.2kbit/s，不包括 FEC）。这意味着在数年内，通过便携式电脑，GPRS 用户能和 ISDN 用户一样快速地上网浏览，同时也使一些对传输速率敏感的移动多媒体应用成为可能。

（2）永远在线。由于建立新的连接几乎无需任何时间（即无需为每次数据的访问建立呼叫连接），因而随时都可与网络保持联系。

（3）相对低廉的连接费用。资源利用率高，在 GSM 网络中，GPRS 首先引入了分组交换的传输模式，使得原来采用电路交换模式的 GSM 传输数据方式发生了根本性的变化，这在无线资源稀缺的情况下显得尤为重要。按电路交换模式来说，在整个连接期内，用户无论是否传送数据都将独自占有无线信道。在会话期间，许多应用往往有不少的空闲时段，如上 Internet 浏览、收发 E-mail 等。对于分组交换模式，用户只有在发送或接收数据期间才占用资源，这意味着多个用户可高效率地共享同一无线信道，从而提高了资源的利用率。GPRS 用户的计费以通信的数据量为主要依据，体现了"得到多少、支付多少"的原则。实际上，GPRS 用户的连接时间可能长达数小时，却只需支付相对低廉的连接费用。

3. GPRS 工作原理

GPRS 工作时，是通过路由管理来进行寻址和建立数据连接的，而 GPRS 的路由管理表现在以下 3 个方面：移动终端发送数据的路由建立；移动终端接收数据的路由建立;移动终端处于漫游时数据路由的建立[17]。

对于第一种情况,当移动终端产生了一个分组数据单元(PDU),这个PDU经过SNDC层处理,称为SNDC数据单元,然后经过逻辑链路控制(LLC)层处理为LLC帧,通过空中接口[空中接口(air interface)是指用户终端(UT)和无线接入网络(RAN)之间的接口]送到GSM网络中移动终端所处的SGSN。SGSN把数据送到GGSN。GGSN把收到的消息进行解装处理,转换为可在公用数据网中传送的格式(如PSPDN的PDU),最终送给公用数据网的用户。为了提高传输效率,并保证数据传输的安全,可以对空中接口上的数据做压缩和加密处理。

在第二种情况中,一个公用数据网用户传送数据到移动终端时,首先通过数据网的标准协议建立数据网和GGSN之间的路由。数据网用户发出的数据单元(如PSPDN中的PDU),通过建立好的路由把数据单元PDU送到GGSN。而GGSN再把PDU送到移动终端所在的SGSN上,GSN把PDU封装成SNDC数据单元,再经过LLC层处理为LLC帧单元,最终通过空中接口送到移动终端。

第三种情况是一个数据网用户传送数据给一个正在漫游的移动用户。这种情况下的数据传送必须要经过归属地的GGSN,然后送到移动用户A。

GPRS网络的数据传输是通过分组交换实现的。主要囊括了以下几点:基站收发体系(BTS),GPRS的服务支持节点(SGSN),基站控制器(BSC),网关支持节点(GGSN),移动交互中心(MSC)。具体的架构图如图3-24所示。

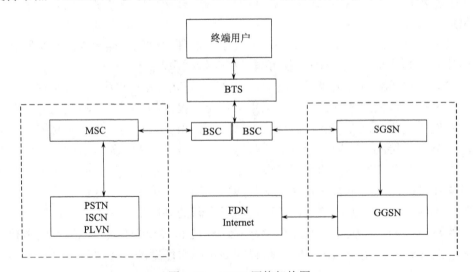

图3-24 GPRS网络架构图

GPRS网络详细的工作流程是:终端用户的数据发送端通过RS232或者RS485与GPRS的终端相连接,实现数据有线收发,GPRS的终端与BTS实现无线通信,传统的电路交换方式是从 BSC 发送到 MSC，而分组交换方式是从将数据从 BSC 发送到 SGSN 端，继而与 GGSN 完成通信，最后 GGSN 将数据经过一系列的处理后将其发送。如果是两个不同的 GPRS 模块之间实现通信，则会将要发送的信息由一个 GPRS 发送终端传输至另一个接收终端，然而两者之间不能达到直接通信，必须借用 SGSN，再通过 BTS 才能实现通信，最终达到数据的收发。如果数据是经过 GPRS 终端模块将其发送至 Internet，则必须借助 TCP/IP 的协议转换才能成功完成数据收发。图 3-25 所示为本系统的 GPRS 网络构建图。

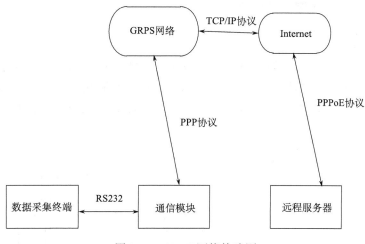

图 3-25　GPRS 网络构建图

本系统下位机与服务器的通信流程为：数据采集终端通过 RS232 串口将数据发送至 GPRS 模块，GPRS 模块通过 PPP 协议与移动的接入设备（一般是移动公司的一台特殊的 GGSN 路由器）进行握手连接，握手成功后获得一个动态 IP，模块采用公网的 APN（access point name）即访问接入点（cmnet）主动向公网上的一个静态公网 IP 地址发起 TCP 连接，只要服务器已经开启相应的侦听端口就可以建立连接，连接建立后就可以进行数据通信。但是，静态公网 IP 账号价格昂贵，服务器端通常采用动态 IP，而动态地址对于网络上的设备来说是不可访问的。为解决这一问题，在服务器端采用动态域名解析软件将域名与主机绑定，并且映射虚拟端口，GPRS 模块可通过向此域名发起 TCP 连接请求来与服务器建立连接。

3.2.4　LoRa 无线数据传输技术

1. 概述

LoRa 全称是"Long Rang"，是一种基于扩频技术的低功耗长距离无线通信技术，主要面向物联网，应用于电池供电的无线局域网、广域网设备。LoRa 基于

Sub-GHz 的频段使其更易以较低功耗远距离通信，可以使用电池或者其他太阳能电池板供电。LoRa 信号对建筑的穿透力也很强，适合于低成本大规模部署。

为了彻底解决传统人工水质监测及 DCS、现场总线方式在管理及应用上存在的布线困难、成本高等不足，提出了以智能水质传感器、LoRa 无线网络、专家库数据库为核心的物联网水质在线监测系统。本系统通过分布式动态组网，可实现大范围、24h 不间断的监测，同时通过布设在水源地具有定位功能的无线传感器节点，能够侦测到饮用水源的污染情况，从而提高管理效率、保障供水安全，解决养殖业水质在线监测和管理问题。

2. 系统总体设计

水质远程监测系统总体方案如图 3-26 所示，水质远程监测系统从功能结构上分为两部分：水质数据采集及发送部分和上位机水质监测软件部分。低功耗水质采集系统由主机和采集节点组成，采集节点通过 LoRa 无线通信将数据发送给网关，再通过路由器上传到服务器中[18,19]。

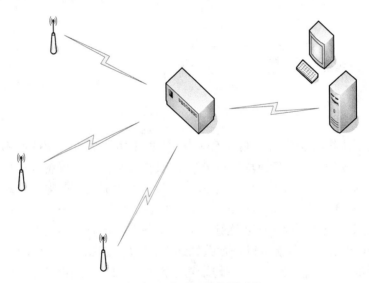

图 3-26　水质远程监测系统

3. LoRa 网关

图 3-27 所示为 LoRa 网关，它主要负责以下工作：

（1）网关实现数据的收集和处理，并发给 MQTT 服务器，实现数据中转。

（2）采集节点实现传感器信号的采集和初步计算，支持低功耗模式工作，睡眠时长可设置，大大节省了电池电量的使用，使设备能够实现 4～6 个月的续航能力(续航能力与设置的数据采集间隔有关(数据采集间隔即睡眠周期,单位是秒,如果一小时采集一次数据,续航能力理论上可达到一年)。

(3)一个网关可以管理半径 3km 区域内的 256 个采集点的数据接收和管理。

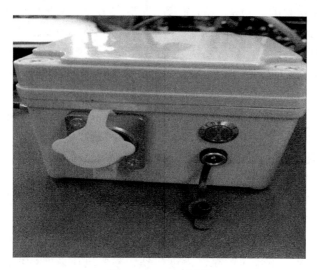

图 3-27　LoRa 网关

4. 浮标节点

如图 3-28 所示为使用的浮标节点,此款产品是一种以浮标为载体,集材料学、传感器技术、数传技术为一体的水质监测系统。采用聚脲高分子弹性材料具有阻燃、防碰撞、防腐蚀、抗生物黏附、穿孔不下沉等优点;太阳能供电系统可在连续 15 天阴雨天气下正常工作,支持多种数据传输协议。

图 3-28　浮标节点

3.2.5　NB-IoT 无线数据传输技术

物联网已发展多年，各种应用及技术都相继被提出，如 LoRa 和 SIGFOX，也都强调低功耗以及广大覆盖率的需求，但由于 LoRa 及 SIGFOX 使用非授权频谱，因此不管任何人皆可使用此频段，也形成许多不可控制的干扰问题，这造成在使用上非常不可靠，因此全球各大电信营运商倾向支持 3GPP 所提出的 NB-IoT 的技术，由于其使用授权频段，并且可以在原本的蜂巢式网络设备上快速部署 NB-IoT 的建置，对营运商而言便可以节省布建成本及快速整合原有长程演进计划（LTE）网路，因此可以预见未来 NB-IoT 将为全球主流电信商所推行的方向。

NB-IoT 为一低功耗广域网路（low power wide area, LPWA）的技术，其特点便是极低的功耗和广大的覆盖率及庞大的连接数，其装置覆盖范围可以提升 20dB，并且电池寿命可以超过 10 年以上，每个 NB-IoT 载波最多可支援二十万个连接，而且根据容量需求，可以透过增加更多载波来扩大规模，使单一基地台便能支援数百万个物联网连接。

在 NB-IoT 的设计上有几项目标：①为提升涵盖率，可以借由降低编码率（coding rate）来提升讯号的可靠性，进而使讯号强度微弱时依旧能够正确解调，达到提高覆盖率的目的；②为了大幅提升电池使用周期，其发送的能量最大为 23dBm，约为 200mW；③为了降低终端的复杂度，其调变上使用恒定包络（constant envelope）的方式，可以使功率放大器（power amplifier, PA）运作于饱和区间，使传送端有更好的使用效率，在实体层设计上，也可以简化部分元件，使复杂度降低；④为减少系统频宽，其频宽设计为 200kHz，因为在物联网上不需要这么高的传输速率，所以便不需要这么大的频谱，在使用上也能够更弹性地分配；⑤要大幅地提升系统容量，使得大量的终端能够同时连接，其中一种方法为可以使子载波区间更小，使得在频谱资源分配上能够更加弹性，切出更多子载波分配给更多的终端。

NB-IoT 在频谱上有三种布建方式。第一种是单独布建（Standalone），此种布建方式为使用独立或 GSM 的频谱，彼此不会互相干扰，是最单纯的布建方式，但需要一段自己的频谱。第二种是使用保护频段（guard band）来布建，利用 LTE 频谱边缘保护频段，讯号强度较弱的部分布建，优点是不需要一段自己的频谱，缺点是可能发生与 LTE 系统干扰问题。而第三种是在现行运作频段内布建（in band），部署情境如图 3-29 所示，在使用的频谱则选择在低频段上，如 700MHz、800MHz、900MHz 等，因为在低频段能有更广的覆盖率，并且有较好的传波特性，对于室内环境可以有更深的渗透率。

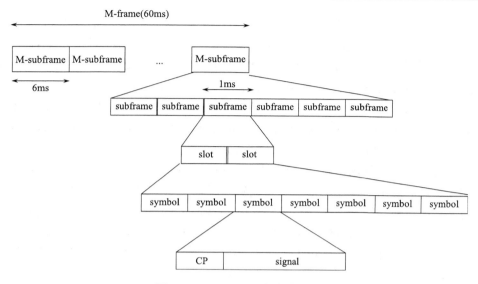

图 3-29　NB-LTE 下行封包设计

然而，目前 3GPP 所提出之 NB-IoT 也包含各项不同的技术，目前主要可分为两个方向，一为由诺基亚（Nokia）、爱利信（Ericsson）和英特尔（Intel）等阵营支持的 NB-LTE（Narrowband-LTE）以及华为和 Vodafone 支持的 NB-CIoT（Narrowband-Cellular IoT），两种技术对于营运商最大的差别在于其可以在现有的 LTE 环境中，有多少可以重新使用于物联网的应用中。

NB-LTE 几乎可与目前现行的 LTE 设备相容，但 NB-CIoT 可以说是一个重新设计的技术，需要建构新的晶片，但其涵盖率可望进一步提升，设备成本也更为降低，因此两种技术各有千秋，下面将对两个技术做一概述。

在 NB-LTE 使用的频宽为 200kHz，在下行使用的是正交分频多工存取（orthogonal frequency division multiple access,OFDMA）的技术，子载波频宽为 15kHz，而在正交频分多工（OFDM）符元（symbol）以及时隙（time slot）和子讯框（subframe）的区间，与原有的 LTE 规范相同。

NB-IoT 上行使用的是单载波分频多重存取（single-carrier frequency-division multiple access, SC-FDMA），子载波频宽为 2.5kHz，是原本 LTE 子载波频宽的 1/6，而在符元以及时隙和子封包的区间为原有 LTE 的六倍。NB-LTE 最主要希望能够使用旧有的 LTE 实体层部分，并且在相当大的程度能够使用上层的 LTE 网路，使得营运商在布建时能够减少设备升级的成本，在建置上也能够沿用原有的蜂巢网路架构，达到快速布建的目的。

以下行部分来看，同步讯号（PSS/SSS）、实体广播通道（PBCH）及实体下行控制通道（PDCCH）等需要去做调整或重新设计，并且在原来一些控制通道，如实体控制格式指示通道（PCFICH）和实体混合自动重传请求指示通道（PHICH），则省略传送资料。而在 NB-LTE 中，为了将频宽缩减至 200kHz，为原本 LTE 最小频宽 1.4MHz 的 1/6，因此将传送的时间周期延长，所以在 NB-LTE 定义一种新的时间单位，称为 M-subframe，其为原有 LTE 系统连续六个 Subframe 所构成，因此其时间长度为 6ms，而六个 M-subframe 构成一个 M-frame，如图 3-29 所示。在一个 M-subframe，最小的调度单位为一个实体层无线资源区块（physical resource block，PRB），代表一个 M-subframe 中最多能够支援六个终端。

在上行部分，使用的是 SC-FDMA，终端能够弹性地使用各个单载波资源，在 NB-IoT 的应用上，接收端必须要能够容忍非常弱的讯号，而且时间延迟可能会很大，由于每个终端要与基地台做时间的对齐，其时间的误差要小于循环字首（cyclic prefix，CP），所以在 CP 的设计上必须要更加地拉长，因此在子载波频宽的设计上为原来的 1/6，为 2.5kHz，这么做也可以使终端设备在频谱上做更弹性的配置。

1. NB-IoT 新设计大应用

在 NB-CIoT 中，下行使用的是 OFDMA，与以往的 LTE 系统不同，NB-CIoT 使用 48 个频宽为 3.75 kHz 的子载波，并使用六十四点的快速傅里叶转换（FFT），其取样频率为 240kHz，也与旧有的 LTE 系统不同。在时间单位上，NB-CIoT 一个封包由八个子封包组成，而在每个子封包可在分为 32 个时隙，每个时隙又分为 17 个符元。其在各个讯号通道也重新设计，如同步讯号（PSS/SSS），虽也像 LTE 系统使用固定振幅（constant amplitude）的 ZC 序列（Zadoff-Chu Sequence），但其会复制两次传送，为的是增加侦测的可靠度，而在实体下行分享通道（PDSCH）原本使用涡轮码（turbo coding）的编码，也改为适合小资料传输的卷积编码（convolution coding），可更加简化系统架构及减小复杂度，提高系统应对物联网需求的能力。

在上行部分，采用的是分频多重存取（frequency division multiple access，FDMA）系统，与 OFDM 系统相比，每个子载波间不需要正交，因此并不需要精确的时间及频率校准，而在频率使用上，NB-CIoT 使用 36 个 5kHz 频宽的子载波，而其支援 GMSK（gaussian-shaped minimum shift keying）的调变，GMSK 为恒定包络的调变并且有 PSK（phase shift keying）的特性，可提供较高的频谱效益，并且可以使 PA 运作在饱和区间，获取最佳效率。

NB-CIoT 在整体设计上和以往 LTE 系统有非常大的不同，不仅在封包时间的架构上，各个使用的通道也重新设计，因此对于营运商来说，必须重新设计晶片模组，对于成本及建置的速度便是一大需要顾及的因素。

2. NB-Iot 总体网络架构

NB-Iot 总体网络架构如图 3-30 所示。

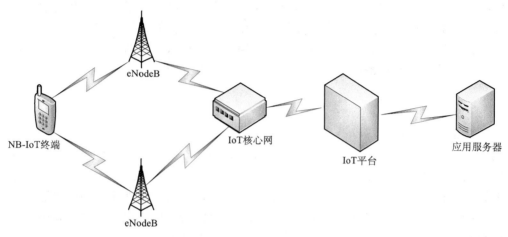

图 3-30 NB-Iot 总体网络架构

eNodeB：主要承担空口接入处理、小区管理等相关功能，并通过 S1-lite 接口与 IoT 核心网进行连接，将非接入层数据转发给高层网元处理。

IoT 核心网：承担与终端非接入层交互的功能，并将 IoT 业务相关数据转发到 IoT 平台进行处理。这里 NB 可以独立组网，也可以与 LTE 共用核心网。

IoT 平台：汇聚从各种接入网得到的 IoT 数据，并根据不同类型转发至相应的业务应用器进行处理。

应用服务器：是 IoT 数据的最终汇聚点，根据客户的需求进行数据处理等操作。

3.3 有线/无线混合通信的数据传输技术

3.3.1 基于电力载波混合通信的数据传输技术

1. 概述

电力载波通信（power line communication，PLC）是基于现有电力线，采用载波方式模拟数字信号并进行高速传输的一项技术。电力载波通信功能功能第一次是在 20 世纪 20 年代开始使用，那时载波频率系统工作于高压输电网络，这种系统主要用于电力设施以及内部之间远程测量和监控任务的通信。从那以后，电力载波一直使用高压、中压和低压供电网络为内部通信服务，并完成远端测量与控制等任务[20,21]。

电力载波通信的特点是恶劣的传输环境、低压电网本身不利的拓扑结构、电磁兼容问题等。这些特点导致传输数据速率低，对来自网络自身和周围环境干扰敏感性强等。这些特点是限制电力载波实现的主要问题，为了解决这些问题，确保电力载波通信能够高速稳定，我们可以使用各种各样的传输机制和协议。对于一个通信系统来讲，通信介质决定了其选用的调制技术。目前电力载波通信常用的几种调制方式为窄带通信、扩频通信和正交频分复用。

2. 窄带通信方式

窄带通信包括幅移键控（amplitude shift keying，ASK）、相移键控（phase shift keying，PSK）和频移键控（frequency shift keying，FSK）。它比较容易实现而且实现成本较低，所以在很长的一段时间内是调制的主流。但是窄带通信有它自己的缺点，在面对各种噪声和干扰时，容易对数据通信的稳定性和传输速率造成影响。因此，在未来的发展过程中，窄带通信将会慢慢淡出历史的舞台。幅移键控的载波幅度随着调制信号的变化而变化，优点是系统非常容易实现，缺点是抗干扰能力较差，通信能力一般。频移键控是一种使用比较早的调制方式，当调制信号在高电平和低电平之间时，载波的频率也会随之改变，这种调制方式在中低速数据通信中得到了广泛应用，该种调制方式的优点是解调简单，对软件和硬件资源要求较少，缺点是带宽利用率低，抗噪声能力差。相移键控是载波相位随调制信号变化而变化。即当信号变化时，其载波相位也会跟着变化。该种调制方式的优点是抗噪声能力相对较好，带宽利用率高，缺点是解调时比较复杂。

3. 扩频通信方式

扩频通信（spread spectrum communication，SSC）是一种调制方式[22]，它将信息的频带展宽，使其在更宽的频带内进行传输，在接收端再进行解调使其恢复原始信息。它不是仅仅使用最小需要的频带，而是能将数据在整个可能的频带内进行传输。扩频通信起源于军方需求，并广泛应用于各种恶劣的通信环境之中（电力载波通信环境就比较恶劣）。扩频通信的典型应用有无线 LANs、PLC 系统、无绳电话、蓝牙等。

4. 正交频分复用

正交频分复用（orthogonal frequency division multiplexing，OFDM）是多载波调制的一种，它的各个子载波相互正交、频谱重叠，它具有频谱利用率高、抗噪声性能好和传输速率高等优点。

电力线载波通信的基本原理是将数据信息调制到一定频率的高频载波并耦

合至电力线上传输发送。利用电力线路作为介质传输到接收端后,经耦合电路提取高频载波信号,放大并滤去带外干扰和噪声,最后经解调电路还原成数字信息。电力载波通信技术利用电力线作为数据传输介质,无需重复铺设通信信道,节约成本同时易实现远距离通信。目前,电力载波技术不断完善,已广泛应用于多个领域,如电力抄表、道路照明系统、无人化农业以及智能物联网等方面。如图 3-31 所示是低压电力线载波通信系统原理图。

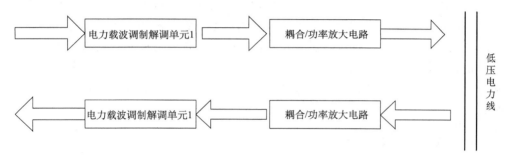

图 3-31　低压电力线载波通信系统原理

物联网子网利用电力载波主干网提供大范围的覆盖区域(使用基于移动公网的 GPRS 网络在关键部位对主干网进行冗余链路配置,以提高整个网络的可靠性)。支干网则通过在主干网上设置 WiFi 接入点来实现,现场感知层的无线或有线传感器网络通过支干网或直接通过射频、有线网关连接到主干网。在生产集中控制区除部署连接外网的宽带及 WiFi 内网外,还配置蓝牙、红外等个域网覆盖,以方便多样的信息化设备接入。在网络拓扑规划中尽可能在靠近能量充沛的静态有线路由附近部署能量消耗较大的网关与接入点;按功耗和处理能力区分不同终端与中转节点(machine),并根据农业基础设施布局,规划区分不同类型节点的接入方式与功能,从物到物(machine to machine)的角度优化整个监测网络的能量消耗与运行维护成本。

3.3.2　基于网关有线/无线混合通信的数据传输技术

物联网感知层存在大量的传感器,这些传感器组成许多传感器网络,而传感器网络感知的数据又需要传递到网络层,由网络层的广域网络传送出去。因此,网关在物联网时代将扮演非常重要的角色,利用物联网网关可以实现传感器网络与广域网之间的协议转换,从而实现信息广域互联。在物联网中,网关主要用于无线传感网与现有通信网络的互联。作为连接传感器网络和传统通信网络的桥梁,物联网网关应具有如下功能[23,24]:

多种接入能力:网关需要具备接入多种现有通信网的能力,这些通信网包括

2G/3G/4G 移动通信网络、无线局域网、有线网络。因此，网关必须具备相应网络的接口和软硬件的接入能力。

协议转换能力：物联网中传统网络和传感器网络需要相互交换信息，物联网网关需要在它们之间提供协议转换能力。这种能力不仅包括将不同的感知层协议通过协议适配转换为格式统一的数据和控制信令，而且包括在感知层网络和互联网之间进行协议转换，保证数据和控制指令穿透各种网络可靠传输。

管理能力：对于任何网络而言，管理能力是必不可少的。特别对通常用于无人值守环境下的无线传感网，管理能力尤为重要。物联网网关需要对无线传感网中的传感节点、路由器等设备进行管理，同时它也需要对网关设备进行管理。前者负责获取传感器节点的标识、状态、属性等，并且实现远程启动、关闭、控制和分析等功能；后者负责网关设备的注册管理、诊断管理、配置管理、升级维护等。

1. 水质分析仪数据管理网关

水质分析仪数据管理网关承担水质数据分析管理和网络间协议转换、路由选择、数据交换两部分功能，其硬件框架图如图 3-32 所示。其中水质分析数据管理模块分水温、溶解氧、混浊度等几类，负责对提供的水体样本进行在线水质分析

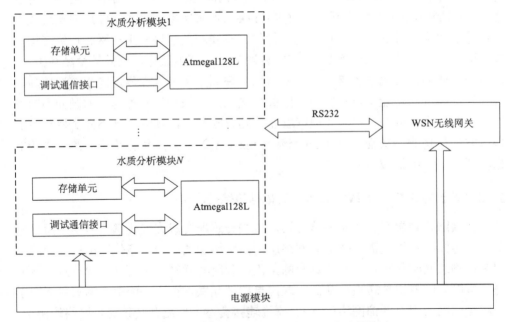

图 3-32 水质分析仪数据管理网关硬件结构图

和结果数据存储管理,水质分析数据管理模块的数据结果汇总后经过 RS232 接口再与普通 WSN 网络网关模块相连,将结果数据转发到基站,并参与整个测控系统网络的组网[25,26]。

2. WSN 网络网关

水质监控系统中的 WSN 网络网关负责运用无线传感器网络技术对监控区域中 WSN 无线采集节点采集到的各类数据、状态信息进行网络间协议转换、路由选择、数据交换等,并将处理后的数据以无线自组网的方式发送和接收,其结构较为简单,主要模块包括处理器单元、无线通信单元和电源供应单元。处理器使用的是 Atmegal128 微处理器,无线通信功能由 CC1000 无线通信模块实现。无线网关的硬件结构图如图 3-33 所示。

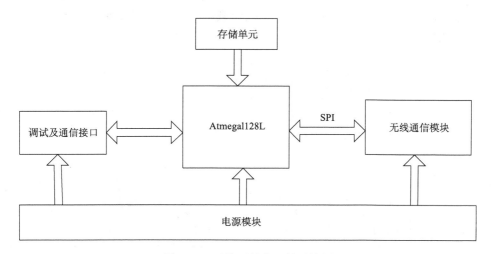

图 3-33 无线网关的硬件结构图

无线网关在网络中负责采集节点数据包的汇总、转发及路由选择,并负责将基站发送的控制信号传输给各簇头节点。系统上电后开启无线通信模块,基站发送预启动数据包,网关在接收到该数据包后作为拓扑结构中的根节点(汇聚节点)进入路由组网阶段,并定时更新路由状况,转发处理采集数据包并发送至基站进行后续处理。无线网关的详细工作流程如下:

(1)系统上电初始化,网关将分层序列号 seq 设为 0,层次号 TCount 设为 0,保持侦听状态,等待基站发送的系统预启动数据包。

(2)接收到系统启动数据包后,广播分层数据包并启动分层定时器 Timer0,接收到网关分层消息的节点将层次号设为 1,并继续广播分层数据包,直至 Timer0 时间到,结束分层并返回网络层次数给网关。

（3）网关接收到基站的数据采集指令后广播路由更新数据包，启动路由组网过程。

（4）若路由更新定时器 Timer2 时间未到，则网关保持侦听状态，接收簇头节点传输过来的水质采集数据后转发给基站，直至数据采集定时器 Timer3 时间到。若 Timer2 时间到，则广播新的路由与新数据包重新组网并启动新的定时器，进入新一轮采集阶段。网关程序基于 TinyOS 的组件化功能，通过调动不同的组件实现采集数据无线传输功能。如图 3-34 为无线网关组件连接图，在应用程序中主要使用到的组件有：自组网路由组件 CHRootingM，通过调用 Receive 接口函数接收水质采集节点转发过来的数据包；主程序组件 MainC，由系统提供的软硬件初始化平台和任务调度器；AMReceiverC 提供 Receive 接口，用于接收无线数据；AMSenderC 组件提供 AMSend 接口和 Packet 接口，用于采集数据包的发送和数据包的解析；指示灯组件 LedsC，用于指示数据包收发情况和系统运行状态，帮助调试程序。

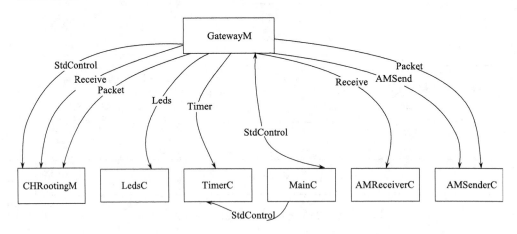

图 3-34　无线网关组件连接图

3.4　面向通信节点的轻量级数据处理智能技术

从物联网的感知层到应用层，各种信息的种类和数量都成倍增加，需要分析的数据量也呈级数增加，同时还涉及各种异构网络或多个系统之间数据的融合问题。数据挖掘，是为了发现人们事先不知道的却潜在有用的知识，而对大量的、不完全的数据进行选择、探索和建模的过程。数据融合，是对按时序获得的传感器的观测值利用计算机技术在一定规则下自动分析、融合完成所需的决策和估计任务而进行的信息处理过程。

3.4.1 数据挖掘技术

数据挖掘（data mining，DM）是人们多年来对数据库技术进行大量研究和开发的成果，在 20 世纪 80 年代有了很大的发展。数据挖掘是从大量的数据中，抽取出潜在的、有价值的知识（模型或规则）的过程。它作为知识发现过程中一个特定的步骤，是一系列技术及其应用，或者说是对大容量数据及数据间关系进行考察和建模的方法集。它的目标是将大容量数据转化为有用的知识和信息。数据挖掘的任务主要是关联分析、聚类分析、分类、预测、时序模式和偏差分析等[27,28]。

（1）关联分析。两个或两个以上变量的取值之间存在某种规律性，就称为关联。关联分为简单关联、时序关联和因果关联。关联分析的目的是找出数据库中隐藏的关联网。一般用支持度和可信度两个阈值来度量关联规则的相关性。

（2）聚类分析。聚类分析是把数据按照相似性归纳成若干类别，同一类中的数据彼此相似，不同类中的数据相异。聚类分析可以建立宏观的概念，发现数据的分布模式以及可能的数据属性之间的相互关系。

（3）分类。分类就是找出一个类别的概念描述，它代表了这类数据的整体信息，即该类的内涵描述，并用这种描述来构造模型，一般用规则或决策树模式表示。分类是利用训练数据集通过一定的算法而求得分类规则，分类可被用于规则的描述和预测。

（4）预测。预测是利用历史数据找出变化规律，建立模型，并由此模型对未来数据的种类及特征进行预测。预测关心的是精度和不确定性，常用预测方差来度量。

（5）时序模式。时序模式是指通过时间序列搜索出的重复发生概率较高的模式。与回归一样，它也是用已知的数据预测未来的值，但这些数据的区别是变量所处时间的不同。

（6）偏差分析。数据库中的数据存在很多异常情况，发现数据库中数据存在的异常情况是非常重要的。偏差分析的基本方法就是寻找观察结果与参照之间的差别。

数据挖掘需要有数据清理、数据变换、数据挖掘实施过程、模式评估和知识表示等 8 个步骤。数据挖掘技术主要包括神经网络、决策树、遗传算法、粗糙集等理论。

（1）神经网络：人工神经网络（artificial neural network，ANN）简称神经网络（NN），是基于生物学中神经网络的基本原理，在理解和抽象了人脑结构和外界刺激响应机制后，以网络拓扑知识为理论基础，模拟人脑的神经系统对复杂信息的处理机制的一种数学模型。该模型以并行分布的处理能力、高容错性、智能化和自学习等能力为特征，将信息的加工和存储结合在一起，以其独特的知识表示方式和智能化的自适应学习能力,引起各学科领域的关注。它实际上是一个有大量简单元件相互连接而成的复杂网络,具有高度的非线性,能够进行复杂的逻辑操作和非线性关系实现的系统。神经网络是一种运算模型,由大量的节点(或称神经元)之间相互连接构成。每个节点代表一种特定的输出函数,称为激活函数(activation function)。每两个节点间的连接都代表一个对于通过该连接信号的加权值,称为权重(weight),神经网络就是通过这种方式来模拟人类的记忆。网络的输出则取决于网络的结构、网络的连接方式、权重和激活函数。而网络自身通常都是对自然界某种算法或者函数的逼近,也可能是对一种逻辑策略的表达。神经网络的构筑理念是受到生物的神经网络运作启发而产生的。人工神经网络则是把对生物神经网络的认识与数学统计模型相结合,借助数学统计工具来实现。另外,在人工智能学的人工感知领域,我们通过数学统计学的方法,使神经网络能够具备类似于人的决定能力和简单的判断能力,这种方法是对传统逻辑学演算的进一步延伸。

(2)决策树:决策树是一种常用于预测模型的算法,它通过将大量数据有目的分类,从中找到一些有价值的、潜在的信息。它的主要优点是描述简单,分类速度快,特别适合大规模的数据处理。

(3)遗传算法:借鉴生物进化论,遗传算法将要解决的问题模拟成一个生物进化的过程,通过复制、交叉、突变等操作产生下一代的解,并逐步淘汰适应度函数值低的解,增加适应度函数值高的解。这样进化 N 代后就很有可能会进化出适应度函数值很高的个体。

(4)粗糙集:粗糙集就是通过约简方法将冗余的数据去掉,得到精炼的数据集。它是继概率论、模糊集、证据理论之后的又一个处理不确定性的数学工具。作为一种较新的软计算方法,粗糙集近年来越来越受到重视,其有效性已在许多科学与工程领域的应用中得到证实,是当前国际上人工智能理论及其应用领域中的研究热点之一。

3.4.2 数据融合技术

数据融合(data fusion,DF)又称信息融合,将多源信息在一定的准则下加以自动分析、处理,使用户得到更加实际、更加高效的数据信息。"数据融合"一词出现在20世纪70年代初期,当时并未引起人们足够重视,只是局限于军事应用方面的研究,指令控制和通信一体化率先采用多传感器数据融合技术来采集和处理战场信息并获得成功。数据融合的核心是根据用户监测的需求将网络传输中的多源数据信息进行多级别、多层次的信息汇聚和某些特定信息的提取、处理。随着工业系统的复杂化和智能化,近30多年来数据融合取得了迅速发展。目前,数据融合技术广泛应用于军用传感器领域和民用传感器网领域中。数据融合技的应用，能够很好地解决一些实际问题[29,30]。

在 WSN 中，单个节点由于自身资源的限制，获取的信息量往往有限，且只是自身获得数据信息，所以相对于整个网络需求的信息来说比较片面，由于受到外界因素的干扰以及自身的性能受限等影响，采集的数据信息往往有较大的不确定性。因此，采用数据融合技术解决网络信息的不确定性以及干扰性是十分重要的。此外，数据融合可以将不同传感器节点采集的不同类型的数据进行有效的融合处理，得到更加有效、高质量的数据信息。

数据融合技术的基本原理是遵循特定的原则，整合单传感器系统在各个时间段的测量值以及多传感器系统的空间信息，从而达到评估观测对象以及获取对观测对象的一致性解释的目的。根据数据融合操作前后的信息含量，可以将数据融合分为无损失融合和有损失融合；根据对传感器数据的操作级别可将数据融合技术分为以下三类：

（1）数据级融合。数据级融合是最底层的融合，操作对象是传感器通过采集得到的数据，因此是面向数据的融合。大多数情况下，这类融合不仅依赖于传感器类型，也依赖于用户需求。在目标识别的应用中，数据级融合即为像素级融合，进行的操作包括对像素数据进行分类或组合，去除图像中的冗余信息等。

优点：原始信息丰富，并能提供另外 2 个融合层次所不能提供的详细信息，精度最高。

缺点：所要处理的传感器数据量巨大，处理代价高，耗时长，实时性差；原始数据易受噪声污染，融合系统需具有较好的容错能力。

（2）特征级融合。特征级融合通过一些特征提取手段将数据表示为一系列的特征向量，以反映事物的属性，是面向监测对象的特征融合。例如，在温度监测应用中，特征级融合可以对温度传感器数据进行融合，表示成地区范围、最高温度、最低温度的形式；在目标监测应用中，特征级融合可以将图像的颜色特征表示成 RGB 值。

优点：实现了对原始数据的压缩，减少了大量干扰数据，易实现实时处理，并具有较高的精度。

缺点：在融合前必须先对特征进行相关处理，把特征向量分类成有意义的组合。

（3）决策级融合。决策级融合根据应用需求进行较高级的决策，是最高级的融合。决策级融合的操作可以依据特征级提取的数据特征，对监测对象进行判别、分类，并通过简单的逻辑运算，执行满足应用需求的决策。因此，决策级融合是面向应用的融合。

优点：所需要的通信量小，传输带宽低，容错能力比较强，可以应用于异质传感器。

缺点：判决精度降低，误判决率升高，同时数据处理的代价比较高。

按层次划分可以将传感器数据融合分为应用层中的数据融合和网络层中的数据融合。

（1）应用层中的数据融合。

在整个 WSN 系统中，最常运用的数据的收集是分布式数据库技术且其在应用层提供的接口类似于 SQL 语言。应用层上对数据进行融合的技术研究，主要是基于查询模式下的融合技术，其融合处理包括查询请求和数据收集两个阶段。在应用层的查询请求阶段，首先，每个传感器节点都将查询请求放入缓冲区中以备必要时使用；然后，传感器节点根据需要判断请求中哪些数据信息中包含冗余数据；最后，根据实际需求决定对缓冲区中的查询请求进行融合处理。

（2）网络层中的数据融合。

路由方式：

①以地址为中心的路由（address-centric routing），简称 AC 路由：网络中每个节点进行数据转发时都没有先考虑结合数据融合的路由方式转发数据，而是都选择一条距离 Sink 节点的最短路径进行数据转发。

②以数据为中心的路由（data-center routing），简称 DC 路由：中间节点在转发数据的过程中，并不是对全部的数据进行数据融合处理，它只针对多传感器节点传送过来的数据，将其进行系统的处理。

DC 路由中的数据融合

①基于查询的路由。定向扩散（directed diffusion,DD）。数据融合主要包括建立路和数据转发两个阶段。定向扩散数据融合的工作原理为：将路由转发的数据首先进行暂时存储即缓存，对数据信息进行处理，如若发现重复的数据信息立即不予转发，可以有效地减少网络中传输数据所消耗的能量。此方法简单易行，并且与其路由技术相结合可以有效减少网络中的传输数据量。

②基于层次的路由。最经典的基于层次的路由算法有 LEACH 算法与 TEEN 算法，这两种经典层次算法都是以分簇的方式根据某种准则选出簇内融合节点；然后，融合节点对其簇内普通节点所采集的信息进行融合处理；最后融合节点把处理后信息传送到 Sink 节点，这种结构突出了层次性特性。但这两种算法中依然存在不足之处，LEACH 算法仅强调了数据融合，但该算法是以非均匀分簇的方式进行路由的选择来达到数据融合的效果而没有涉及具体的融合方法。TEEN 算法是通过缓存机制来抑制不需要转发的数据对 LEACH 算法进行改进的一种算法，该算法的原理与 DD 原理一样都是通过设置阈值来限制重复数据的转发，但是在限制重复数据转发的同时也会限制差值较小数据的转发，因而在减少转发重复数据的同时也破坏了数据的完整性。

③基于链的路由。PEGASIS 算法是通过设置两个假设条件改变融合方式对

LEACH 算法进行的改进。第一个假设条件是：无线传感器网络中所有的普通节点距离 Sink 节点都是特别远；第二个假设条件是：每个节点都能将接收到的所有数据进行分组，并把其合成大小固定不变的分组。PEGASIS 算法是利用贪心算法将 WSN 中所有的节点在收集转发数据之前不重叠地连接成一条单链，其中任意一个节点都有可能作为数据融合中心。被选为数据中心的节点向其两端的节点发送数据请求，其他节点收到请求后再将数据信息从这条单链的两端向融合中心汇聚。数据在传输到中间节点时，中间节点要先简单地将数据进行处理，最后融合中心将收到的所有数据信息进行统一严格的处理后再传送给网络 Sink 节点（图 3-35）。

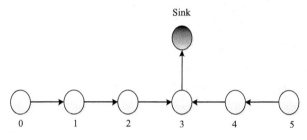

图 3-35　PEGASIS 的单链结构

无线传感器网络中的 Sink 节点将分散到各个地点的节点所采集的数据以反向树的形式汇聚起来。反向树的形式如图 3-36 所示，图中随机抛撒的传感器节点

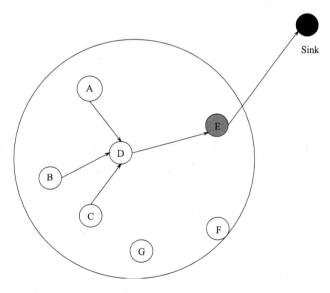

图 3-36　数据融合树图

为 A、B、C、D、E、F、G 七个节点，Event 为被监测的目标，Sink 节点为整个网络中比较重要的汇聚节点。WSN 中的节点感知半径和通信半径都有限，假设 WSN 中的 A、B、C、D 四个节点首先感应到了 Event 事件。首先，根据最佳路径选择选出其中 D 节点作为 WSN 中的融合节点；其次，A、B、C 三个节点将所感知并采集的数据信息转发到 D 节点，对 A、B、C、D 四个节点所采集的所有数据进行融合处理；再次，D 节点将处理后的数据转发到 E 节点；最后 E 传感器节点将信息传送到最终的 Sink 汇聚节点，这种传送方式即为一棵反向树的形式，即所谓的数据融合树。

（1）近源汇聚（center at nearest source, CNS）：近源汇聚是指在整个网络中根据所有节点的地理位置选择出一个离基站最近的节点作为系统的 Sink 节点，WSN 中其他的节点把所采集的数据都转发到 Sink 节点，所有数据经过在 Sink 节点融合处理后被转发到 WSN 的终端。

（2）最短路径树（shortest paths tree, SPT）：最短路径树是指网络系统中所有传感器节点都是沿着离自己最短的路径传输数据，经过一系列最短路径的传输最终把信息传送到基站，然而这些最短路径的交叠形成的路径则称为融合树。

（3）贪心增长树（greedy incremental tree, GIT）：贪心增长树是一步一步慢慢建立起来的，网络初始只有一条有 Sink 节点，它会找到与其距离最近的源节点并构建一条传输路径，接下来就是在剩下的源节点中选择出与这条路径距离最近的节点，将其连接在该树上直至所有的源节点都连起来。

常用的数据融合技术包括多贝叶斯估计法、加权数据融合、卡尔曼滤波技术、神经网络法等。

（1）多贝叶斯估计法：多贝叶斯估计法是融合静态环境中多传感器高层信息的常用方法。它使传感器信息依据概率原则进行组合，测量不确定性以条件概率表示，当传感器组的观测坐标一致时，可以直接对传感器的数据进行融合，但大多数情况下，传感器测量数据要以间接方式采用多贝叶斯估计进行数据融合。多贝叶斯估计：将每一个传感器作为一个多贝叶斯估计，将各个单独物体的关联概率分布合成一个联合的后验的概率分布函数，通过使用联合分布函数的似然函数为最小，提供多传感器信息的最终融合值，融合信息与环境的一个先验模型提供整个环境的一个特征描述。

（2）加权数据融合：最简单、最直观方法是加权平均法，该方法将一组传感器提供的冗余信息进行加权平均，结果作为融合值，该方法是一种直接对数据源进行操作的方法。

（3）卡尔曼（Kalman）滤波技术：卡尔曼滤波是一种高效率的递归滤波器（自回归滤波器），它能够从一系列的不完全包含噪声的测量中，估计动态系统的状态。卡尔曼滤波主要用于融合低层次实时动态多传感器冗余数据。该方法用测量模型的统计特性递推，决定统计意义下的最优融合和数据估计。如果系统具有线性动力学模型，且系统与传感器的误差符合高斯白噪声模型，则卡尔曼滤波将为融合数据提供唯一统计意义下的最优估计。卡尔曼滤波的递推特性使系统处理不需要大量的数据存储和计算。但是，采用单一的卡尔曼滤波器对多传感器组合系统进行数据统计时，存在很多严重的问题，如：①在组合信息大量冗余的情况下，计算量将以滤波器维数的三次方剧增，实时性不能满足；②传感器子系统的增加使故障随之增加，在某一系统出现故障而没有来得及被检测出时，故障会污染整个系统，使可靠性降低。

（4）神经网络法：神经网络依赖于现代神经生物学上的模拟网络，是对人脑神经系统的抽象与建模。神经网络的出现为数据融合提供了一种全新的思路，打破了传统的推理式模式，使得数据融合技术不再局限于严密的逻辑推理和精确的计算，克服了很多传统融合技术无法解决的难题。

数据融合技术对无线传感器网络的发展起到了巨大的作用，数据融合技术应用于无线传感器网络中，两者结合起来具有十分重要的研究意义，具体表现在三个方面：降低网络能耗、减少网络拥塞和提高获取信息的准确性。

（1）降低网络能耗。无线传感器网络通常通过增大节点密度的方式来保证对目标区域的覆盖面与感知信息的完整性，多级逐跳网络导致相邻节点数据信息存在很大的重复性，大量信息重复传输增加网络的能量消耗。数据融合技术可以对冗余信息进行处理，将多个数据包整合成一个数据包，减少数据发送时能量的开销，由于数据收发的能量消耗远远大于数据计算所消耗的能量，因此，网络冗余数据经过数据融合技术的处理后，能够有效地降低整个网络的能量消耗。

（2）减少网络拥塞。数据融合技术将多数据包整合成一个数据包，保证有效数据量的前提下减少数据冗余，通过减少数据分组，从而降低数据包在传输过程冲突碰撞的概率，进一步减小了传输时延，进而降低网络拥塞的可能性，提高网络无线信道的利用率，减少网络拥塞。

（3）提高获取信息的准确性。传感器节点往往受体积、价格等因素的影响，其数据处理、传输精度比较低；同时数据传输会受到异常环境、天气等因素的干扰，导致通信质量的下降；此外数据传送易受到外界噪声干扰而被破坏是由无线通信的方式决定的。因此要想提高最终获取信息的精确度和可靠性，需要通过数据融合技术将来自不同数据源的对同一目标对象监测的数据进行融合。

参 考 文 献

[1] 车运慧,陈伟,倪雁,等. 常规模拟仪表控制系统迁移到 DCS 时的若干考虑[J]. 石油化工自动化, 2007, (6): 80-82.

[2] 张怡. 自动平衡电桥与电子电位差计的比较[J]. 上海计量测试, 2001, 28(1): 25-26.

[3] 王海明. 基于集散控制理论水泵站实时监控系统[D]. 西安: 西安建筑科技大学, 2004.
[4] 曾辉. 基于现场总线的集散控制系统[D]. 武汉: 武汉理工大学, 2002.
[5] Zhao W, Yi H, Ni Z, et al. Research on remote monitoring and control of CNC system based on Web and field bus[J]. Journal of Southeast University, 2003, 33(1): 45-48.
[6] Kalhoff J. Method for operating an ethernet-capable field-bus device[P]: US, US 8369244 B2. 2013.
[7] 刘桥, 蒋梁中, 谢存禧, 等. 集散控制系统与现场总线控制系统[J]. 现代电子技术, 2003, (13): 89-93.
[8] 王晓亮. 基于LonWorks总线的物联网研究与开发[D]. 柳州: 广西科技大学, 2013.
[9] 魏军. PROFIBUS总线技术研究及监控系统的实现[D]. 南京: 南京航空航天大学, 2004.
[10] 王华卫. CAN总线通信与应用实验的研究[D]. 哈尔滨: 哈尔滨工业大学, 2012.
[11] 张岩国. 浅析CAN总线技术的优势[J]. 黑龙江科技信息, 2014(16): 89-89.
[12] 李明波. 基于CAN总线的实时通讯研究[D]. 北京: 北京化工大学, 2006.
[13] 张丽玉. 基于ZigBee水产养殖水温监控系统设计[J]. 电子制作, 2014, (7): 7-8.
[14] 汪俊锋, 陶维青, 张全. 基于MC39I的电能管理终端远程GPRS接口设计[J]. 合肥工业大学学报(自然科学版), 2009, 32(1): 24-27.
[15] 陈明, 卜涛. 面向水产养殖无线传感器网络的绿色供能技术研究[J]. 传感器与微系统, 2010, 29(11): 33-35.
[16] Zhou Z, Chen B, Yu H. Understanding RFID counting protocols[J]. IEEE/ACM Transactions on Networking, 2016, 24(1): 312-327.
[17] 曾宝国. 基于WSN的水产养殖水质实时监测系统研究[D]. 成都: 西南交通大学, 2013.
[18] 王阳, 温向明, 路兆铭, 等. 新兴物联网技术——LoRa[J]. 信息通信技术, 2017, (1): 55-59.
[19] 罗贵英. 基于LoRa的水表抄表系统设计与实现[D]. 杭州: 浙江工业大学, 2016.
[20] 杨军超. 基于嵌入式DSP的电力载波系统研究[D]. 哈尔滨: 哈尔滨工业大学, 2013.
[21] 周霞. 基于电力载波通讯的物联网应用研究[J]. 数字技术与应用, 2010, (9): 4-4.
[22] 刘恒, 汪光森, 王乘. OFDM、扩频通信在电力线通信中的应用[J]. 信息技术, 2003, 27(4): 4-7.
[23] 张蕾. 基于802.11的无线Mesh网络传输性能研究[D]. 合肥: 中国科学技术大学, 2007.
[24] 罗巍巍. 基于ZigBee和无线光通信混合的监控系统设计与实现[D]. 广州: 华南理工大学, 2014.
[25] 丁胜建. 基于WSN的水质监测系统中ZigBee协议和网关系统的设计与实现[D]. 合肥: 安徽大学, 2013.
[26] 曾宝国. 基于WSN的水产养殖水质实时监测系统研究[D]. 成都: 西南交通大学, 2013.
[27] 翁兴锐. 无线传感器网络的数据融合技术[D]. 成都: 电子科技大学, 2014.
[28] 张俊. 基于数据挖掘的无线传感器网络若干问题研究[D]. 上海: 上海交通大学, 2007.
[29] Fortino G, Galzarano S, Gravina R, et al. A framework for collaborative computing and multi-sensor data fusion in body sensor networks[J]. Information Fusion, 2015, 22: 50-70.
[30] Jiang W, Wei B, Qin X, et al. Sensor data fusion based on a new conflict measure[J]. Mathematical Problems in Engineering, 2016; 137-152.

第4章 水产养殖专家系统

4.1 水产养殖专家系统历程

自从 Stanford 大学于 1968 年开发出第一个专家系统 Dendral，用于解决化学质谱分析问题以来，经过 50 多年的发展，专家系统已被运用到各个行业。集美水产大学于 1997 年首次研制开发了鱼病诊疗专家系统[1]，但系统的研究还停留在信息查询的初步阶段，没有形成完善的可辅助用户进行信息查询/决策支持技术交流的网络化专家系统。2000 年以色列采用模糊逻辑和规则推理相结合的方法开发了一套运行于单 PC 机的鱼病诊断专家系统。中国水产领域专家系统起步于 20 世纪 90 年代初，在水产养殖、疾病诊断、渔业资源评估等方面研发了一些专家系统，1999~2004 年中国农业大学以水产养殖业常见鱼病为研究对象，以最新计算机网络信息技术为手段，以水产专家知识、经验为指导，陆续研制开发了甲鱼疾病诊断专家系统、河蟹养殖疾病专家诊断系统和多种鱼病诊断专家系统（如网络化鱼病诊断专家系统、天津市淡水鱼病专家诊断系统）[2]，进一步推动我国渔业养殖的信息化进程。其中，"网络化鱼病诊断专家系统"[3]是基于分布式网络体系的鱼病诊断专家系统，根据鱼病诊断流程"现场调查+目检+深层次判断+镜检"实现了鱼病诊断决策支持功能，并且使用了基于产生式规则的正向推理方式，是鱼病诊断专家系统与网络技术相结合的开创性研究。文中侧重于专家系统的框架设计，此系统具有网络化、可视化和智能化的特点，但没有充分考虑鱼病诊断中的不确定性问题；甲鱼疾病诊断专家系统采用产生式规则与案例推理相结合的诊断推理方式，在获取领域专家的经验知识和部分因果知识的基础上进行归纳，转化成计算机能够接受管理的表示形式，基本上实现了甲鱼疾病诊断的智能推理，但是对多种不确定性共存的情况尚未考虑。2003 年"天津市淡水鱼病专家诊断系统"的实现是以"基于知识的鱼病诊断推理系统研究"[4]为理论指导而开发的。"基于知识的鱼病诊断推理系统研究"对鱼病诊断问题进行了形式化的统一描述，提出了"症状—疾病—病因"的双层因果诊断模型。建立"症状—疾病"的诊断模型时，充分考虑到鱼病诊断时所依据信息的随机性、模糊性和不完备性，结合覆盖集理论的概率模型和症状提取的模糊度，建立了基于模糊数学和覆盖集理论的诊断模型。建立病因诊断求解策略时，将"疾病—病因"诊断问题化解为 0—1 整数规划模型的问题，并采用了禁忌搜索方法。2004 年，天津农学院、天津市农业科学院和中国农业大学市校合作项目课题组开发了鱼病诊断专家系统[5]，该系统要求用户提供以文字形式表示的病鱼特征和生长环境等信息；2005 年，孙学岩提出在专家系统中增加基于鱼病图像内容的诊断，但没有与专家系统进行结合，仅研究了基于内容的鱼病图像检索算法[6]；2004 年，周云以中国农业大学的国家 863 计划子课题"基于 Web 的鱼病诊断专家系统"为出发点，研究了基于案例推理的鱼病诊断专家系统。

从所知的水产领域专家系统来看，在研究鱼病的诊断和预防方面比较成熟，从 1998 年开始，中国农业大学农业工程研究院承担的国家 863 计划 306 主题重点资助项目"智能化水产养殖业信息技术应用及产品"，在智能化鱼病诊断专家系统的研制上取得了较大的成功。继此项目后，又研究了青蛙的全过程养殖专家系统、河蟹全过程养殖专家系统、饲料投喂专家系统。在以鱼病诊断为龙头的基础上，向更多的养殖品种和领域延伸。

以前的水产专家系统一般以研究某一水产养殖对象或环节为主，在其发展的初期，这些专家系统确实起了重要的作用。随着可持续农业的发展，水资源的日益枯竭，越来越需要人类从生态系统出发，研制高度综合的、涉及水产领域各方面的辅助决策系统。在这种要求下，有的独立的水产养殖专家系统将成为一个子系统，被纳入水产养殖信息化系统中，同其他相关子系统密切配合，最终为水产品的持续、高效、优质、高产服务。

4.2 水产养殖专家系统理论

专家系统定义为：使用人类专家推理的计算机模型来处理现实世界中需要专家作出解释的复杂问题，并得出与专家相同的结论。简言之，专家系统可视作"知识库"和"推理机"的结合，如图 4-1 所示。显然，知识库是专家的知识在计算机中的映射，推理机是利用知识进行推理的能力在计算机中的映射，构造专家系统的难点也在于这两个方面。

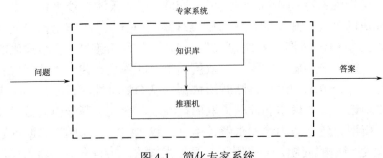

图 4-1 简化专家系统

4.2.1 知识的表示

知识表示是把领域知识形式化、符号化的过程，合适的知识表示方法是一个专家系统成功运用的关键。不同类型的知识常有不同的有效表达方式，下面只介绍在专家系统中最常涉及的三种知识。

事实型知识：这是一类描述（陈述）性知识，用来说明现实世界的一个具体事物、事件、对象等。

规则型知识：这也是一种陈述性知识，通常用来说明现实世界中的因果关系，或说明带有普遍性的常识。

控制型知识：这是一类过程性知识，通常用来控制对问题的求解过程，即这类知识用于说明如何使用已有知识解决问题。因此称控制型知识为元知识，它是关于知识的知识。

知识表示有多种形式，包括产生式规则（production rule）、框架（frame）、一阶谓词逻辑（first order predicate logic）、语义网络（semantic network）等。

1. 产生式系统

产生式系统是一种规则推理系统。产生式的概念由 E. Post 于 1943 年提出。产生式的基本结构包括前提和结论两个部分：前提（或 IF 部分）描述状态，结论（或 THEN 部分）描述在状态存在的条件下所做的动作：IF 状态 THEN 动作规则表示法又称产生式表示法，早在 40 年代就由逻辑学家 Post 提出，称为 Post 演算。它是依据人类大脑记忆模式中的各种知识块之间大量存在的因果关系，把某一领域里被公认的权威专家的经验精选出来，并归纳成一定形式的规则，并以"IF-THEN"的形式，即产生式规则表示出来。这种形式的规则捕获了人类求解问题的行为特征，并通过认识—行动的循环过程求解问题。其问题求解过程同人类的认知过程相似。产生式规则由于 Post 严格的理论证明具有完备的理论基础：各产生式之间相互较为独立，修改与扩充都较容易，所以应用较广。

一个产生式系统通常可分为三个组成部分，即综合数据库、产生式规则集和控制策略。

产生式规则是一个"IF…THEN"形式的语句，其基本思想是感官的接收对大脑产生刺激，刺激引发出适当的长期记忆规则并生成恰当的响应。作为专家系统知识的表示模型，产生式规则具有结构简单、表达便利、应用广泛的特点。动物疾病诊断的产生式规则用 IF 〈…〉 THEN 〈…〉 CF（P, Q）表示：

   IF〈症状 1 P〉THEN〈疾病 A Q〉CF（P, Q）;
   IF〈症状 2 P〉THEN〈疾病 A Q〉CF（P, Q）;
   IF〈症状… P〉THEN〈疾病 A Q〉CF（P, Q）。

规则的 IF 部分又称左部（LSH），而 THEN 部分又称右部（RSH）。左部用来表示情况、条件或前提，说明要应用这一规则所必须满足的条件；右部用来表示结果、结论或操作，说明当一定条件成立时应执行什么样的动作。

产生式规则首先出现在符号逻辑中，Post 证明任何数学或逻辑系统都能被写成某种产生式规则系统，这表明大多数类型的知识都可以由产生式规则表达。

产生式系统的综合数据库也称上下文、当前数据库或缓冲区，其中存放的内容既是构成产生式的基本元素，也是产生式的作用对象。每个产生式的 LHS 表示在启用这一规则之前，综合数据库内必须准备好的条件。

控制策略又称解释程序，负责整个产生式系统的运行过程，包括规则的 LHS 部分与综合数据库的匹配，从匹配成功的规则（可能多于一个）中选择一个加以执行，并解释执行所选规则的 RHS 部分规定的动作，以及判断产生式系统的运行过程何时结束等。

对于任何一个产生式系统，尽管其控制策略互不相同，但一般都包括如下三个主要功能：匹配、冲突消解和操作。

所谓匹配，指的是把当前综合数据库中的数据与产生式规则的 LHS 部分进行比较。匹配的方法常用的有两类：完全匹配和不完全匹配。完全匹配指的是规则的 LHS 部分被完全匹配。当有多条产生式规则的 LHS 部分与当前综合数据库匹配成功时，这些规则都成为可用规则，这样，产生式系统的控制策略就必须在这些可用规则中选择一条并启用之。这种选择可用规则并加以启用的过程称为冲突消解。

2. 框架表示法

基于框架的表示方法中每个诊断对象对应一个描述框架，一个描述框架称为一个诊断单元。诊断对象的结构、功能、属性、动态行为特征，相关领域知识和数据处理方法等有关诊断方法被封装在描述诊断对象的诊断单元中，用以完成该诊断对象的内部诊断任务，通过诊断对象间的层次分解关系和分类层次关系有机地组成一个多级层次结构诊断网络。

框架的一般结构表示如下：

〈框架名〉

槽名 1：〈侧面名 1〉（值 1，值 2，…，值 P1）

〈侧面名 2〉（值 1，值 2，…，值 P2）

… …

〈侧面名 m1〉（值 1，值 2，…，值 Pm1）

槽名 2：〈侧面名 1〉（值 1，值 2，…值 P1）

… …

动物疾病诊断的单元描述框架一般表示为：
〈框架名〉： 诊断对象——动物疾病名
〈槽 名 1〉：〈疾病症状〉
〈侧面名 1〉：〈消化系统症状〉（值 1）：
（消化症状 1），（值 2）：（消化症状 2），…
〈侧面名 2〉：〈呼吸系统症状〉（值 1）：
（呼吸症状 1），（值 2）：（呼吸症状 2），…

3. 逻辑表示法

逻辑表示法是以逻辑演算为理论基础的知识表示方法，它是人工智能中最早使用的说明型知识表示方法之一。利用逻辑公式，人们能描述对象、性质、状况和关系。例如，"宇宙飞船在轨道上"可以描述成 nI（shutter, orbit），"所有的人都有头"可以描述成 $V(x)$ person（x）→Has（x, head）。在这种方法中，知识库可以看成是一组逻辑公式的集合，知识库的修改是增加或删除逻辑公式。

形式逻辑根据为真的实事进行推理演算，从而得到新的为真的实事。用逻辑方法求解一个问题的全过程是：

（1）用谓词演算将问题形式化。
（2）在这种逻辑表示的形式上建立控制系统。
（3）证明从初始状态可以达到终结状态。

4. 语义网络

语义网络是知识表示中最主要的方法之一。语义网络利用节点和带标记的边构成的有向描述事件、概念、状况、动作以及客体之间的关系。带标记的有向图能十分自然地描述客体之间的关系。采用语义网络表示的知识库的特征是利用标记的有向图描述可能世界。节点表示客体、客体性质、概念、事件、状况或动作，带标记的边描述客体之间的关系。知识的修改是通过插入和删除客体及其相关的关系实现的。采用网络表示法比较合适的领域大多数是根据非常复杂的分类进行推理的领域以及需要表示事件状况、性质以及动作之间关系的领域。

5. 不精确知识的表示

专家的大部分知识本身就是不精确的，所以知识库既不会完全精确，也不是完全一致的，作为一般原理，知识库中知识和领域问题数据的不精确性必然会导致系统求解结果的正确性方面存在某种不精确性。模糊逻辑理论为实现专家系统对人类思维的真实再现提供了一条重要的途径。用真值的模糊性描述现实世界中存在的模糊性，具有模拟人在不确定情况下进行推理的能力。模糊逻辑为不精确知识的表示及其推理提供了系统的理论基础，故非常适于处理动物疾病诊断专家系统中的不确定问题。

4.2.2 诊断推理的主要方法

诊断方法可分为三大类，即基于解析模型的诊断方法、基于信号处理的诊断方法以及基于知识的诊断方法。

基于解析模型的诊断方法是利用一些数学、物理学上的准确模型对检测目标的状态进行检测和评估来实现诊断的方法。该方法的特点就是诊断的准确率很高，该方法在计算机上实现比较简单，但要求检测目标必须具有比较精确的数理模型的特点，因而限制了该方法的应用范围。

基于信号处理的诊断方法是直接利用相关函数、频谱分析、小波分析等信号模型来进行诊断识别，它回避了建立或抽取诊断对象的数学模型的技术难点，使该方法有较好的适应性，尤其是小波分析方法，对噪声的抑制能力强，对故障检测有较高的灵敏度。但该类方法的诊断准确率要比基于解析模型的诊断方法低，主要适应于线性系统。

基于知识的诊断方法是当前专家系统的主要推理方法，它是以知识处理技术为基础，以推理为主要手段来实现推理过程与算法的统一、辩证逻辑与数理逻辑的集成、符号处理与数值处理的统一、知识库与数据库的交互与协调调度的。该学科研究的是基于知识的诊断问题求解过程中所涉及的主要理论、技术方法以及实现等问题，包括概念体系、诊断知识处理与应用、诊断系统的结构与实现等方面内容。该类方法不需要定量的数学模型，是一种很有前途的方法，是智能故障诊断技术的核心。基于知识的诊断方法包括规则推理方法、案例推理方法、模糊推理方法、模式识别方法和神经网络方法、定性模型方法等。

1. 规则推理方法（rule-based reasoning，RBR）

基于知识的系统（knowledge based system，KBS）一开始采用的就是 RBR 机制。究其原因，一方面，数模理论的发展早已在各个领域形成了一些模型与规则；另一方面，RBR 方法比较容易在计算机上实现。RBR 方法是目前应用最广泛的方法之一。Newed 和 Simon 在研究信息处理技术对模拟人类问题求解的应用中认为：人类在问题求解时，应用了一组存储在大脑长期记忆区的产生式，并将它们应用于存储在短期记忆区的给定状态。该状态引起某些产生式被触发，相应的动作被作用于短期记忆区。这便是从已知信息推理出新的信息的过程。随着新的信息加入短期记忆区，状态发生了改变，这又可能引起新的规则被触发。这种人类问题求解的模型就是产生式系统。

RBR 系统得到广泛的应用，主要因为它具有以下几个优点：

(1) 知识结构接近人类思维和会话形式，易于理解。

(2) 规则表示形式一致，易于控制和操作。

(3) 具有高度模块化，规则之间互相独立，易于做增删、修改等知识更形操作。

(4) 能有效地表达表层知识。

同时，RBR 系统也存在很大局限性，主要有以下几点：

(1) 规则推理过程中的知识获取是一个瓶颈。它需要领域专家把自己的知识经验告诉知识工程师，然后由知识工程师将其抽取、转化、编写成规则形式，存储于知识库。这个过程往往费时费力，十分烦琐困难。

(2) 规则的之间约束及相互作用导致知识处理的效率低。由于规则库一般都比较庞大，而匹配又是一件十分费时的工作，因此其工作效率不高。目前一些快速匹配算法如 Rete 算法，能较有效地提高系统的执行速度。另外，RBR 中的规则一旦确定，如果需要增加或修改其中的一点或一条，则有可能牵扯到整个规则库。

(3) 规则间的相互关系不明显，知识的整体形象难以把握，难于管理和维护。

(4) 与真正专家的知识结构不同，不能表示具有结构性的知识。规则适合表达具有因果关系的过程性知识，但对具有结构关系的知识却无能为力，它不能将具有结构关系的事物间的区别与联系表示出来。因此，规则表示法经常与其他表示法结合起来表示特定领域的知识，以便取长补短。

2. 案例推理方法（case-base reasoning，CBR）

CBR 的知识一般以案例为单位，一个案例表示为三元组即由"问题、解和效果"组成。一个案例表示一个问题的处理过程和效果。CBR 是不同于以往的 RBR 模式，它克服了 RBR 的一些缺点。

CBR 的知识获取仅是获取过去的案例，它的知识库储存的是一个一个的案例，修改其中的某一案例不会影响其他内容，即 CBR 的知识库维护十分简单。再则，CBR 能够在解决新问题的同时，保存新案例到案例库中来实现自学习的功能，经过一段时间的使用，系统的准确性会得到提高。这是系统最突出的优点。而 RBR 则没有这样的功能，它必须借助于领域专家和知识工程师的合作。

由于 CBR 技术具有与 RBR 方法完全不同的知识处理方法和推理机制，所以把 CBR 技术应用于鱼病诊断应用系统，可以部分克服或消除 RBR 技术存在的一些弱点，如在规则提取和知识表达上的困难，以及系统知识的"边界效应"造成推理结果的不确定性和不可靠性等，使 CBR 成为鱼病诊断系统中一种问题求解手段，并且作为其他诊断推理方法的有益补充，以进一步提升疾病诊断系统的智能化水平、适用能力、学习能力和问题求解能力，提高鱼病诊断防治的准确率和诊断防治速度，拓展鱼病诊断系统的应用范围。

3. 模糊推理方法

模糊推理的主要方法是 CRI（compositional rule of inference）方法，1975 年由 Zade 提出，其特点是用模糊关系定义模糊蕴含，进而用模糊关系的合成运算给出近似推理方法。在模糊推理中，将命题或谓词的真值视为可信度。它表示人们对命题或谓词的一种主观判断，因而是一种主观主义的处理方法，但只要可信度不是人为故意制造的，在实际应用中仍是可行的。加权模糊推理是加权模糊逻辑在推理方面的应用。在加权模糊逻辑中加权合取式的真度是各子项的真度的加权累计和，加权析取式的假度则是各子项假度的加权累计和。这样定义比较符合实际情况．在推理规则中也需要对各个子前提分别对待，因为它们的重要性是不同的。所以，我们应给不同的子前提加不同的权，以区别其重要性。

4. 神经网络推理方法

美国东北（Northeast）大学的 Gallant 教授首次提出并建立了连接专家系统（connection expert system）。该系统实际上是用神经网络独立完成专家系统的任务，用于肉蝇病的诊断和治疗，采用了一个 3 层局部互联网络，其中第 1 层为输入层，有 6 个节点分别代表症状，第 2 层有 2 个节点表示疾病，第 3 层为输出层，有 3 个节点表示治疗药物，该系统通过从样本学习获取知识并分别表达于网络权值和阈值中，以并行计算方式进行推理，并可用 IF-THEN 规则解释推理结果。连接专家系统的优点是知识获取比较容易、开发时间短，缺点是应用领域较窄，目前仅使用于医疗诊断、故障诊断、模式识别等分类型任务，对其解释尚有待于进一步研究。

美国佛罗里达（Florida）大学的 Fu 等论述了产生式系统与神经网络间的映射关系，他们将目的证据对应于神经网络的输出神经元，中间结构对应于隐层神经元，而输入原始证据则对应于输入层神经元，元的连接及权规定了规则关系，通过对网络的训练获取知识，对网络的前向传播式的应用则实现相应的从输入信息到目标证据的推理。Iaucher 则提出了基于后向传播学习的专家网络的概念，利用知识库建造推理网络是其主要出发点，而源于推理网络的专家网络则由正则节点、算子节点、否定节点和连接节点构成，事件驱动的后向传播机制用于知识的学习过程，进而达到知识获取的目标。

4.2.3 推理控制策略研究

专家系统所使用推理控制策略主要包括数据驱动、目标驱动和混合驱动三类。

数据驱动推理又称正向推理，是从已知的原始数据出发按一定的策略运用知识库中的知识推断出结论的推理方式。数据驱动推理的优点是适应于求解空间大的问题。缺点是推理方向性不明确，需要搜索全部相关规则，而且求解过程中可能要执行许多与求解目标无关操作，推理的效率降低了。数据驱动就是从用户提供的已知事实出发，在知识库中找出当前可用的知识，构成可适用的知识集，然后按某种冲突消解策略从知识库中选择出一条知识进行推理，并将推出的新事实加入数据库中作为下一步推理的已知事实，而后再在知识库中选择可用的知识进行推理。重复这一过程，直至求得了所要求的解或者知识库中再无可用的知识为止。

当问题满足知识的条件时，数据驱动的控制策略就可继承知识的结论，如没有可用的知识就同用户继续对话，得到更多的信息以找到可用知识。因此，它可以接受专家操纵，容易被用户理解。

具体推理过程如图 4-2 所示。

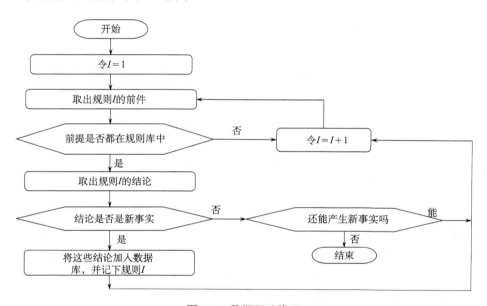

图 4-2　数据驱动推理

目标驱动推理又称逆向推理，是先提出问题结论的假设，然后搜索支持这个假设的论据的推理方式。目标驱动推理的优点是推理的方向性明确，不用搜索与目标结论无关的知识，推理效率高，适用于结论较少并易于提出假设结论的一类问题。目标驱动推理是需要首先假设要求证的目标，然后在知识库中查找能导出该目标的规则集，若这些规则集中的某些规则的前提与数据库匹配，则执行该条规则；否则，将该条规则作为子目标，继续进行查找，直到总目标被求解或者没有导出目标的规则。因此，目标驱动推理的策略是只注意考虑那些对某个特定目标是可用的规则，需要把所有的目标生成一个目标集合，从这个集合中选一种假设目标状态进行目标驱动推理。当目标状态很少时这种方法是可行的，特别是当一种状态的发生率很高时，这种推理策略是有效的。目标驱动推理策略的主要优点是不必用那些与总体目标无关的知识。

具体推理过程如图 4-3 所示。

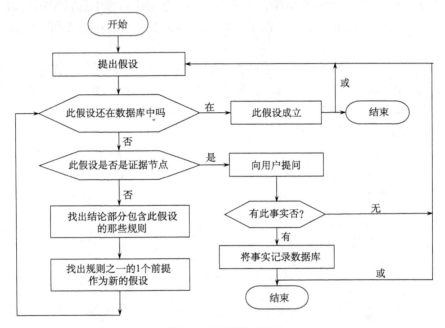

图 4-3　目标驱动推理

混合驱动推理是先从原始数据出发进行数据驱动推理，得到某一中间结论，然后以此中间结论为假设进行目标驱动推理的推理方式，是数据驱动推理和目标驱动推理的组合使用。数据驱动对知识源的选择存在着低效性的缺点，而目标驱动不允许通过专家提供与问题相关的信息来操纵它。同时使用这两种方法的混合式策略既保持它们各自原有的优点，又可以克服它们的缺点。混合驱动推理的优点是减少了数据驱动推理中推理方向的盲目性，又克服了目标驱动推理选择假设目标的盲目性，提高了推理效率。缺点是不易确定数据驱动推理和目标驱动推理的界限，要使推理能有效地进行下去，一定的控制策略是不可缺少的。

另外，推理策略和搜索策略必须配合使用，才能完成一个完整的诊断推理过程。启发式搜索是高效率求解困难问题的工具，它指导搜索朝最有利的方向发展，对不同的推理方法有不同的启发式控制策略。搜索策略主要有广度搜索和深度优先搜索策略。广度搜索策略在知识库中搜索最佳规则时，即使资源不够或遇到无穷分支，仍能搜索所有节点，并且第一个解将是具有最短路径的解之一。在深度优先搜索中，当查到某一个状态时，它所有的子状态的后裔节点必须先于该状态的兄弟状态被查找，搜索时在搜索空间中尽量往深处走，只有再也找不到某状态的后裔状态时，才能考虑其兄弟状态。而与深度优先搜索相反，广度搜索是一层一层地搜索空间，只有某一层的状态全部搜索完毕时才能转入下一层的搜索。

专家系统的推理机就是以一定的推理策略，有效地选择知识库中的知识，然后根据用户提供的信息进行推理，得到用户可接受的结论。在设计推理机时，推理方法不能完全独立于所要解决问题的种类，同时推理模型的研究又不能过于依赖某一特定的问题以致在其他场合不能适用。因此我们所要寻求的推理方法应该是很有效，同时又可普遍地应用于描述和解决一类问题。

4.3 水产养殖专家系统模型

4.3.1 水域控制

1. 水产智能增氧研究

近年来，通常将专家系统使用到增氧机的智能控制上。对水产养殖池塘溶解氧的控制经历了从单传感器节点到多传感器节点的过程，李硕果[7]通过单传感器自动控制开关来控制增氧机。黄海晏[8]在控制系统和基于检测信号的实时监测曝气开放条件下，假设鱼塘是否缺氧和气温存在很大的关系，比较水温和气温，如果气温远远低于水温，则打开增氧机的控制开关增氧。该自动开关装置如图4-4所示。

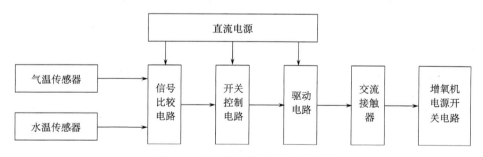

图4-4 鱼塘增氧机自动开关装置

在溶解氧系统设计的初始阶段，自动增氧控制器[9]设置较低的门槛，当测量值小于最小阈值时，开增氧机，否则反之。该控制器没考虑多因素间关系（如温度、pH、氨氮等的相互关系），直接比较测量值和设定阈值，这种溶解氧控制系统控制精度不高，容易出错。孙道宗等[10]研发鱼塘溶解氧测量仪，采用两个信号收集器：氧气探头和温度采集探头。程尧[11]以 MCS-51 为核心研制了射流模式增氧机，该系统能连续测溶解氧，在测量后根据用户预先设定值，自动打开或者关闭增氧机。系统中使用了温度补偿的概念，数据的及时处理提高了整个系统的监控准确度。

在以往的多因素溶解氧控制系统中，没有考虑光照会影响温度，温度会影响水生物的活动，导致对溶解氧的消耗更多。基于多因素综合系统的处理，学者们发现远程控制水产养殖系统主要通过以下两种方式：一是控制增氧机运行时间，提前设定好在特定时间段内打开增氧机；二是单片机控制系统，通过检测水温和水中的溶解氧含量，根据需要氧气的温度阈值变化自动设置，并根据结果开启和关闭增氧机。而溶解氧的预测是利用时间序列分析方法，基于溶解氧对时间价值的预测来预测下一时刻的。杨友平等[12]测量了溶解氧、温度以及噪声，若三个值中任何一个超出极限，打开增氧机开关。王瑞梅等[13]提出溶解氧模糊系统，该系统使用神经网络作为预测模型，输入日照、风速、气温、水温、气压、pH 和 NH，输出值为溶解氧浓度值。

孙园园和刘昌华[14]分析了原有溶解氧测量算法（图 4-5），提出了增氧、运氧、散氧三种状态，同时为这三种状态设置了优先级，保证了溶解氧的含量。

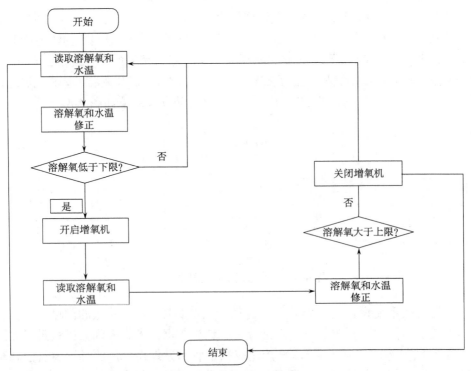

图 4-5 溶解氧测量算法

杨世凤等[15]将无线监控系统分为主站和从站。从站负责24h不间断采集参数并上传数据。主站和控制中心程序通信，完成底层数据的传输，将数据存储在控制中心，同时主站也可以进行溶解氧的远程控制。肖虫等[16]也将系统分为上位机和下位机，不同于文献[15]的是细分了增氧机操作规则，进行了不同层次增氧控制。

张佐经等[17]将检测系统分为监测节点和控制节点，第一次有了检测和控制分离的分析，但是系统只是一个雏形，没有详细介绍。李鑫等[18]采用C8051F020，通过多点监测溶解氧浓度值，利用 ZigBee 实现通信，通过手机终端，将数据和下位机进行通信完成控制，及时开关增氧机。

通过以上增氧机研究现状不难发现，目前的溶解氧控制没有实现增氧机实时控制，主要是通过将采集的数据先发送到控制中心的控制系统，通过远端控制系统对养殖水质进行分析，如果超标则从远端发送控制命令到底层的增氧机，控制增氧机驱动电源的开关，实现增氧机的智能增氧，如图4-6所示。

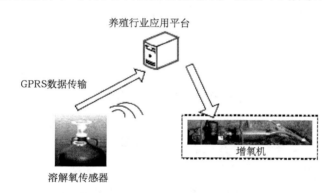

图4-6 原有增氧机数据采集控制模型图

陶倩等[19]引入了 Agent，将各个 Agent 之间的触发设计为神经元之间的"激活触发方式"，其任务的求解过程如图4-7所示。

魏赘等[20]将多 Agent 和模糊控制应用到专家系统中，利用加权模糊综合评价方法和模糊推理方法的可信度加权，实现为学员提供专家性结论和建议的作用。文献[21-22]分析了污水处理过程中溶解氧的相关作用和控制方法，以及蟹生长过程中溶解氧的相关控制。通过这些文献不难看出，溶解氧在水产养殖过程中具有重要作用。

在水产智能控制系统中引进多 Agent，使系统具有分布式计算能力、分布式知识处理能力、多专家协同能力。Agent 中有心智的概念，心智状态也是用知识库的方式来表达和管理；Agent 在实际的使用过程中和专家系统的方法是一致的。Agent 可以弥补专家系统不能直接和环境交互的缺点，在水产养殖智能控制中引入多 Agent 技术是大势所趋。

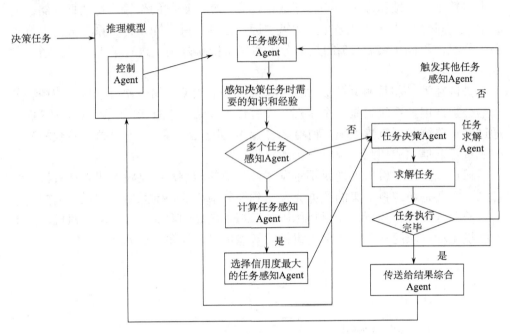

图 4-7 决策任务推理过程流程图

2. 多 Agent 水产养殖智能增氧控制系统模型

1）增氧控制模型

针对大型养殖池塘，由于需多种水质参数控制多台增氧机，设计使用浮标系统采集水质参数，引入多 Agent 技术，实现多台增氧机联动控制。

水产养殖控制系统主要是根据采集到的 溶解氧温度、pH、NH、ORP，通过对数据进行分析，根据结果发出控制命令给增氧机，调整养殖环境水体的溶解氧，以提高水产品的产量。多台增氧机联动控制分两种：

（1）控制中心分析控制开启或者关闭一台或者所有增氧机。控制中心根据所有的水质参数、离线数据、当前养殖周期和投饵状况综合分析控制所有增氧机或者某台增氧机，使用 GPRS 和 ZigBee 混合通信，此过程中需要考虑多 Agent 间的协作关系，以及多增氧机模型中增氧机和浮标间的关系。目前多种无线传输技术应用到水产养殖过程中[23-25]。

（2）控制中心向特定增氧机发送控制命令。当控制中心得知当前情况下需要打开具体增氧机时，控制命令从控制中心发出，在多 Agent 的协作下，通过 GPRS 将命令发送到池塘中，由池塘中的浮标 Agent 和增氧机控制 Agent 组成一个

ZigBee 网络，调用基于簇树结构的 ZigBee 多跳路由选择算法[36]，为控制命令选择一条能耗最少、时延最短的通信链路，完成控制命令的传输。

图 4-8 为基于 ZigBee 和 GPRS 混合通信网络结构图。

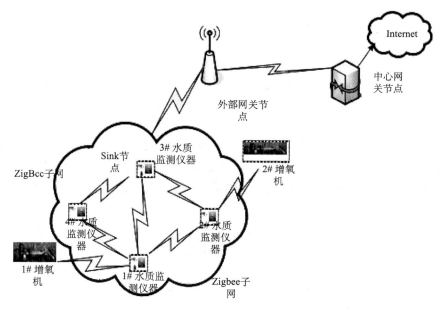

图 4-8　ZigBee 和 GPRS 混合通信网络结构图

在多增氧机控制模型中，设置了管理 Agent、决策 Agent、溶解氧预测 Agent、辅助决策 Agent、增氧机控制 Agent，各个 Agent 的作用和在多增氧机循环控制模型中的作用将在后面详细介绍。

对于小型养殖池塘，养殖场只有一个自带水质监测功能的增氧机。建立适合小型养殖池塘增氧机控制模型是控制养殖池塘溶解氧含量和提高养殖产量的重要因素之一。

溶解氧采集节点采集数据后，由溶解氧预测 Agent 调用溶解氧模糊控制算法，求解出当前的溶解氧预测值，辅助决策 Agent 比较溶解氧预测值和分布式数据库中存储的当前情况下需要的溶解氧值，当数据出现异常时，辅助决策 Agent 通过 ZigBee 通信将控制信号发送给增氧机控制 Agent。①当检测数据比当前的实际需要数据大或者相等时，说明目前氧气含量充足，不需要打开增氧机；②当检测数值小于当前的实际需要的数值时，说明氧气不足，需要打开增氧机；③当水质参数没有异常时，在规定的时间内将水质参数通过 GPRS 传输给远端服务器。增氧机控制模型如图 4-9 所示。

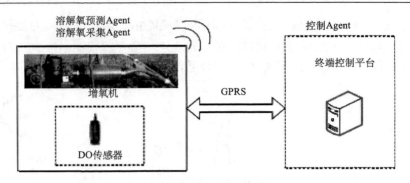

图 4-9 水产养殖数据采集控制模型图

基于多 Agent 的水质智能闭环控制模型中，引入了溶解氧预测 Agent、辅助决策 Agent、增氧机控制 Agent、管理 Agent。当传感器采集节点采集上水质参数后发送给溶解氧预测 Agent，溶解氧预测 Agent 调用预测算法求解预测值，根据预测值和实际值的比较结果控制增氧机开关。当水质参数无异常，在规定的时间内通过具有 GPRS 通信功能的辅助决策 Agent 将数据发送终端数据库中，方便数据的离线分析处理。单台增氧机智能闭环控制模型较以往水质参数控制模型的特点在于：

（1）预测更加准确：在预测过程中，考虑了水质参数间的相互关系，不再是单因素控制模型。

（2）更具实时性：在增氧机主控制板上进行溶解氧预测，提高了系统的实时响应度，及时控制增氧机的开关。

2）智能增氧控制模型中多 Agent 角色分配

传统溶解氧控制系统，由于将数据集中发送到控制中心，由控制中心的服务器发送命令到增氧机，存在监测和控制分离、能耗大、不及时的缺点。该系统引入 Agent 技术，系统中涉及的 Agent 总体结构如图 4-10 所示。

图 4-10 专家系统功能图

系统由溶解氧预测 Agent、辅助决策 Agent、增氧机控制 Agent、决策 Agent 和管理 Agent 组成。当采集到水质参数后,由溶解氧预测 Agent 根据溶解氧预测算法求解预测值,将预测值与实际采集值进行比较,如果出现异常则激活辅助决策 Agent,由辅助决策 Agent 发送控制命令给增氧机控制 Agent,增氧机控制 Agent 触发增氧机操作。多 Agent 的体系结构如图 4-11 所示。

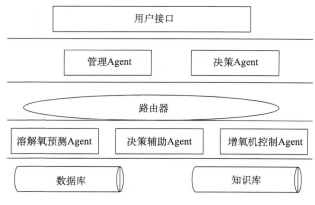

图 4-11　多 Agent 体系结构

a. 管理 Agent

管理 Agent 是第一个响应用户请求的 Agent,在服务器开启之后,管理 Agent 开始工作,判断信息类别。对于管理 Agent 来说,对外部世界的认识需有利于任务的分配。管理 Agent 的内部结构如图 4-12 所示。

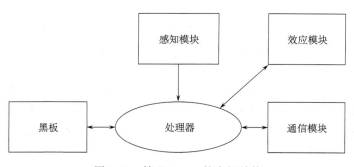

图 4-12　管理 Agent 的内部结构

b. 决策 Agent

决策 Agent（JCAgent）作用在控制中心,调用数据库中的水质参数信息,监控整个养殖场所情况,当水质出现异常时,决策 Agent 发出增氧机控制命令,完成对整个养殖场所有增氧机或者某台增氧机的监控。决策 Agent 的内部结构如

图 4-13 所示。

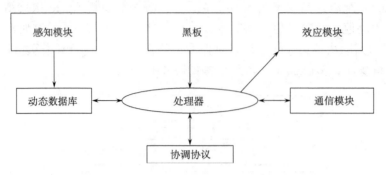

图 4-13　决策 Agent 的内部结构

c. 溶解氧预测 Agent

溶解氧预测 Agent 属于推理 Agent（reasoning Agent），当出现一个数据时，与知识模块进行比对，如果在知识模块里面已经有对当前环境状态相匹配的信息，则直接输出结果。推理 Agent 的内部结构如图 4-14 所示。

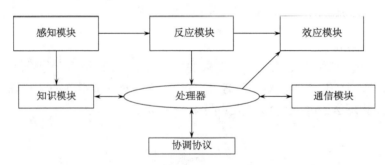

图 4-14　推理 Agent 的内部结构

溶解氧预测 Agent 主要根据溶解氧预测推理算法，和南美白对虾不同生长时间段的数据，对获取的数据进行推理，获得溶解氧预测值，具有判断处理的能力，将外界采集的溶解氧值和溶解氧预测值进行比较。如果溶解氧值没有异常，则将数据转发给辅助决策 Agent。溶解氧预测 Agent 的内部结构如图 4-15 所示。

在模糊理论、加权模糊综合评判法和模糊集的基础上构建模型，运用最大隶属度法，得到溶解氧判断等级。溶解氧预测控制以模糊控制为基础，控制目标是在整个增氧机开机时间最小的情况下寻找最佳的开机时间。溶解氧预测控制方法：由 Agent 通过水质参数采集目前水质参数值 pH、氨氮、温度等，模糊控制器依据输入值决定当前是否打开增氧机，控制原理如图 4-16。

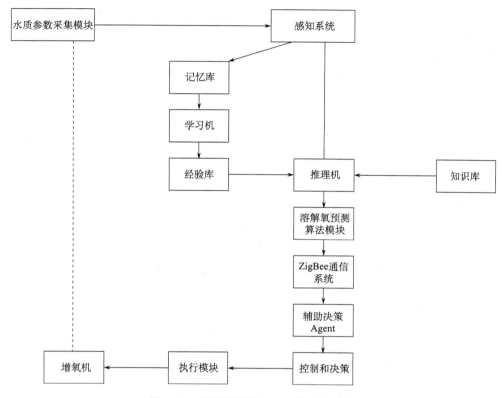

图 4-15 溶解氧预测 Agent 的内部结构

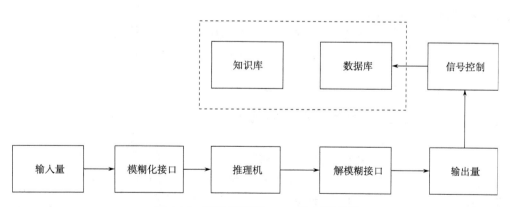

图 4-16 溶解氧预测 Agent 控制原理图

控制步骤如下：

步骤 1：根据水产养殖过程中，不同时间段需要不同的水质参数，设置水质参数阈值。

步骤 2：设置时间器，判断当前是否需要采集水质参数，如果需要采集则将采集值 E_{DO} 作为输入，溶解氧预测值 E_{DO}^1 作为输出。

步骤 3：比较 E_{DO}^1 和 E_{DO} 的大小，若 $0 < E_{DO}^1 - E_{DO} < 2$，则溶解氧实际值过低，由溶解氧预测 Agent 触发辅助决策 Agent，由辅助决策 Agent 给增氧机发送命令，打开增氧机；如果 $-2 < E_{DO}^1 - E_{DO} < 0$，则溶解氧实际值过高，辅助决策 Agent 给增氧机控制电路发送命令，关闭增氧机。

步骤 4：判断时间截点，如果未到，则传感器不采集数据，等到下一个时间段采集数据，否则重复步骤 2～步骤 4。

d. 辅助决策 Agent

辅助决策 Agent 在系统中负责收集溶解氧预测 Agent 的结果，当溶解氧值出现异常时，辅助决策 Agent 向增氧机发送命令，改变增氧机的状态，当溶解氧无异常时，辅助决策 Agent 不做任何操作。但是当到达一个时间片时，辅助决策 Agent 负责将数据打包发送到具有 GPRS 通信功能的"汇聚节点"上，由该节点将数据发送到控制中心，作为离线数据分析的依据，不用随时将最新数据发送过去在终端服务器上进行判断，减少通信量消耗。

在增氧机闭环控制模型中，辅助决策 Agent 负责与增氧机通信，将控制命令发送给增氧机。在大型池塘中，辅助决策 Agent 负责在不同的数据采集端进行数据传输，同时接收从终端控制节点发送回来的增氧机控制命令，接收到控制命令后发送给增氧机，协助完成终端控制室对底层增氧设备的控制。在大系统中辅助决策 Agent 作为传输中介，负责系统数据的向上传输和向下转达。

e. 增氧机控制 Agent

当增氧机控制 Agent 被触发时，增氧机控制 Agent 负责从辅助决策 Agent 处获取对增氧机的控制命令，根据控制命令打开或者关闭增氧机。

3. 多 Agent 水产养殖智能增氧养殖系统设计

1）水产养殖过程中溶解氧分布式知识库构建

a. 基本水质参数信息表

本书的数据库中主要存储以下几张存储南美白对虾基本参数的数据表：Ⅰ.水产养殖过程基本信息表；Ⅱ.水质参数基本信息表；Ⅲ.水质参数处理意见表；Ⅳ.处理意见说明表。它们通过水质编号关联在一起，形成一个整体，完成南美白对虾养殖过程中所有养殖数据的判断描述。

水质判断标准见表 4-1[26]。

表 4-1 水产养殖过程基本信息表

编号	天数	苗数	温度	光照	发育期	溶解氧	盐度	pH	氨氮	大气压/atm
1	1	1	28~28.5	100~2000	Z1	5.0~7.0	4~5	7.8~8.5	0~0.1	101
2	2	0.8	28.5~29	100~2000	Z1	5.0~7.0	4~5	7.8~8.5	0~0.1	101
3	3	0.783	29.5~30	100~2000	Z1	5.0~7.0	4~5	7.8~8.5	0~0.1	101
4	4	0.767	29.5~30	100~2000	Z1	5.0~7.0	3~4	7.8~8.5	0~0.1	101
5	5	0.75	30~30.5	100-2000	Z1	5.0-7.0	3~4	7.8~8.5	0~0.1	101
6	6	0.733	30.5~31	100~2000	Z1	5.0~7.0	3~4	7.8~8.5	0~0.1	101
7	7	0.716	30.5~31	100~4000	Z1	5.0~7.0	3~4	7.8~8.5	0~0.1	101
8	8	0.7	31~31.5	100~4000	Z1	5.0~7.0	3~4	7.8~8.5	0~0.1	101
9	9	0.683	31~31.5	100~4000	Z1	5.0~7.0	2~3	7.8~8.5	0~0.1	101
10	10	0.667	31.5~32	100~4000	Z1	5.0~7.0	2~3	7.8~8.5	0~0.2	101
11	11	0.65	31.5~32	100~4000	Z1	5.0~7.0	2~3	7.8~8.5	0~0.2	101
12	12	0.633	31.5~32	100~4000	Z1	5.0~7.0	2~3	7.8~8.5	0~0.2	101
13	13	0.617	31.5~32	100~4000	Z1	5.0~7.0	2~3	7.8~8.5	0~0.2	101
14	14	0.6	31.5~32	100~4000	Z1	5.0~7.0	2~3	7.8~8.5	0~0.2	101

当只考虑溶解氧一个参数时，根据溶解氧值多少直接判断增氧机开关状态，控制规则如表 4-2。

表 4-2 水质参数基本信息表

编号	参数名称	参数值	参数等级	等级说明	拟采取意见编号（外键）
1	DO	>12	VI	数据有误	6
2	DO	[10,12)	III	溶解氧过高	5
3	DO	[5,10)	I	正常	4
4	DO	[4,5)	II	偏低，缺氧	3
5	DO	[3,4)	IV	溶解氧过低	2
6	DO	<3	V	太低，严重缺氧	1

本书根据溶解氧值的变化区间得到增氧机处理表（表 4-3）。

表 4-3 增氧机具体处理意见表

规则编码编号	增氧机模糊控制查询表编码	增氧机操作说明
1	1	缺氧严重，立即声光报警，打开增氧机，增氧 1h
2	2	溶解氧偏差较大，明显缺氧，立即打开增氧机，增氧 0.5h

续表

规则编码编号	增氧机模糊控制查询表编码	增氧机操作说明
3	3	溶解氧偏低，0.5h 后打开增氧机
4	4	误差、偏差正常，溶解氧在正常范围，不做任何操作
5	5	溶解氧偏高，关闭增氧机
6	6	溶解氧采集数据有误，声光报警，检查浮标

b. 水质参数数据采集 Agent 设计

在小型养殖池塘中，使用增氧机自带的水质监测节点采集溶解氧值，其他的参数通过外部采集节点采集。在大型养殖池塘中，使用浮标系统采集数据。浮标采集数据的有效性已在文献[27-29]中得到验证。水质采集传感器与传感器变送器之间的传输协议为 Modbus RTU。

主控制板发送"读命令"给水质传感器采集节点，见表 4-4。

表 4-4 读命令

地址 （8 bit）	功能码 （8 bit）	起始寄存器地址高位（8bit）	起始寄存器地址低位（8 bit）	寄存器数据高位（8 bit）	寄存器数量低位（8 bit）	CRC 低位	CRC 高位
0X02	0X03	0X00	0X00	0X00	0X00	0XC4	0X38

传感器通过应答命令接收主机发送出的读命令，应答数据格式见表 4-5。

表 4-5 传感器应答数据格式

地址 （8 bit）	功能码 （8 bit）	字节数 （8 bit）	数据位 [0]（8 bit）	数据位 [1]（8 bit）	数据位 [2]（8 bit）	数据位 [3]（8 bit）	CRC 低位	CRC 高位
0X02	0X03	0X04	0XB0	0X7F	0X0D	0X41	0X1A	0X8B

在表 4-5 中，数据[0]到数据[3]构成了 32 位 float 数据。主控制模块采集到相关水质后，由溶解氧预测 Agent 进行溶解氧预测，当预测值与实际值误差不大时，需在规定的时间内，将测量到的水质参数值用 RS232 接口发送到终端控制室。通过 GPRS 向上位主机传送数据，通信协议包见表 4-6，其中第 1 高位和第 2 低位数据为 DO，第 3 高位和第 4 低位为温度，该数据每隔 5s（可以自己设定间隔时间）传送 1 次。

表 4-6 浮标主控模板向服务器上传数据的协议包结构

字段	长度/字节	字节序	备注
包头标志 1	1		SOP1：0X37
包头标志 2	1		SOP2：0XA9
包类型标志	1		CMD：0X01
包负载长度	2	BE	LEN：DATA 段长度
包头检验码	1		HCS：为 CMD 和 LEN 逐字节异或结果
行业编码	1		0X27
应用编码	1		0X01
应用数据类型码	1		0X01
RTC 时间	1		year：年
	1		month：月
	1		day：日
	1		hour：时
	1		minute：分
	1		second：秒
网关编号	5		
节点 ID	2	BE	传感器节点 ID
传感器个数	1		N 个传感器数据
传感器数据	N×（2+Len）		
校验码	1		PCS：为前面除两个包头标志外所有字节或的结果

传输到服务器上的数据需要进行解析，解析规则如表 4-7。

表 4-7 传感器数据解析对照表

类型	类型码	长度	备注
光照	0X01	2	
湿度	0X02	2	
温度	0X03	2	
RFID	0X04	8	
溶解氧 DO	0X11	4	float（固定节点号为 0X01）
水质 ORP	0X12	4	float（固定节点号为 0X02）
水质 pH	0X13	4	float（固定节点号为 0X03）
氨离子 NH_4^+	0X14	4	float（固定节点号为 0X04）
GPS	0X21	8	longitude*1000000,Latitude*1000000

2）溶解氧预测 Agent 设计

a. 溶解氧模糊控制规则库

本书采用专家经验法和观察法建立模糊控制器规则，使用产生式规则建立规则库。

规则 1：如果 x 是 A 并且 y 是 B，则 z 是 C。

如果规则数太多，它们之间可能存在相互矛盾的规则，同时也使得系统复杂，但是当规则数很少又会出现"未定义的盲区"，控制效果会很差，难以完成要解决的问题。由文献[26]可知南美白对虾养殖过程部分日常增氧规则见表4-8。

表4-8 各种天气情况下的增氧操作

前提	结论（操作）
高温晴天	高温晴天的12～16时，开增氧机1～2h
阴雨天	清晨3～5时，开增氧机2～3h 使鱼全部恢复正常活动
喂鱼	每次喂鱼前的1～2h适当开机
傍晚	不开机

常见的规则推理分为两种：一种正向推理，另外是反向推理。本文中模糊控制使用正向推理，再结合产生式规则，推理算法步骤如下。

步骤 1：将用户提供的初始事实导入数据库。

步骤 2：查看数据库，如有解则结束，退出；否则，转到步骤（3）。

步骤 3：根据已知事实，查看知识库，检查是否有合适的知识，若有则转步骤（4）。否则，转步骤（6）。

步骤 4：选出所有适合的知识，构建知识集（KS）。

步骤 5：若知识集中有知识，则通过冲突校级选出一条进行推理，同时将新事实放入 DB 中，然后转步骤（2）；若知识集空，则转步骤（6）。

步骤 6：是否再次补充新事实，若可以补充，则加入，转步骤（3）；否则，无解。失败退出。

这其中不考虑各个因素之间的相互关系，但在实际过程中溶解氧和很多因素有关系，论文的溶解氧模糊控制将会考虑多因素之间的相互关系。

b. 溶解氧预测 Agent 模糊控制算法

缪新颖等[30]使用神经网络实现多参数输入，单一参数输出的控制。张新荣[31]定义模糊控制算法求解控制主体的动作。汤斌斌和刘双印等[32,33]也研究了常用的溶解氧预测方法。本书在文献[33]基础上，结合数理统计法，考虑溶解氧和温度、氨氮、pH、ORP 之间的相互关系，为每个参数设定权值，用模糊控制求解溶解氧预测值。

当水质参数采集装置采集参数后,取出其中的溶解氧值作为溶解氧实测值E_{DO},同时将所有采集数据传输给溶解氧预测 Agent,溶解氧预测 Agent 根据不同养殖段水质参数的需求和各水质参数之间的关系,使用模糊控制算法计算出当前养殖情况需要的溶解氧值E_{DO}^1,比较E_{DO}和E_{DO}^1,进行增氧机控制。

(1)模糊控制器的设计

模糊控制器如图 4-17 所示。

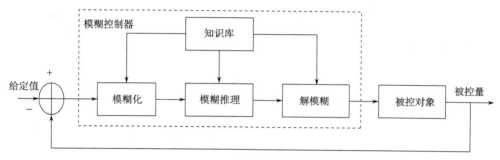

图 4-17　模糊控制的基本结构框图

模糊控制算法流程图如图 4-18 所示。

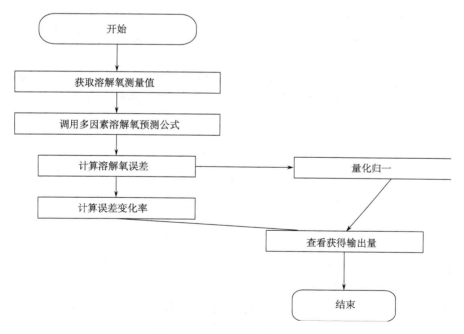

图 4-18　模糊控制算法流程图

模糊控制算法步骤如下：

步骤 1：采集溶解氧、温度、pH、氨氮、ORP 参数，定义模糊子集，建立模糊控制规则。

步骤 2：由基本论域转换为模糊集合的相关理论。

步骤 3：模糊关系矩阵运算。

步骤 4：预测溶解氧，调用溶解氧和其他因素的相互关系式，模糊推理合成，求出控制输出模糊子集。

步骤 5：去模糊，得到预警等级。

本书将分布在[0，35]的温度归一到[-4，4]，归一化计算公式见式（4-1）：

$$y = -4 + \frac{4-(-4)}{35-0} \times (x-0) \tag{4-1}$$

将分布在[0,20]的溶解氧归一到[-4，4]，归一化处理公式见式（4-2）。

$$y = -4 + \frac{4-(-4)}{20-0} \times (x-0) \tag{4-2}$$

归一化后对数据进行模糊化。

（2）确定系统模糊子集、隶属度。

设定 e_1、e_2、e_3、e_4、e_5 的模糊语言变量为 E_1、E_2、E_3、E_4、E_5 执行的模糊语言变量为增氧机开关 U1。将 E_1、E_2、E_3、E_4、E_5 的模糊语言的变量分为 5 级，分别为正大（PB=4），正小（PS=2），零（ZR=0），负小（NS=-2），负大（NB=-4）。

本书综合水产养殖过程中的实际情况和参考文献[34]中的详细介绍，使用指派法求解水质参数的隶属度。溶解氧、温度符合中间型梯形分布（图4-19）。

$$U(x) = \begin{cases} 0, x < a \\ \dfrac{x-a}{b-a}, a \leqslant x < b \\ 1, b \leqslant x \leqslant c \\ \dfrac{d-x}{d-c}, c < x < d \\ 0, x \geqslant d \end{cases} \tag{4-3}$$

结合本书中采集温度的数据区间为[0，35]，其中，$a=0, b=25, c=32, d=35$。溶解氧的数据区间为[0,20]，其中 $a=0, b=15, c=40, d=20$。

溶解氧测定过程中需要考虑多个评判因素，溶解氧={温度, pH, 氨氮, ORP}，对于每个评价指标有 M 个评判等级，即：级={ 过正常，偏低偏高 ，高，数据有误 }。评判矩阵 R 如下：

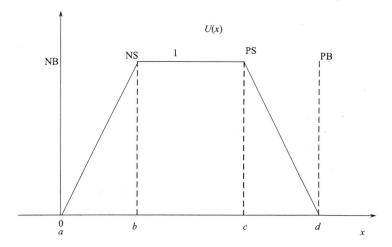

图 4-19 中间型梯形隶属度函数

$$R = \begin{Bmatrix} r_{11} & r_{12} & \cdot & r_{14} \\ r_{21} & r_{22} & \cdot & r_{24} \\ \cdot & \cdot & \cdot & \cdot \\ r_{p1} & r_{p2} & r_{p3} & r_{p4} \end{Bmatrix}$$

其中 r_{ij} 表示隶属度。模糊集 B 为

$$B = A \times R = (b_1, b_2, \cdots, b_m) = (a_1, a_2, \cdots, a_p) \begin{bmatrix} r_{11} & r_{12} & \cdot & r_{14} \\ r_{21} & r_{22} & \cdot & r_{24} \\ \cdot & \cdot & \cdot & \cdot \\ r_{p1} & r_{p2} & r_{p3} & r_{p4} \end{bmatrix}$$

其中 a_i 是权值，a_i 和隶属度一般通过专家评判法得到。

（3）模糊控制规则设计。

在模糊控制中，当将输入变量进行归一化处理，模糊化后，需从专家系统的事实库中寻找相关知识，结合模糊控制规则库进行推理。考虑到增氧机的实际控制，本书采用 T-S 模型设计了若干等级的模糊控制量。其语言规则描述形式为

$$R^i \text{ if } x_1 \text{ is } A_1^i, x_2 \text{ is } A_2^i, \cdots, x_m \text{ is } A_m^i, \text{then}$$
$$y^i = p_0^i + p_1^i x_1 + p_2^i x_2 + \cdots + p_m^i x_m, i = 1, 2, \cdots, n$$

模型中 R^i 代表第 i 条模糊规则，A_j^i 表示模糊子集，x_j 表示第 j 个输入量，m 表示系统有 m 个输入变量，y^i 表示第 i 条输出的规则，p_j^i 表示控制器中的第 i 条规则中的参数。

零阶 Sugeno 模糊规则如下：

if x is A,y is B,$\cdots$,then $z=k,k$ 为常数；

一阶 Sugeno 模糊规则表示如下：

if x is A,y is B,…,then $z=px+qy+r$，其中 p、q、r 为各个模糊变量的权值。

（4）模糊决策过程。

本书使用 Tsukamoto 模糊推理形式，综合溶解氧影响因素公式：

$$DO = (a\,Tem,\ \theta\,pH,\ \omega\,NH_3,\ \lambda\,ORP)$$

其中，a、θ、ω、λ 分别表示温度、pH、氨氮、ORP 对应的权值，$a+\theta+\omega+\lambda=1$；Tem 表示温度；$NH_3$ 表示氨氮。其中温度是关键影响因子。根据经验以及实际数据得到各参数的权值如下：$a=0.5$，$\theta=0.25$，$\omega=0.15$，$\lambda=0.1$，根据规则求出增氧机预测值，对预测值进行去模糊操作，得到溶解氧的实际预测值和对应操作值 z_1，根据 z_1 到"增氧机操作规则"表中查找相对应的增氧操作，对增氧机进行控制，完成增氧机的闭环控制。

溶解氧预测值解模糊步骤如下：

步骤 1：获得式（4-3）的溶解氧值。

步骤 2：根据公式 $DO' = \dfrac{(y+4)\times(\max-\min)}{8} + \min$ 对溶解氧进行解模糊，求得溶解氧反归一化的值。

使用多因素综合控制时[35]，由预测溶解氧值得到一个控制指令，由实际采集值得到一个控制指令，当出现两条控制命令时，在表 4-3 中查询选择优先级别高的控制命令对增氧机进行控制。

4.3.2 养殖专家系统

养殖系统具有预测功能、指导功能、管理功能，主要根据水产养殖种类、水面、技术水平、环境等情况，提供不同种类的养殖模式及养殖方法专家支持，以及各个时期的管理决策，真正实现网上养殖功能。

1. 系统技术框架设计

水产养殖专家系统的基本框架设计如图 4-20 所示。

2. 系统总体结构设计

构建的基于网络的水产养殖专家系统结构如图 4-21 所示。在传统专家系统的结构上，基于 RBR 推理模块和 CBR 推理模块的交互操作，考虑结论库的设计与管理以及系统的网络化实现等问题，系统主要由可视化人机接口模块、知识获取模块、基于规则推理模块（RBR）、库管理模块、基于案例推理模块（CBR）、知识检验器模块、外部知识库、规则库（内部知识库）、结论库和案例库等组成。

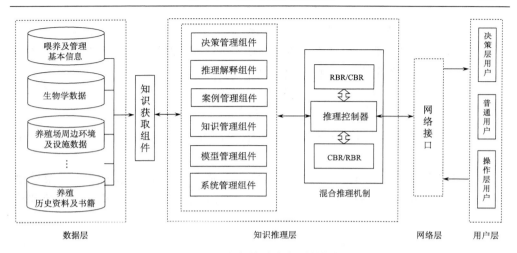

图 4-20　水产养殖专家系统框架

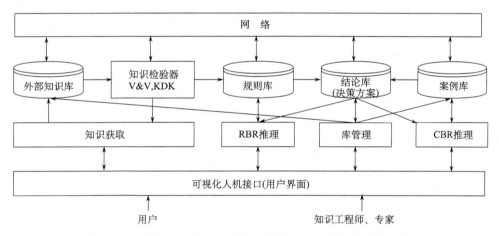

图 4-21　基于 RBR 和 CBR 混合推理的水产养殖专家系统结构

（1）可视化人机接口模块为知识获取、案例录入、推理参数输入和预案输出等提供界面。

（2）知识获取模块负责将领域专家知识以图形节点方式录入外部知识库中。

（3）知识检验器模块负责检验外部知识库中的知识表示是否规范，如无语法错误，则生成供推理机调用的内部知识库。

（4）库管理模块负责外部知识库、预案库和案例库中内容的添加、删除、修改、更新等操作。

（5）基于案例推理模块根据当前情况的输入，检索案例库，查询是否存在类似案例。如果存在，则调用它的解决方案作为此次紧急情况的辅助决策。如果方案不存在或者存在的案例相似度非常低，则调用规则推理，得到的结果一方面存在案例库中以备将来使用，另一方面显示给用户作为当前事件的辅助决策。

（6）基于规则推理模块包含正向推理、逆向推理和用户自定义的各种智能推理模型，主要负责规则的匹配和冲突消解。

（7）外部知识库按一定的知识表示方法存放领域专家知识，为突发事件的决策处理提供专业和常识性知识的支持，用户对其可进行编辑、修改等。

（8）内部知识库按推理机搜索知识的要求，对外部知识库的知识进行重新组织存放。

（9）案例库是对特定水产动物养殖案例及疾病案例的实际过程的记录性描述，它记述了事件发生的条件、事件表现的特征、事件的性质以及事件的处理结果与教训。

（10）结论库是基于动态数据库的，它存储经由 RBR 和 CBR 混合推理的决策结果方案，主要包含水产动物病历、水产动物喂养方案以及相关的历史养殖方案、销售方案等。本系统的决策方案可以网页或者报表文件的形式进行存储，以便为突发性疾病提供快速的诊断与疫情控制的建议，也可以为不同地区不同经济实力的养殖户提供不同的喂养方案等。

系统生成决策结论的具体方法主要有两种。第一种，通过案例来生成，在案例库中检索同当前决策问题相似的案例集，分别在案例中抽取信息，通过人机交互界面的数据整合，形成一个合适的方案输出给用户。第二种，在没有相似案例的情况下，系统在知识库中提供了一些预案的模板和同决策问题相关的信息，在智能人机交互的环境中，按照模板的提示，一步一步生成决策结论。

3. 功能模块设计

根据系统分析，按照相对独立性、依赖性尽量小、数据冗余小及便于系统集成开发的系统开发原则，水产动物养殖专家系统主要包括知识咨询与养殖决策两大模块的功能。

知识咨询模块提供了水产养殖各阶段和各方面需要注意的问题，以网页和动态多媒体文件的形式进行知识存储，具有资料查询和学习等功能。例如，在疾病预防与介绍部分，用户可以对目检、初步诊断、深层判断、镜检、防治等方面的知识和技能进行学习。本模块基于雄风专家系统开发平台设计，知识库非常丰富，疾病诊断资料比较完善，有利于用户了解并学习更多的养殖知识。

水产养殖系统在知识浏览层面，主要依据水产动物各养殖阶段和生长阶段的不同进行划分，具体包括以下几大模块。

（1）养前管理：包括养殖地点的整修、消毒及培养浮游生物，这主要是为了保证水质达到养殖标准，并在此阶段确定放养时间。

（2）生长期管理：包括养殖品种所要求的水质条件、操作规程、病害防治、投饲管理标准。根据巡塘记录判断水体变化、饲料投喂情况并提出相应的处理措施。根据病害名,介绍提供病害的发生症状、引发原因和治疗方法。

(3) 收获期管理:根据养殖品种提供捕捞、运输方法及暂养措施。

(4) 越冬期管理:根据养殖品种及品种类型给出越冬时的措施。

智能决策模块依据养殖户在实际养殖中涉及的种质、区域环境、水源条件、池塘条件、养殖技术、管理水平、喂养情况等事实,经过知识处理和混合推理,实现专家在线形式的答疑、决策与信息服务。该模块目前主要包括疾病诊断与喂养管理两大方面的内容。

4. 系统基础数据库设计

基于系统功能模块的设计,主要构建了如下几大数据库:①育苗厂建设数据库;②养成场建设数据库;③人工繁育数据库;④养殖过程数据库;⑤品种数据库(生物学特性知识库);⑥品质管理数据库;⑦池塘建设数据库;⑧喂养管理数据库;⑨环境监测数据库;⑩日常观测数据库;⑪镜检剖检数据库;⑫疾病发生与防治数据库;⑬常用药物数据库;⑭饵料数据库;⑮系统管理数据库。

系统将以上述数据库为中心,完成各种数据的统计分析,实现以下决策:

(1) 根据区域环境、水源条件、池塘条件、养殖技术、管理水平等,可对养殖品种、养殖产量、高产模式等提供参考养殖决策支持。

(2) 通过案例数据和专家诊断规则,实现基于网络的疾病诊断与健康评估,为用户提供及时有效的疾病防治决策。

(3) 判断水产动物生长的各个阶段,并根据其喂养历史及养殖户的经济状况等条件,针对不同生长阶段的不同营养需求及品种间营养需求的差异,推荐合理的饲料及相应的投喂量、投喂方法。

5. 知识库设计

(1) 日常管理知识架:主要考虑水体中的温度、溶解氧、透明度、天气状况、饲料的剩余、水产动物的活动情况对其生长的影响,包含水质控制规则体,水体中的各项指标如溶解氧、氨氮、透明度、酸碱度等标准。放养时间确定规则体,主要考虑不同放养类型、水温与放养时间的关系。

(2) 饲料投喂知识架:考虑饲料投喂的时间、量的大小、配方对水产动物生长的影响,构建了相应的规则。饵料选取在规则设计上主要考虑养殖品种、养殖规格、养殖密度以及养殖地点、养殖面积对产量的影响,而投饵量则考虑最初体重、最终体重、品种的生长期、投饵量的比例。

4.3.3 鱼病远程诊断模糊专家系统

鱼病远程诊断模糊专家系统作为专家系统的一种，它是一种计算机智能程序系统，首先，它根据各种成熟渔业生产技术和领域内专家知识、经验和方法，应用人工智能技术建立水产动物疾病知识库。然后，根据用户提供的有关信息，运用存储在系统的知识库，利用计算机技术模拟人类诊断专家的诊断推理模式（即人类专家解决问题形成决策的过程）进行推理判断。最后得出结论，给出建议，为用户提供鱼病防治、治疗方法。它可以对决策过程做出解释，并有学习功能，即自动增长解决所需的知识。

1. 鱼病诊断专家系统的知识表示设计

系统中的知识库采用的是可视化的面向对象的"知识体·对象块·构件"的综合知识表示方法。

1）知识对象（KO）的知识表示

知识对象是指相对独立的，能够根据特定的领域知识，通过局部决策推理进行问题求解的一个实体，由相关的特征属性和行为组成，由对象的状态来执行。知识对象的逻辑结构组成表示如下：

KO 对象名
{ 特征属性集；
　获取特征属性值；
　根据特征属性的不同状态值，执行相应的行为；
　缺省行为；
}

2）事实变量的知识表示

提问集型变量指枚举类型的事实变量。提问集变量声明的基本格式为

ASK 变量名 1 =（枚举值 11，枚举值 12，…）[，变量名 i =（枚举值 i1，枚举值 i2，…）]

字符串型事实变量指值为非数值型的事实变量。字符型事实变量声明的基本格式为：

STRING 变量名 1 [，变量名 2]+

数值型事实变量指值为数值型的事实变量，其声明的基本格式分别为：

INT 变量名 1 [，变量名 2]+
REAL 变量名 1 [，变量名 2]+

3）多媒体知识集成表示

多媒体以其直观、形象、生动、易于理解接受的特点而得到广泛的应用。多

媒体知识包括：声音（*.wav）、图像（*.bmp，*.jpg，*.gif）、影像（*.avi）、动画（*.gif）等。

4）外部对象集成表示

通过对外部应用对象的集成可以复用现有的软件资源，进行多对象协作式问题求解。系统支持以下类型的外部对象的集成：应用程序对象（*.EXE）、动态连接库（*.DLL）、ActiveX 对象（*.OCX）等。

在推理的表示上，本平台采用产生式表示法和改进的"规则架+规则体"规则组知识表示策略。

（1）产生式表示法。

产生式表示法是目前专家系统中使用最广泛的知识表示法，采用这种表示法的专家系统称为基于规则的专家系统。产生式表示法一般用于所谓的产生式系统。产生式系统最早由美国数学家波斯特（E.Post）在 1943 年首先提出来的。他提出了一种称为波斯特机的计算机模型，模型中的每一条规则称为一个产生式。1972 年，Newell 和 Simon 在研究人类的认识模型中开发了基于规则的产生式系统。目前它已成为人工智能中应用最多的一种知识表示模式，许多成功的专家系统都是用它来表示知识的。

产生式通常表示具有因果关系的知识，其基本形式：

IF〈前提〉THEN <结论> a

它表示当<前提>成立时，得出<结论>的可信度为 a。

为了严格地描述产生式，用巴科斯范式（Backus normal form，BNF）给出形式描述及语义：

〈产生式〉:: =〈前提〉-)〈论〉

〈前提〉:: =〈简单条件〉|〈复合条件〉

〈结论〉:: = 〈事实〉|〈操作〉

〈复合条件〉:: =〈简单条件〉AND〈简单条件〉|[（AND〈简单条件〉）...]|〈简单条件〉 OR〈简单条件〉|[（OR〈简单条件〉）...]

〈操作〉:: =〈操作名〉|[（〈变元〉）…]

一般来说，一个产生式系统由三部分组成：规则库、综合数据库、控制系统。

规则库：用于描述相应领域内知识的产生式集合。

综合数据库：又称事实库、上下文、黑板等。它是一个用于存放问题求解过程中各种当前信息的数据结构。

控制系统：又称推理机构，由一组程序组成，负责整个产生式系统的运行，实现对问题的求解。

（2）"规则架+规则体"的规则组知识表示。

一个规则组是求解一个子问题的所有知识的集合。它本身具有独立性和封闭性。在规则组中,规则架是参加系统推理的骨架,它是一个多前提、多结论且结论之间也可存在因果关系的规则形式,它只反映结论与前提之间因素的逻辑确定关系。其基本结构描述如下:

RG 规则推理对象名

KO 功能项名:目标事实集

……

RULE 规则名

IF 条件事实项集 THEN 结论事实项集

{ 规则体 }

……

END

例如,南美白对虾疾病诊断的问题中,有一个子问题是在确定了虾龄、运动能力、摄食量以及水中位置之后提出的根据详细独有的特征来判断疾病。其规则如下所示:

RULE 特征值结论

IF 特征值 THEN 疾病值结论

RB

{

IF 特征值=红须、红尾,体色变茶红色,肝胰脏肿大,变白 THEN {疾病值结论="桃拉病毒病(TSV)";};

IF 特征值=体色呈现粉红色到红棕色,外骨骼出现白点 THEN {疾病值结论="白点症病毒病";};

}

规则体反映因素之间求解或定值方法的具体知识,包括丰富的内容,可以有运算公式,也可以是一组规则。即一个规则组包含了求解此问题的所有规则和运算公式的具体知识。规则体中的这些规则被称为体规则。这种规则中又包含规则的形式,体现了较为明显的层次性。

这种知识表示策略可用巴科斯范式的形式加以描述:

规则组 ::= 〈规则架〉〈规则体〉

规则架 ::= IF〈前提因素集〉THEN〈结论因素集〉

前提因素集 ::= 〈前提因素〉|〈前提因素〉〈前提因素集〉

结论因素集 ::= 〈结论因素〉|〈结论因素〉〈结论因素集〉

前提因素::= 〈因素〉

结论因素::= 〈因素〉

规则体::= 〈运算公式集〉〈规则体〉|〈体规则〉〈规则体〉

运算公式集::=〈运算公式〉|〈运算公式〉〈运算公式集〉
体规则::=IF〈前提集〉THEN〈结论集〉
前提集::=〈前提〉|〈前提〉∨〈前提集〉|〈前提〉∧〈前提集〉
结论集::=〈结论〉|〈结论〉〈结论集〉
前提::= 〈因素〉|〈因素〉〈关系符〉〈值〉
结论::= 〈因素〉|〈因素〉〈关系符〉〈值〉
值::=数值|汉字串|代数表达式
因素::二汉字串
关系符::==|>|<|>=|<=

在规则库专家系统中，基于三 I（triple implication）机制的特征展开推理，其支持度（ω）的含义是模糊前提为真时模糊规则对模糊结论的最低支持程度，特征系数（a）的实质为一种贴近度，即模糊证据与模糊规则前提的贴近或匹配程度。而不精确性的传播主要依据特征系数的更新算法来实现，因此，支持度代表了规则强度，特征系数反映了证据和结论的可信度。

①基于模式的特征系数更新算法。

设推理链节点序号为 $k(k=1,2,\cdots,p)$，$P_k, P^*_k \in F(U_k)$，$u_k \in U_k$，对于 $k=1$ 节点，依照文献[48]中的定理1，特征展开算法有

$$P^*_{k+1}(u_{k+1}) = (\omega_k \wedge a_k) \wedge P_{k+1}(u_{k+1}) \tag{4-4}$$

而 P^*_{k+1} 的特征系数为

$$a_{k+1} = \sup_{u_{k+1} \in U_{k+1}} [P^*_{k+1}(u_{k+1}) \wedge P_{k+1}(u_{k+1})] \tag{4-5}$$

将式（4-4）代入式（4-5），得特征系数的更新算法：

$$\begin{aligned} a_{k+1} &= \sup_{u_{k+1} \in U_{k+1}} \{[(\varpi_k \wedge a_k) \wedge P_{k+1}(u_{k+1})] \wedge P_{k+1}(u_{k+1})] \\ &= \varpi_k \wedge a_k \wedge \sup_{u_{k+1} \in U_{k+1}} P_{k+1}(u_{k+1}) \end{aligned} \tag{4-6}$$

这里，初始节点（叶节点）的特征系数为

$$a_1 = \sup_{u_1 \in U_1} [P^*_1(u_1) \wedge P_1(u_1)] \tag{4-7}$$

②多维模式的特征系数更新算法即为组合证据下的不精确性传播算法。

设 $j(j=1,2,\cdots,m)$ 为维数，推理链节点序号为 $k(k=1,2,\cdots,p)$，$P_k, P^*_k \in F(U_k)$，$u_{kj} \in U_{kj}$，则对于 $k+1$ 节点，已知 $P_{k+1} \in F(U_{k+1})$，$u_{k+1} \in U_{k+1}$，求 P^*_{k+1}，依照文献[48]中的定理2，特征展开算法有

$$P^*_{k+1}(u_{k+1}) = (\varpi_k \wedge \overset{m}{\underset{j=1}{\wedge}} a_{kj}) \wedge P_{k+1}(u_{k+1}) \tag{4-8}$$

而 $P^*_{k+1}(u_{k+1})$ 的特征系数同式（4-5），将式（4-8）代入式（4-5），得特征系数的更新算法：

$$a_{k+1} = \underset{u_{k+1} \in U_{k+1}}{\sup} \{[(\varpi_k \wedge \overset{m}{\underset{j=1}{\wedge}} a_{kj}) \wedge P_{k+1}(u_{k+1})] \wedge P_{k+1}(u_{k+1})\}$$

$$= \varpi_k \wedge \overset{m}{\underset{j=1}{\wedge}} a_{kj} \wedge \underset{u_{k+1} \in U_{k+1}}{\sup} P_{k+1}(u_{k+1}) \tag{4-9}$$

这里，初始节点（叶节点）的特征系数为这里，初始节点（叶节点）的特征系数为

$$a_{1j} = \underset{u_{1j} \in U_{1j}}{\sup} [P^*_{1j}(u_{1j}) \wedge P_{1j}(u_{1j})] \quad j(j=1,2,\cdots,m) \tag{4-10}$$

③多规则模式特征系数的合并算法

推理链节点序号为 $k(k=1,2,\cdots,p)$，$P_{kij}, P^*_{kij} \in F(U_{kij})$，$u_{kij} \in U_{kij}(i=1,2,\cdots n; j=1,2,\cdots,m)$，则对于 $k+1$ 节点，已知 $P_{(k+1)i} \in F(U_{k+1})$，$u_{k+1} \in U_{k+1}$，求 P^*_{k+1}，依照文献[48]中的定理 4，特征展开算法有

$$P^*_{k+1}(u_{k+1}) = \overset{n}{\underset{i=1}{\vee}} (\varpi_{ki} \wedge \overset{m_i}{\underset{j=1}{\wedge}} a_{kij}) \wedge P_{(k+1)i}(u_{k+1})] \tag{4-11}$$

由于不同规则的结论相同，所以这里不妨 $P_{(k+1)i} = P_{k+1} \in F(U_{k+1})(i=1,2,\cdots,n)$，则式（4-11）化为

$$P^*_{k+1}(u_{k+1}) = \overset{n}{\underset{i=1}{\vee}} (\varpi_{ki} \wedge \overset{m_i}{\underset{j=1}{\wedge}} a_{kij}) \wedge P_{k+1}(u_{k+1})] \tag{4-12}$$

而 P^*_{k+1} 的特征系数与式（4-5）相同，将式（4-12）代入式（4-5），得特征系数的合并算法：

$$a_{k+1} = \underset{u_{k+1} \in U_{k+1}}{\sup} \{\overset{n}{\underset{i=1}{\vee}} [(\varpi_{ki} \wedge \overset{m_i}{\underset{j=1}{\wedge}} a_{kij}) \wedge P_{k+1}(u_{k+1})] \wedge P_{k+1}(u_{k+1})\}$$

$$= \underset{u_{k+1} \in U_{k+1}}{\sup} [\overset{n}{\underset{i=1}{\vee}} (\varpi_{ki} \wedge \overset{m_i}{\underset{j=1}{\wedge}} a_{kij}) \wedge P_{k+1}(u_{k+1}) \wedge P_{k+1}(u_{k+1})]$$

$$= \underset{u_{k+1} \in U_{k+1}}{\sup} [\overset{n}{\underset{i=1}{\vee}} (\varpi_{ki} \wedge \overset{m_i}{\underset{j=1}{\wedge}} a_{kij}) \wedge P_{k+1}(u_{k+1})]$$

$$= \overset{n}{\underset{i=1}{\wedge}} (\varpi_{ki} \wedge \overset{m_i}{\underset{j=1}{\wedge}} a_{kij}) \wedge \underset{u_{k+1} \in U_{k+1}}{\sup} P_{k+1}(u_{k+1}) \tag{4-13}$$

当 $P_{k+1} \in F(U_{k+1})$ 为正规模糊集时，$\sup\limits_{u_{k+1} \in U_{k+1}} P_{k+1}(u_{k+1}) = 1$，则式（4-6）、式（4-9）和式（4-13）就分别变为如下形式：

更新算法 1 $a_{k+1} = \omega_k \wedge a_k$；

更新算法 2 $a_{k+1} = \omega_k \wedge \bigwedge\limits_{j=1}^{m} a_{kj}$；

合并算法 3 $a_{k+1} = \bigvee\limits_{i=1}^{n} (\omega_k \wedge \bigwedge\limits_{j=1}^{m_i} a_{kij})$。

2. 知识库的设计

疾病防治知识库：主要考虑不同病害的引发原因及其防治对策、治疗方法。其规则包含了病症-疾病、疾病-病因、环境-疾病等多个规则体。其具体设计如图 4-22 所示。

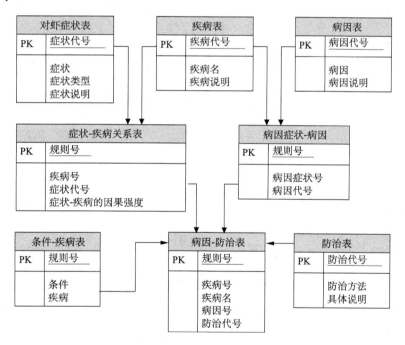

图 4-22   疾病防治知识库设计

3. 混合推理机的设计

鱼病诊断系统根据鱼病专家处理鱼病流行情况和诊断过程的思路来实现专家系统的推理过程，鱼病诊断过程中的推理采用正向推理和逆向推理相结合的方法，这种推理适用于典型症状鱼病判断（图 4-23）。鱼病的发病季节不同，生长阶段不同，患病的病程不同，使鱼病在症状不十分典型时，不能确切推出是何种病症，这时提出采用基于三I机制的特征展开模糊推理模型，用特征系数与规则支持度作为不精确性的描述和传递参量，对鱼病诊断过程中存在的模糊性进行描述和处理。

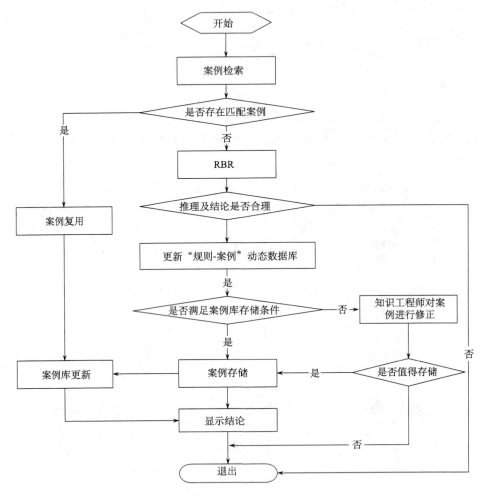

图 4-23 混合推理基本流程

系统基本运行机制是：当系统进入实时推理，首先进行案例检索，如果找到完全匹配问题的案例则直接得到问题的解答，通过案例复用给出诊断结论，这就使迅速解决复杂问题成为可能；而当得不到完全匹配的案例时，系统再进行RBR，直到得到结论。知识工程师将对推理的复杂度进行评价并决定是否存储为案例，而结论将由用户进行评估，若认为结论合理，则将产生的问题的状态描述及其求解策略作为成功案例存入案例库；若认为结论不合理，则由知识工程师经判断，并将该案例修改至满足系统存储条件后，判断是否值得存储备案并标注，作为失败案例存入案例库。这些由 RBR 生成的案例将参与下一次的 CBR。因此在运行过程中，案例库将逐具规模，案例命中率和推理速度也会得到提高。

在 RBR 推理中采用了正向推理与逆向推理的推理流程，并在规则设计过程中，实现了基于三Ⅰ的模糊推理规则。

基于三Ⅰ的模糊推理

设 $\underset{\sim}{A}, \underset{\sim}{A^*} \in \mathscr{F}(U)$，$\underset{\sim}{B}, \underset{\sim}{B^*} \in \mathscr{F}(V)$，则模糊假言（fuzzy modus ponens，FMP）推理模式可表达成

$$
\begin{array}{ll}
\text{已知} & \underset{\sim}{A} \to \underset{\sim}{B} \\
\text{且给定} & \underset{\sim}{A^*} \\
\hline
\text{求} & \underset{\sim}{B^*}
\end{array}
\qquad (4\text{-}14)
$$

模糊拖取（fuzzy modus tollens，FMT）推理模式可表达成

$$
\begin{array}{ll}
\text{已知} & \underset{\sim}{A} \to \underset{\sim}{B} \\
\text{且给定} & \underset{\sim}{B^*} \\
\hline
\text{求} & \underset{\sim}{A^*}
\end{array}
\qquad (4\text{-}15)
$$

基于三Ⅰ机制的模糊推理算法的基本思想是，在已知 $\underset{\sim}{A} \in \mathscr{F}(U)$，$\underset{\sim}{B} \in \mathscr{F}(V)$ 和 $\underset{\sim}{A^*} \in \mathscr{F}(U)$（或 $\underset{\sim}{B^*} \in \mathscr{F}(V)$）时，寻求最优的 $\underset{\sim}{B^*} \in \mathscr{F}(V)$（或 $\underset{\sim}{A^*} \in \mathscr{F}(U)$），使得 $\underset{\sim}{A} \to \underset{\sim}{B}$ 最大程度地支持 $\underset{\sim}{A^*} \to \underset{\sim}{B^*}$。这种算法的一般化形式可表达为如下的优化问题：

对于 $\omega \in [0,1]$，在已知 $\underset{\sim}{A}$、$\underset{\sim}{B}$ 和 $\underset{\sim}{B^*}$（或 $\underset{\sim}{A^*}$）时，求最优的 $\underset{\sim}{B^*}$（或 $\underset{\sim}{A^*}$），使得

$$(\underset{\sim}{A}(u) \to \underset{\sim}{B}(v)) \to (\underset{\sim}{A^*}(u) \to \underset{\sim}{B^*}(v)) \geqslant \omega \qquad (4\text{-}16)$$

对于一切 $(u,v) \in U \times V$ 都成立。这里称 ω 为 $\underset{\sim}{A} \to \underset{\sim}{B}$ 对 $\underset{\sim}{A^*} \to \underset{\sim}{B^*}$ 的支持度。式（4-16）中实际有三重蕴含关系，所以称为三Ⅰ算法。该算法在系统中的表示形式如下：

RULE 01 /*初始化特征系数*/
IF 体表症状，体表症状程度 THEN α_1
RB{
DOCASE 体表症状：
CASE "体色发黑无光泽"：

{IF 体表症状程度="很明显" THEN $\alpha_1=1$;
IF 体表症状程度="明显" THEN $\alpha_1=0.9$;
IF 体表症状程度="较明显" THEN $\alpha_1=0.80$;
IF 体表症状程度="不太明显" THEN $\alpha_1=0.7$;
};
……
};
RULE 05 /*疾病诊断规则*/
IF 体表症状, α_1, 头部症状, α_2, 鳃部症状, α_3, 腹尾部症状, α_4 THEN 鱼病, α_5
RB
{
IF 体表症状="体色发黑鳞片竖起" AND 头部症状="眼球突出或凹陷" AND 鳃部症状="表皮充血" AND $\alpha_4 <= 0.8$ AND $\alpha_1 > 0.75$ THEN
{
鱼病="竖鳞病";
$\omega_1=0.98$;
α_5=fuzzy_minfour（$\alpha_1,\alpha_2,\alpha_3,\omega_1$）;
};
IF 体表症状="体色发黑无光泽" AND 头部症状="有红头白嘴的现象" AND 鳃部症状="鳃丝肿胀有黏液" AND $\alpha_4 < 0.8$ THEN{
鱼病="车轮虫病";
$\omega_1=0.98$;
α_5=fuzzy_minfive（$\alpha_1,\alpha_2,\alpha_3,\alpha_4,\omega_1$）;
};
……
};

根据鱼病诊断与防治的知识特点，即在鱼病诊断上存在模糊性，而在鱼病防治上很少存在模糊性，经反复推敲论证，形成了如下的推理网络图（图4-24），作为整个系统知识库建造与推理的构架。其中，推理节点"ω_1"是相应规则支持度，节点"α_1"，"α_2"，"α_3"，"α_4"分别是规则各个前件的特征系数，"α_5"是规则后件的特征系数。

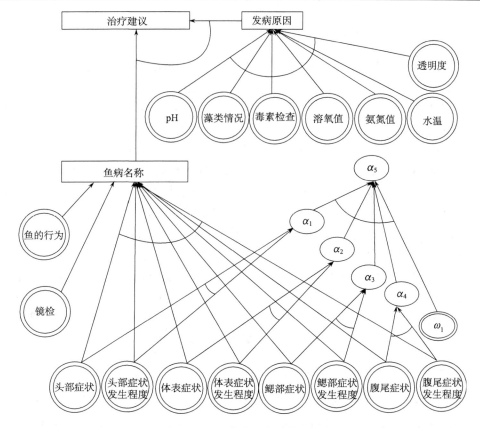

图 4-24　鱼病诊治模糊专家系统推理网络图

4.4　水产养殖中最新技术研究

在水产养殖生产领域，大多数水产养殖场都缺乏养殖信息采集、分析和管理能力，缺乏对水产养殖中突发事件的预测预警和诊断推理能力，更由于水产养殖从业人员年龄、文化水平、养殖技能等的限制及人工费用的大幅提升，养殖生产成本居高不下，对养殖生产过程信息反馈及处理缺少及时性，因此亟需利用高速发展的现代农业信息技术，实时掌握养殖生产全过程，采用新技术、新工艺等方法以节约生产成本，全面有效提高和提升养殖水产品的数量和质量，使渔业生产走上从粗放型、分散化向精准型、集约化发展，从资源消耗型、数量型向资源节约型、质量型发展之路。

1. 物联网技术与无线通信技术

水产物联网通过感知层来检测养殖的水温、水中的溶解氧含量、pH 和其他指标，运用无线传输技术，在转换处理后将相关数据传送给养殖人员、技术指导专家和养殖专家，这些数据是科学的数据和依据，增加了养殖的科学性，提高了养殖的调整效率。

物联网技术的应用是水产养殖技术的一场革命，是实现渔业现代化的重要途径。从现有的成功案例看，利用物联网技术达到了预期效果，可以实现智能化管理。首先，对池塘养殖环境进行量化管理，可实现科学养殖；其次，可以减轻从业人员的劳动强度，提高劳动效率；再次，可实现节能减排，由于对各项指标能精确测量与控制，做到精准增氧和精准投喂，减少换水次数与用电量；最后，可以提高产品品质，由于水质的改善，病害明显减少，产品品质将明显提升。

水产养殖将物联网技术与无线通信技术结合，能实现远程增氧、自动投喂、实时监控等自动化控制，系统综合利用物联网传感技术、智能处理技术，集数据、图像实时采集、无线传输、智能处理和预测预警信息发布、辅助决策等功能于一体，实现现场及远程系统数据获取、报警控制和设备控制。

2. 水产养殖专家系统信息获取技术

遥感技术的应用主要是对于水产养殖区域的信息采集，实现整体上的信息收集，从位置区域与地理信息等方面进行信息的收集与归纳。通过水产养殖遥感技术能够对水域养殖的动发展进行实时的关注与了解，确保能够及时得到准确的信息，从而对水产养殖进行实时的管理。当然遥感技术在应用上还存在一定缺陷，其无法对水产养殖时的水质状况以及具体的参数数据进行收集，遥感技术更多的是实现空间上的养殖密度与养殖面积的监控。

在进行信息的收集与获取时可以以很多的方式来实现，一般而言，可以通过对养殖信息的记录来创建养殖日志，实现对养殖情况的系统化分析与了解。此外，还可以查阅文献来获取需要的信息资料。这些信息在收集之后均可以整理为信息化的技术资料，并将其纳入信息库中，这样方便对其进行一定的归纳与整理。

在水产养殖的过程中，往往会应用传感器来及时地收集相关的参数信息，应用较多的是水质传感器，通过水质传感器对水质进行及时的监控，从而及时进行相应的处理。鱼类传感器，这一类传感器多是通过对鱼的形状、颜色以及纹理来实现对鱼种的分辨与识别，从而及时对养殖的鱼的种类数量进行及时的收集。

3. 大数据与人工智能

水产养殖业目前在生产实践中存在着种种弊端，有诸多的问题亟待解决：养殖模式和技术落后、水域资源逐渐短缺、水体污染逐年加重、水产品食品安全问题时有发生等，这些都预示着传统养殖模式受到重大的挑战，智能化养殖模式应运而生。

以前狭义的智能化养殖，是一种小的物联网，通过环境数据的采集控制生产设备，如增氧机、投饵机等。但是在新的时代，提出了用大数据的概念来支撑养殖业：它不只是生产，而是从生产到经营，从池塘到餐桌，全产业链的大数据。所谓的大数据，就是采集整个生产过程的数据，通过拍照、视频，从生产到餐桌都进行数据记录。而除此之外，还会采集与养殖相关的（如气象、水文、市场等）数据。这些数据就构成了大数据的基础。在这之上，还需要智能决策系统，包括专家库、知识库、决策库，进而指导养殖生产经营活动，如养多少、什么时候开始卖价格最好，提高养殖生产的效益。同时，这些"数"还可以为政府服务，便于其了解行业的发展状况，甚至还可以为互联网金融提供支撑。

要实现智能化，必须有相关的机械化、自动化的设施设备进行调控。类似于专家系统，或者类似于人工神经网络的一种自动化控制手段，这种控制手段是通过程序，将养殖经验结合到一个控制办法中，然后这种控制办法来实现设施设备的运行，进而实现自动养殖。

4.5 比较研究：我国主要临海省市水产养殖专家系统特色

水产养殖物联网是基于智能传感技术、处理技术及控制技术等物联网技术开发的，集数据、图像实时采集、无线传输、智能处理和预测预警信息发布、辅助决策等功能于一体的现代化水产养殖支撑系统[1,2]，可对养殖塘的水温、溶解氧、pH、盐度、浊度等参数进行在线监测及控制，及时调节养殖塘水质，使养殖水产品可以在最适宜的环境下生长，以达到省工、节本、增产、增效等目的。随着现代信息技术的迅速发展，水产养殖物联网系统已经在上海、天津、江苏、山东、湖南、湖北、浙江和广东等地得到推广和应用。

1. 上海市

上海的水产业一直是上海大农业的重要组成部分。包括南美白对虾养殖在内的水产业在大农业中的比例逐步上升，从 1978 年的 4.17%增加到 2008 年的 23.31%，已超过了畜牧业的 19.53％的水平。在产业发展的背景下，对上海南美白对虾等水产养殖业发展的研究，一直得到了学界的关注。

上海水产养殖虽有所进步，但相对于山东半岛、珠江三角洲等国内其他工厂化养殖发达地区，上海市水产工厂化养殖的特点是：水平仍然比较落后，养殖的方式以流水或半封闭式为主，对水的处理比较简单。另外，上海水产侧重于成鱼的养殖与生产，忽视了苗种的培育过程。因此，上海水产工厂化养殖如要得到长足发展，迫切需要提高水产养殖的技术水平、硬件设施功能，转变传统的水产养殖方式，发展高集成化的工厂化养殖。

在养殖生产领域的智能化水产养殖模式，凭借各种传感器，运用物联网技术，采集养殖水质、养殖生物等有关参数信息，给养殖者决策提供信息，实现饵料、鱼药精准投放，随时操作工具设备，以最小人力、物力投入获取最大收益。2017年，上海市最大的淡水鱼市场——嘉燕水产迎来新突破，率先带领中国水产行业开辟物联网革命，通过与物联网、互联网、线下水产市场三位一体的结合，引领中国水产业开辟新的营销模式。

2. 天津市

天津市渔业综合实力显著增强，渔业物联网技术应用取得进展，在渔业物联网技术应用方面，水产养殖企业安装了水质在线监控系统和视频监控系统，部分可实现池塘增氧自动化或远程控制，构建了天津市渔业物联网水产养殖基础信息数据库。该数据库通过中心服务平台，利用移动互联网技术把天津市各个养殖园区现有的自动化养殖设施串联起来，形成系统化、规模化的监管平台，建立了从养殖产地源头到市场销售全程质量安全控制与监管体系；建设了水生动物疫病远程诊断系统，利用系统对病患水生动物原始信息进行采集，对采集到的信息和系统自带的淡水、海水水生动物典型病例的图谱进行比对，得出初步的诊断，并由指定的专家给出规范的治疗方法。

天津市渔业物联网目前存在以下问题：一是缺少渔业物联网、信息化应用人才，渔业物联网技术人才既要懂信息化管理，又要懂渔业管理；二是缺少渔业物联网发展的资金扶持。目前各单位一些涉及渔业物联网的建设，都是以项目的形式开展，缺点是小而散，不能形成合力，且为短期行为；三是水产养殖物联网技术应用没有一个统一的标准，物联网研究部门对水产养殖在物联网方面的应用较少深入的了解。

未来按照渔业物联网发展目标和总体思路，把渔业物联网理念深入贯彻到水产养殖、病害防治、质量安全、水产品流通的发展过程中，在天津市范围内推进渔业物联网平台、渔业物联网示范基地、病害防治、水产品质量安全可追溯体系和水产品电子商务建设，促进渔业物联网健康、快速、稳定发展。

3. 江苏省

江苏省是水产养殖大省和水产品出口大省，海淡水养殖面积达 1200 万亩（1亩=666.7m^2），高附加值精养面积达 800 万亩以上，水产品总产量超过 400 万吨。随着养殖规模的不断扩大，将物联网技术应用于水产养殖能有效解决人手不足、饲养控制模糊等突出问题,有效提高了水产品的存活率和质量。

江苏省改变了传统的水产养殖模式,促进健康和生态农业模式的发展,实现标准化的培养,努力提高渔业生产系统。"水产品质量安全整治专项行动",加大了对水产品药物残留监测,完善了水产品的质量和安全,初步建立了标准、质量控制、环境监控系统,充分保证了产品质量安全,特色水产品在江苏省的水产养殖已经成为"亮点"。内陆特色水产养殖规模占全国第一。江苏省在淡水综合生态养殖中处于领先水平,但浅海、滩涂水产养殖生态系统基础较为薄弱,海水养殖占比相对很小,仍有很大空间可以提升。在疾病预防和控制方面,主要水产养殖疾病病因、病理的基础研究和某些药物、免疫防治的研究深度还不够。总的来说,水生动物营养技术和饲料研发工作在江苏省仍相对薄弱,鱼饲料的开发利用技术不够先进,使用的机械自动化规模不足,大部分仍采用人工繁殖,浪费人力成本,效率相对较低。

参 考 文 献

[1] 王成志, 黄少涛等. 鱼病诊疗专家系统——"鱼医生" [J]集美大学学报(自然科学版), 1997, 2(3): 35-41.
[2] 郭永洪. 基于本体的鱼病知识获取与推理模型研究[D]. 北京: 中国农业大学, 2004.
[3] 郑育红. 网络化鱼病诊断专家系统的研究[D]. 北京: 中国农业大学, 2001.
[4] 温继文. 基于知识的鱼病诊断推理系统研究. [D]. 北京: 中国农业大学 2003.
[5] 周云. 基于案例推理的鱼病诊断专家系统研究[D]. 北京: 中国农业大学 2004.
[6] 孙学岩. 基于内容的鱼病图像检索算法研究与实现[D]. 北京: 中国农业大学 2005.
[7] 李硕果. 增氧机自动控制系统的研发进展[J]. 中国农机化, 2012, (1): 97-99, 103.
[8] 黄海晏. 鱼塘增氧机自动开关装置: 中国, 实用新型, 02248727. 1[P]. 2003-09-24.
[9] 武汉富强科技发展有限责任公司. 自动增氧控制仪: 中国, 实用新型, 02279443. 3[P]. 2003-10-01.
[10] 孙道宗, 王卫星, 许利霞. 鱼塘含氧自动监控系统[J]. 农机化研究, 2005, 7(4): 128131.
[11] 程尧. ZY1-0.75型自动控制射流式增氧机的研制[D]. 重庆: 重庆大学, 2006.
[12] 杨友平, 翁惠辉, 邹友志. 基于无线发射接收组件的鱼塘增氧机自动控制系统[J]. 农机化研究, 2007, 2(2): 109-112.
[13] 王瑞梅, 傅泽田, 何有缘. 基于神经网络的模糊系统池塘淡水养殖溶解氧预测模型[J]. 安徽农业科学, 2010, 38(33): 18868-18870, 18873.
[14] 孙园园, 刘昌华. 自动化增氧机控制算法与控制系统设计[J]. 农业化研究, 2013, 2(2): 65-69.
[15] 杨世凤, 齐嘉琳, 李洋. 鱼塘溶解氧无线监测与控制系统研究[J]. 渔业现代化, 2010, 37(6): 11-14.
[16] 肖忠, 陈怡, 莫洪林. 鱼塘溶解氧自动监控系统的设计与研究[J]. 农机化研究, 2009, 5(5): 142-145.
[17] 张佐经, 陈希同, 冯建合, 等. 面向水产养殖的精确化补氧系统研究[J]. 农机化研究, 2013,

1(1): 133-137.
- [18] 李鑫, 戴梅, 佟天野. 基于无线传感器网络的自动增氧控制系统研究[J]. 江苏农业科学, 2013, 41(6): 382-385.
- [19] 陶倩, 马刚, 史忠植. 基于 Agent 的专家系统推理模型[J]. 智能系统学报, 2013, 4(8): 135-142.
- [20] 魏赘, 韩印, 范炳全. 基于多智能体和模糊控制的道路交叉口建模与仿真[J]. 上海理工大学学报, 2010, 32(3): 259-267.
- [21] Dai H Z, Huang M J, Li C. Research of the dissolved oxygen intelligent control system in the aeration system of wastewater treatment [J]. Applied Mechanics and Materials, 2013, 433-435: 1136-1140.
- [22] Sun Y N, Li D L, Du S F. WSN-based intelligent detection and control of dissolved oxygen in crab culture [J]. Sensor Letters, 2013, 11(6-7): 1050-1054.
- [23] 张全贵, 李鑫, 王普. 基 ZigBee 的工厂化水产养殖溶解氧在线监控系统设计的研究[J]. 中国农学通报, 2012, 28(11): 118-122.
- [24] 昊婉阳, 田云杰, 曹聪, 等. 基于 ZigBee 网络的多跳图像传输系统的设计[J]. 电脑知识与技术, 2012, 8(22): 5329-5333.
- [25] 李文. 基于 ZigBee 和 GPRS 的远程监控系统设计[J]. 消防与安防, 2009, (12): 37-44.
- [26] 刘洪军. 无公害南美白对虾标准生产[M]. 北京: 中国农业出版社, 2006.
- [27] 郭红, 冯德显, 顾行发, 等. 海洋浮标管理信息系统的设计与实现[J]. 计算机工程, 2013, 36(12): 256-258.
- [28] 王晓燕, 裴亮, 付晓. 基于 CAN 总线的浮标数据采集系统设计[J]. 嵌入式网络技术应用, 2008, (24): 20-21, 41.
- [29] 唐原广, 胡斌. 基于GSM通信的SZF型波浪浮标接收系统[J]. 现代电子技术, 2012, 12(35): 112-114.
- [30] 缪新颖, 葛廷友, 高辉, 等. 基于神经网络和遗传算法的池塘溶解氧预测模[J], 大连海洋大学学报, 2011, 6(26): 264-267.
- [31] 张新荣. 基于模糊控制的水产养殖环境参数监控系统设计[J]. 安徽农业科学, 2010, 38(26): 14761-14763.
- [32] 汤斌斌, 陈敏芳, 熊伟丽, 等. 一种模糊自适应 PID 控制在溶解氧中的应用[J]. 传感器与微系统, 2013, 32(7): 144-147.
- [33] 刘双印, 徐龙琴, 李道亮, 等. 基于蚁群优化最小二乘支持向量回归机的河蟹养殖溶解氧预测模型[J]. 农业工程学报, 2012, 12(28): 167-175.
- [34] 余琼芳, 陈迎松. 模糊数学中隶属函数的构造策略[J]. 漯河职业技术学院学报(综合版), 2003, 3(2): 12-14.
- [35] 董文国. 蔬菜温室大棚智能控制系统的设计[D]. 曲阜: 曲阜师范大学, 2012.
- [36] 周新莲, 吴敏, 徐建波. BPEC: 无线传感器网络中一种能量感知的分布式分簇算法[J]. 计算机研究与发展, 2009: 46(5): 723-730.
- [37] 杨兴, 朱大奇, 桑庆兵. 专家系统研究现状与展望[J]. 计算机应用研究, 2007, (5): 4-9.
- [38] 傅泽田, 温继文, 张小栓, 等. 鱼病诊断专家系统中知识表示的研究[J]. 计算机工程与应用, 2003, (10): 60-62.

[39] 吉增涛, 王靖飞, 杨彦涛, 等. 动物疾病诊断专家系统的知识获取和知识表示方法[J]. 现代畜牧兽医, 2007, (9): 49-51.

[40] 简玉梅. 基于多 Agent 的水产智能增氧关键技术研究[D]. 上海: 上海海洋大学, 2014.

[41] 娄冬梅. 基于图像特征虾病诊断系统中专家系统的研究与开发[D]. 上海: 上海海洋大学, 2008.

[42] 张鸿鸣. 人工智能与专家系统[J]. 计算机应用研究, 1993, (2): 34-37.

[43] 段翠兰, 邹勇, 陈光芸, 等. 江苏水产养殖病害测报工作现状与建议[J]. 中国水产, 2011, (8): 18-20.

[44] 黄曼. 上海市水产养殖业的演变及现状分析[J]. 经济师, 2011, (1): 219-220.

[45] 周劲峰, 张勤, 李灏, 等. 天津市渔业物联网发展现状及设想[J]. 中国水产, 2015, (5): 26-28.

[46] 田东, 傅泽田, 李道亮, 等. 网络化淡水虾养殖专家系统的设计[J]. 计算机应用研究, 2001, (6): 24-25, 28.

[47] 袁红春. 鱼病远程诊断模糊专家系统[A]. 中国自动化学会智能自动化专业委员会. 2007 年中国智能自动化会议论文集[C]. 中国自动化学会智能自动化专业委员会, 2007: 5.

[48] Xiong F L, Li S W, Wang R J. An algorithm of characteristicexpansion for fuzzy reasoning based on triple I method[C]//IFAC/CIGR Fourth International Workshop on Artificial Intelligence in Agriculture, Budapest, Hungary, 2001: 87-92.

第 5 章　基于物联网的水产品精细养殖系统关键技术

5.1　水产品精细养殖化概述

5.1.1　我国水产品养殖概况

水产养殖的英文是 Aquaculture，其中的 Aqua 源于拉丁文，意义是"水"；culture 除一般熟知的"文化"外，另一意义是"培养"，因此水产养殖最简单的定义是培养水中的生物。水产养殖业，简单地说，则是生产具有经济效益的水生生物的产业。水产养殖与在开放的、公共的资源环境中捕获鱼不同，它是通过在饲养过程中利用某种方式来扩大养殖水生生物的产量。水产养殖与农业和畜牧业相像，它在限制环境中饲养和管理水生生物资源，水产养殖者对其饲养物具有所有权。

我国是世界上最大的水产养殖国，这体现在以下三个方面[1]：一是养殖面积、覆盖面和规模居世界第一；二是养殖的产量居世界第一，2004 年我国水产品总产量 4900 万吨，其中水产养殖产量 3209 万吨，占总产量的 65%，占世界水产养殖产量的 70% 以上；三是养殖的种类居世界第一，我国开展水产养殖的种类超过 160 多种，其中海水种类有 100 种以上，淡水种类有六七十种。虽然我国的水产品总量居世界第一，但由于我国占世界人口总量的 1/5，所以人均占有量并不多。随着人们的生活水平和生活质量要求的提高，对优质动物蛋白质的需求增加，而大力发展水产养殖业是向人们提供充足优质动物蛋白质的最佳途径之一。目前渔业向人们所提供的蛋白质占人们蛋白质摄入总量的 30% 以上。但多年来，我国的水产养殖业大多采取污染大、能耗大的粗放式的养殖方式。随着我国现代农业的发展，粗放式的水产养殖业也逐步向集约化、精准化的现代化养殖模式转变。如何适应新要求，建设智慧的水产养殖系统，方便、有效、实时地对水产养殖环境和养殖生物生长情况进行监测、控制并以此推动产业升级，已经成为目前我国水产养殖现代化发展的热点。

5.1.2　我国主要水产养殖方式及优势条件

人们运用不同的水产养殖方法，在海水、咸淡水及淡水环境进行各类水生生物的养殖。这些不同的模式可分为以陆地和水面为基础的两大类。

以陆地为主的系统主要包括池塘、稻田，以及在旱地建造的其他设施。池塘是水产养殖系统中最常见的方式，其中有小型的、基本的、自流给排水设施，也有大型的规格化池塘，它们靠机器建造，且配有先进的给排水控制系统。广泛养殖的鱼类是鲤科鱼类和鲡科鱼类（罗非鱼），它们通常放养在淡水池塘中，而比较适应咸水的鱼类及鱼类则在咸淡水池塘中放养。

以水面为基础的养殖系统包括拦湾、围栏、网箱及筏式养殖，通常位于设有屏障的沿海或内陆水域。围场即将天然海湾隔断，利用海岸线作为边堤，而将外海的一面用土石工程或网类屏障阻断。围栏及网箱是封闭式结构，由栏杆、网眼和结绳构建而成。围栏位于水体底部，而网箱则挂在栏杆或浮在水面的木排上。

水产养殖按集约化程度不同，可以分为粗放型养殖和集约型养殖两种方式[2]。

粗放型养殖通常采用的是传统的技术，依赖天然饲料，因而投入/产出率较低。通常，生产周期中仅有一部分得到控制。例如，采取粗放型方式经营的鱼塘，常常依靠由天然界纳入的鱼苗，而生产投入（如饲料及肥料）即使有，也是偶尔为之。随着集约化程度的提高，人们有意识地添加有机和无机化肥以及诸如豆饼、米糠、和其他农业副产品等低成本饲料喂鱼，以补充天然饲料不足。最常见的系统是池塘养鱼，但也包括稻田养鱼或在自然或拦蓄水体中放养。

集约化系统可增加产出，其效益是通过更先进的技术和更高的管理水平达到的。鱼类及其他水生生物从产卵到成鱼，通常都是在养殖设施中喂养的，其密度更高，而精心设计的设施则更小。随着放养密度的增加，人们更需经常使用化学预防剂，以防止疾病发生。此外，还须定期提喂人工合成的颗粒饲料。集约化养殖通过过滤器、净化器、水泵和曝气器等严密地控制水质。

在我国主要养殖方式有：淡水池塘养殖、淡水大水面养殖、浅海养殖、海洋滩涂养殖和工厂化养殖五种。前四种面积占我国养殖总面积 92.7%，产量占 91.1%。根据这些养殖方式的不同具有一些不同的优势条件：

（1）具有悠久的历史。我国的池塘养鱼历史渊源流长，先民们将此作为初级生产的方式之一，以保证食物供应。有关池塘养鱼的记载，最早见于中国（约在 4000 年前），而早在中国的东汉中期（公元 25～220 年），池塘养鱼就和水稻种植结合起来了。

（2）水土资源丰富，沿海有漫长的大陆架及大量的滩涂。可供养殖鱼、鱼、贝类的水面及滩涂等，比日本、韩国及欧洲、美国的一些国家和地区都要多。

（3）产业化程度高，养殖产量大。我国的水产养殖业已建成了育苗、养成、饲料、加工、出口等行业组成的产业，2004 年我国的水产养殖产量达 3209 万吨，占世界水产养殖总产量的 65%以上。

（4）养殖成本低。由于我国的土地成本低，劳动力成本也只有日本、韩国以及欧洲、美国等国家或地区的 1/10～1/5，我国水产养殖产品的成本远远低于以上各国或地区，在国际市场上具有较大的价格竞争优势。

（5）国际市场的占有率高。我国的水产品向 150 多个国家（地区）出口，其中对日本、美国、韩国和欧盟市场的出口额占总额的 82%。2003 年对日本出口 63 万吨、22 亿美元，日本市场占我国出口总额的比例为 40%；美国市场对鱼的消费需求不断增长，对美国出口达到 31.8 万吨、10 亿美元，是我国水产品出口的第二大市场；欧盟是我国来料加工鱼片的主要消费国，对欧盟出口已达到 19.3 万吨、4.9 亿美元；韩国是我国冻鱼出口的主要市场，2003 年对韩国出口 49.2 万吨、7.7 亿美元。

5.2 水产养殖物联网技术发展

物联网是现代科学技术的重要产物，指的是"物物相连的互联网"。物联网是在现代互联网技术、信息通信技术、传感技术、服务与管理技术上发展起来的，将应用拓展到任何物体与物体之间的信息交换与通信。目前物联网在交通物流、公共安全、环境保护、医疗保健、家居生活等领域已具有比较成熟的应用。农业上也开始将其应用于大田种植、畜禽养殖、农产品加工等领域，实现农业的自动化生产、智能化管理、电子化交易等。充分利用物联网发展的历史机遇，开展水产物联网关键技术研究与应用示范，保障水产养殖高产、高效、安全、健康，实现对水产养殖生产的转型升级，进而保证水产养殖业的可持续发展具有重要的意义。

5.2.1 水产养殖物联网技术应用现状

物联网水产养殖基地通常采用先进的网络监控设备、传感设备等将物联网和无线通信技术相结合，实现远程增氧、智能投喂、预报预警等自动控制。例如，水产养殖生产者通过手机终端登录水产养殖管理系统，就能随时随地了解养殖塘内的溶解氧、水温、水质等指标参数。一旦发现水中溶解氧指标预警，只需点击"开启增氧机"，就可实现远程操控。生产者也可用手机发送指令到管理系统，远程操控自动投喂机为池塘内的养殖动物投喂饲料。通过网络视频监控器，生产者还可以实时监测池塘内的各种状况，随时采取相应的应急措施。随着现代信息技术的迅速发展，水产养殖物联网系统已经在江苏、上海、天津、北京、山东、浙江、福建、广东等地出现了一些试点和应用[3,4]。目前物联网技术在水产养殖业中的应用主要在以下几个方面。

1. 养殖水环境监控

与农业物联网在大棚种植中的应用类似，水产养殖物联网利用传感器来监测池塘水中的水温、溶解氧、pH、氨氮、亚硝酸盐等多个指标。通过无线传输并转换处理后，把这些数据和信息传递给养殖户。养殖户通过监控显示器、电脑、手机等手段可以随时了解养殖环境状况，不必到现场就能作出判断并及时采取必要的措施。

2. 养殖区域管理监控

养殖区域管理监控主要包括养殖区内气象环境变化的监控和养殖区内生产安全监控。前者是对气压、气温、干湿度、风力、风向等数据进行长期采集和积累，为各种不同气象条件下的养殖生产方案提供数据支持。后者是在一些重要的生产管理场所设置摄像头（如养殖池塘、养殖场的出入口处等），实行养殖过程的全程监控，防止偷盗和养殖生物的逃逸，以确保养殖生产安全。

3. 养殖动物生长状况监控

通过数字化的养殖管理系统，科学地对养殖水质状况、养殖密度、饲料投放量等养殖参数进行分析，并根据分析结果进行分塘、分类、差别化的精准管理。如发现疾病，可以尽快进行诊断并提出治疗方案，或进行网络视频会诊。

4. 养殖产品储运、加工环节监控

物联网可以对养殖产品的生产、加工、销售等过程进行全程跟踪。只要在产品包装中植入标签代码，就可以通过查询系统，对产品信息进行查询。消费者在购买水产品时，如有疑问，只要用手机扫描标签中的二维码，就可以获取该产品的产地、产品批次号、生产日期、责任主体、联系方式等一系列的信息，以保证消费者追溯产品来源，查找责任主体。

水产养殖物联网技术是现代渔业发展的方向。它有利于保护养殖生态环境，提高劳动生产效率，从而提高社会效益、经济效益和生态效益。但我国水产养殖中物联网技术应用还没有完全成熟，尚处在初级的摸索和尝试阶段。就目前来看，该技术相对适用于较大型的养殖场及养殖效益较高的水产品，因为它的投入较大，成本较高。

5.2.2 发展水产养殖物联网面临的主要问题

1. 水产养殖产业自身发展问题[5]

现代化水产养殖是物联网技术应用的基础，而我国目前水产养殖业相当程度上还处于粗放型的生产阶段。在广大农村地区，现代化基础设施还比较落后，许多养殖场的设施较为陈旧或者老化严重，加之养殖区多在偏远地区，网络覆盖不足，限制了现代化水产养殖生产规模的发展和物联网的应用。另外，养殖企业管理水平和生产人员的素质还比较低，不能适应现代化水养殖生产的要求。养殖生产"靠天吃饭"的情况普遍存在,生产者主要凭经验管理,缺乏长期科学数据积累和有效的信息获取和处理手段,缺乏标准化、专业化的管理意识和管理体系。因此,要发展水产养殖物联网技术,首先要提升现代化水产养殖水平和劳动者的文化素质。

2. 物联网设备技术及行业标准问题

目前,水产养殖业物联网技术设备虽然有一些国内企业和科研机构在研发,但大多尚停留在实验室阶段,难以满足实际应用的要求,尤其是传感器技术。作为水产养殖物联网的神经末梢,它是整个水产养殖物联网链条上最基础的环节。由于水产养殖环境较为复杂,因此对传感器的性能要求较高。目前我国农业信息感知装备还主要依赖进口。日本和欧洲在农用微型传感器技术上拥有较大优势,国内农用传感器及相关芯片、无线传感网络、各类终端等关键技术水平低。另外,现阶段物联网技术及其应用尚未建立起一套标准的、开放的、可扩展的物联网体系构架。在农业物联网行业标准不统一的大环境下,参与水产养殖物联网技术开发应用的企业和科研单位只能在各自的平台上研发,造成较大的成本浪费。

3. 资金和成本问题

就目前情况来看,制约水产养殖物联网大规模应用的主要因素之一是资金投入相对较大。例如,有关软件开发、硬件投入以及日常维护、保养、维修、工作人员的安排等,都在一定程度上增加了养殖生产的成本。而目前我国从事水产养殖生产者还主要是家庭个体养殖户,成本过高将难以调动其尝试该技术的积极性,从而在一定程度上影响物联网技术在水产养殖中的普及和推广。

5.2.3 发展水产养殖物联网应用的关键技术

水产物联网涉及的关键技术很多,主要包括以下几个方面[6]。

1. 精准养殖环境感知技术

感知技术是精准养殖系统的核心,是精准养殖信息采集的关键部分,重点开展精准养殖环境传感器技术的研究,解决在精准养殖中对水温、溶解氧、pH、氨氮、水位、硝酸盐、氯化物等水环境指标以及气温、光照、气压、湿度等大气环境指标监测的要求。

2. 精准养殖模拟技术

了解养殖对象在精准养殖控制条件下的生长、生理变化行为对智能化养殖生产管理至关重要,重点开展养殖对象的生长、生理变化规律的研究,建立不同养殖模式下精准养殖水质控制、饲料投喂、主要养殖对象生长等数学模型。

3. 精准养殖设备智能控制技术

研究专家系统和控制系统的连接技术，重点开展水质控制、饲料投喂等智能控制设备的研发，开展精准养殖系统监测值、数学模型模拟值、智能设备控制程序开发的研究。

4. 精准养殖管理技术

精准养殖管理技术主要根据精准养殖生产目标对不同养殖模式进行生产方案的自动设计，按照生产方案对精准养殖系统的智能化控制设备进行工作参数设定，精准养殖控制系统将根据系统设定参数运行，直至管理系统按照专家系统指示重新调整参数或结束全部养殖过程。重点开展精准养殖最优生产方案生成方法、智能设备控制参数或核心模块刷新等技术的研究。

5. 精准养殖规模化生产集成技术

精准养殖系统的环境传感器、智能控制器、养殖装备、现场监控设备、管理设备以及应用服务系统的正常运转离不开标准化系统集成技术，不同养殖模式的系统集成方案、工程材料、安装工艺、网络通信均不尽相同。重点开展机械化程度较高的工厂化、池塘闭合生产系统或湿地生产系统、网箱养殖等鱼类精准养殖的系统集成技术的研究。

5.3 基于HACCP的水产品养殖研究——以南美白对虾为例

5.3.1 HACCP原理概述

HACCP 是 Hazard Analysis and Critical Control Point——危害分析及关键控制点的缩写。它是目前国际上推行的食品生产加工过程中最有效、最经济的安全卫生控制体系。HACCP 体系最早出现在 20 世纪 60 年代，美国的 Pillsbury 公司提出 HACCP 概念用于为美国太空计划提供航天食品，他们认为现有的食品生产质量抽检方法具有局限性，不能保证食品的充分安全。基于此提出了一种预防性体系，防止生产过程中危害的发生，即 HACCP 体系。1985 年，美国国家科学院对 HACCP 体系在食品加工中的有效性进行了评价。随后由美国农业部、美国国家海洋与大气局（NOAA）等政府机构及大学专家组成的委员会采纳了食品生产的 HACCP 原则。目前已被世界上许多国家和地区应用和认可。

HACCP 是以预防为主的食品安全管理体系，食品工业从原料生产、接受、加工、包装、储存、运输、销售至食用的各个环节和过程都可能存在生物、化学及物理的危害因素,应对这些危害存在的可能性及可能造成的危害程度进行分析,确定其预防措施及必要的控制点和控制方法,并进行程序化控制,来消除危害或将危害降至可接受水平（各国的可接受水平是不同的,其随着科技的发展及健康要求的提高而变化）。该体系的宗旨是将可能发生的食品安全危害消除在生产过程中,即强调对危害的预防,而不是依赖于最终产品的检验。HACCP 可以应用于从初级生产到最终消费的整个食品产业链,被国际权威机构认可,是控制由食品引起的疾病最有效的方法。

HACCP 是一个系统的、连续性的食品卫生预防和控制方法,在结合水产养殖生产过程中应遵循 7 项原则。这些原则应该是[7-9]:

（1）确定和评价与水产养殖产品生产各个阶段有关的潜在危害并进行危害分析,危害分析是建立 HACCP 体系的基础,再估计该危害发生的可能性并确定其控制方法或预防措施。

（2）确定关键控制点,一个关键控制点是指水产养殖生产过程的一个环节,对此环节加以控制,则可防止或清除一种水产品安全危害,或使该危害降至一个可接受的水平。

（3）确定必须达到的关键限值,如温度高低、时间长短、pH 的范围等,以保证关键控制点处于控制之下。关键限值是确保水产品安全的界限,一旦操作过程中偏离关键限值,必须采取相应的纠偏措施才能确保水产品的安全。

（4）建立一个 HACCP 监控程序和检测系统,以便通过规定的检验或观察对该关键控制点的控制进行监测,一般是将对已确定的关键控制点观察或测试的结果与关键限值进行比较,从而确定关键控制点是否得到有效控制。同时准确记录监控结果,以用于将来核实或鉴定。

（5）确定当监测发现某个关键控制点未处于控制之下时,应立即采取适当的纠偏措施,减少或消除失控所导致的潜在危害,使水产养殖过程处于控制之下。纠偏措施应在制定 HACCP 计划时预先确定,其功能包括：①决定是否销毁失控状态下的水产品；②纠正或消除导致失控原因；③保留纠偏措施的执行记录。

（6）确定包括一些补充检验和程序在内的核查程序,以确保 HACCP 系统能够有效工作和正常运行。验证 HACCP 体系正常运行的关键在于：①验证各关键控制点是否按照 HACCP 计划严格执行；②确保整个 HACCP 计划的全面性和有效性；③验证 HACCP 体系是否处于正常、有效运行状态。这三项内容组成了 HACCP 的验证程序,也可作为水产品危险性评价操作,属于技术范围,而其他步骤则属于质量管理范畴。

（7）建立一个包括全部水产养殖生产过程的档案系统和符合 HACCP 原则及其应用的记录保存系统,记录各关键控制点的监控内容、偏离或失控以及纠正措施，验证 HACCP 体系正常运转的情况和 HACCP 体系修改的记录。

将 HACCP 体系应用在水产养殖中可以分析每一个环节的潜在危害，从而消除食品安全危害，确保水产品的质量安全。20 世纪 90 年代，HACCP 体系开始在水产品领域推广，美国、日本、泰国等国家先后建立了自己的 HACCP 体系。目前，我国水产品供应链尚未有效实行 HACCP 管理体系，实施 HACCP 体系尚有很大的难度。2009~2015 年，国家质量监督检验检疫总局及各省市质监局对我国部分省市水产品的抽查结果表明，水产品主要受微生物污染、化学污染以及物理性污染。由于水产品中渔药残留和有毒有害物质超标，世界上一些发达国家与地区相继出台对我国出口水产品严查或禁运，使我国水产品出口企业损失惨重。水产品的质量安全问题已成为当前制约和影响我国水产业可持续健康发展的重要因素。因此，我国水产食品行业有必要关注、研究和应用 HACCP 管理体系，采取严格的控制措施保障水产品质量安全。

5.3.2 HACCP 原理在南美白对虾健康养殖中的应用

南美白对虾是当今世界最主要的对虾养殖品种。原产于拉丁美洲的南至秘鲁、北到墨西哥桑诺拉的太平洋沿海，是世界公认的少数优良养殖对虾品种之一。它个体大，抗菌能力和适应能力强，生长速度快，能在低盐度水和淡水中养殖，对饲料的蛋白质含量要求较低，肉味鲜美，加工出肉率较高，能鲜活运输，是国际水产品市场上深受欢迎的品种。目前已经在世界范围内出现了养殖南美白对虾的热潮，养殖规模迅速扩大，它与斑节虾和中国对虾共同成为世界三大高产养殖虾种。

在对虾养殖生产中，应用 HACCP 原理来控制对虾苗种和养殖生产中的病毒危害。它是一个保证食品安全的预防性管理系统，运用食品加工、微生物学、质量控制和危险评价等有关原理和方法，对食品原料、加工以至最终食品产品等过程中实际存在和潜在性的危害进行分析判定，找出对最终产品质量有影响的关键控制环节，并采取相应的控制措施，使食品危险性降低到最低程度，从而达到最终产品有较高安全性的目的。HACCP 体系是食品加工行业有效的管理体系，它所依赖的七个原则同样适用于南美白对虾标准化生产的过程。

全球水产养殖联合会建议分三个阶段来改善对虾生产品质和环境影响，即第一阶段使对虾生产者自愿应用 BMPs，第二阶段使对虾生产者应用自我评价与控制方式，对对虾孵化场、养殖场和加工场建立量化标准。第三阶段建立环境证书系统要求生产者严格遵守量化标准并保持记录。绿色对虾以其"无污染"的鲜明质量特征和实行"从基地到餐桌"的全过程质量控制管理模式，树立了对虾生产质量管理的新观念。改善养殖基地的水体环境，控制外源污染物质的进入，引入生物净化水体等一系列措施，彻底解决水体污染，养殖基地通过农业部无公害水产品产地认定。从提高水产养殖业者的技术水平和强化无公害先进生产意识入手，参照 HACCP 质量管理体系和无公害水产品生产标准，从养殖源头抓起，对全程各个环节与投入品进行严格的质量控制。

目前南美白对虾已经成为我国从南到北对虾养殖的重要品种之一。从全国各地的养殖情况看，当前在南美白对虾养殖上存在很多问题，如种苗质量差，虾苗供过于求，商家竞争激烈，苗价低，对虾养殖户由于追求产量而进行超密度养殖，滥用药物，养殖技术混乱，保护环境意识淡薄，造成养殖水域富营养化、环境污染，虾病传染流行等。因此，当前对虾养殖面临着两个"安全"问题，即养殖安全和食品安全问题。许多对虾养殖人士已经意识到，必须进行工厂化无公害的健康养殖才是今后水产养殖业的唯一出路。

南美白对虾的工厂化无公害健康养殖要求注重整个养殖系列工程的每一个环节，特别是要从种苗抓起，要培育无特定病原（SPF）的种苗，采用零交换水系统养殖，饲料营养、病害防治以及养殖废水的处理和环境保护遵循无公害健康养殖系统规范，保障对虾养殖业得到健康发展。

5.3.3 南美白对虾养殖工厂化养殖工艺流程及其危害分析

1. 南美白对虾工厂化养殖流程分析

工厂化水产养殖具有稳产、高产、品质好、耗水少等优点，能有效检测与控制养殖水中的各种环境参数，建立适于水产品生长的最佳环境。从我国水产养殖现状出发，确定水产养殖流程的基本操作环节，并对重要环节进行详细分析，总结影响水产品生长的环境因素并确保在水产品生长的最佳环境下能够以最高的密度进行养殖，从而实现环境资源的充分利用。考虑对养殖环境、水质、鱼类生长状况、渔药使用等环节进行全方位的管理和监测，可以确定水产品精细养殖流程（图 5-1）。

海水养殖用水水质：在此步骤中出现的潜在危害有生物危害（大肠菌群和类大肠菌群）、化学危害（汞、镉、铅等重金属残留，农药、兽药残留，藻类毒素等）和物理危害（木头、小鱼等）。这些都存在食品安全性问题。生物危害和化学危害的判断依据是海水受到污染。

生物危害的预防措施是在消毒池中加以灭杀进行控制；化学危害的预防措施是预先在外海及进水河中取样进行检测，如超标，将养殖海水排出；物理危害的预防措施是在海水进水口设置滤网密切注意海水水质，防止赤潮。

养殖池底质：在此步骤中出现的潜在危害有生物危害（细菌、弧菌、真菌等）、化学危害（汞、镉、锌、铅等重金属残留，农药、兽药残留）和物理危害（生活垃圾、植物碎屑、敌害生物）。生物危害和化学危害存在食品安全性问题。生物危

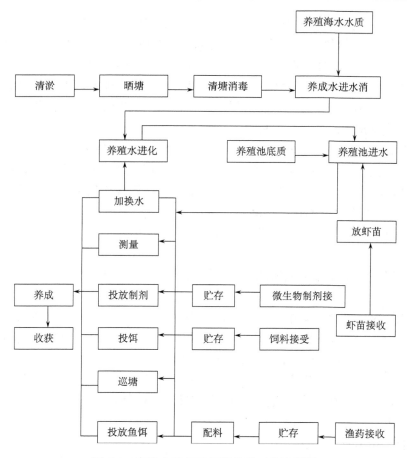

图 5-1 南美白对虾工厂化养殖工艺流程图

害经常发生，可以在养成池中泼洒石灰水加以灭杀。化学危害是底质受农药、渔药等兽药污染和受重金属残留污染，采用乙二胺四乙酸（EDTA）等金属整合剂吸附重金属残留和定期检测养殖池底质的预防措施。

清淤：在此步骤中出现的潜在危害有生物危害（细菌、病毒、寄生虫等）和物理危害（生活垃圾、树叶等杂物）。生物危害存在食品安全性问题。生物危害的判断依据是在淤泥中存在细菌、病毒、寄生虫。

生物危害的预防措施是：①严格按作业指导书的要求清淤，随后晒塘清塘时控制；②清淤后进行验收，发现有未清干净或遗漏淤泥情况应采取纠正措施；③按相关标准要求，定期取样，送国家授权机构检测。

晒塘：在此步骤中出现的潜在危害有生物危害（细菌、病毒、寄生虫等）和物理危害（杂质残留）。生物危害存在食品安全性问题，判断的依据是未按作业指导书要求进行晒塘。预防措施是：晒塘后进行验收和随后清塘消毒时控制。

清塘消毒：在此步骤中出现的潜在危害有生物危害（致病生物、病原中间宿主）、化学危害（氢氧化钙超标）和物理危害（杂质、敌对生物）。生物危害和化学危害存在食品安全性问题。生物危害是由于生石灰用量太少，灭杀不彻底；而化学危害是由于生石灰用量大，虾苗不能存活。预防措施是：①测试养成池生石灰浓度；②生石灰用量少时补加，用量多时推迟虾苗放养时间；③不能与漂白粉、有机氯、重金属盐、有机络合物混用。

进水消毒（养成水）：在此步骤中出现的潜在危害有生物危害（细菌、病毒、寄生虫）、化学危害（铅等重金属残留，农药，兽药残留、藻类毒素）和物理危害（杂质残留）。生物危害存在食品安全性问题。生物危害和化学危害主要是由于海水受到污染。生物危害的预防措施是：①在消毒后，检测余氯残留达到 0%，pH 7～8.5；②余氯浓度和 pH 未达到要求，养成水不能放进养殖池。

养殖池进水：在此步骤中出现的潜在危害有生物危害（细菌等），原因是轴流泵没有清洗消毒和管道未清洗、消毒而受到污染。预防措施是：严格按 SSOP 要求执行。

虾苗接收：在此步骤中出现的潜在危害有生物危害（细菌、白斑病毒、寄生虫）、化学危害（汞、镉、铅等重金属残留和农药、兽药残留）和物理危害（杂质残留）。生物危害和化学危害存在食品安全性问题。生物危害在虾苗养殖过程中经常发生，化学危害是虾苗养殖过程中水质受到污染和不恰当使用渔药等造成的。预防措施是：①对虾苗供应商进行评估，选择合格虾苗供应；②对每批次虾苗进行检查，由供应商提供虾苗出厂证明；③对每批次虾苗进行验收，发现虾苗不合格现象的一律退货处理。

投放虾苗：在此步骤中出现的潜在危害有化学危害（漂白粉过量），化学危害存在食品安全性问题。原因是控制不严，偶尔发生。预防措施是：①从养成池提取水样进行试养，如确无问题才可投放虾苗；②如养成池水不合格，推迟投放虾苗。

饲料接收：在此步骤中出现的潜在危害有生物危害（沙门氏菌、霉菌等）、化学危害（汞、镉、铅等重金属残留，无机砷等、农药、兽药残留）和物理危害（杂质残留）。生物危害和化学危害存在食品安全性问题。生物危害是由于经常发生受潮、发霉、腐败变质。化学危害是由于饲料的原料中及加工过程中经常存在和发生。生物危害和化学危害的预防措施是：①选择合适的饲料供应商；②对饲料供应商进行评估，选择合格供方；③由饲料供方提供合格证明；④对每批饲料进行验收，发现不合格饲料一律退货处理。

饲料储存：在此步骤中出现的潜在危害为生物危害（霉菌、细菌等）。判断的依据是储存环境差，包装袋破损，超过保质期，受到虫害污染。预防措施是：储存环境符合 GMP 要求，使用前仔细检查饲料保质期及包装情况，视觉检查是否有霉变。

投喂饵料：在此步骤中出现的潜在危害有生物危害（细菌、致病菌等）和化学危害（硫化氢等）。生物危害和化学危害存在食品安全性问题。生物危害是由于投放的饲料受到污染，残余饵料的累积会使病菌增殖。化学危害则是由于饲料投放过量。预防措施是：①人与容器严格执行 SSOP；②严格执行投放饲料量的规定。

微生物制剂接收：在此步骤中出现的潜在危害有生物危害（沙门氏菌）、化学危害（砷、铅等重金属残留）和物理危害（杂质残留）。生物危害和化学危害存在食品安全性问题。生物危害是由于在加工过程中受到污染，化学危害是由于在原料中或加工过程中受到污染。预防措施是：①对微生物制剂供应商进行评估，选择合格供方；②供方应具有生产资质，对每批微生物制剂提供合格证明；③对每批制剂进行验收，发现不合格一律进行退货处理。

微生物制剂储存：在此步骤中出现的潜在危害有生物危害（细菌等），原因是投放微生物制剂时，手和容器受到污染。预防措施是：严格按 SSOP 要求执行。

投放微生物制剂：在此步骤中出现的潜在危害有生物危害（细菌等），原因是投放微生物制剂时，手和容器受到污染。预防措施是：严格按 SSOP 要求执行。

渔药接收：在此步骤中出现的潜在危害有生物危害（细菌、致病菌）、化学危害（锌、铅等重金属残留）和物理危害（杂质残留）。生物危害和化学危害存在食品安全性问题。生物危害是失效渔药、不合格渔药或渔药受到污染，化学危害是在原料生产或运输过程中受到污染。生物危害和化学危害的预防措施是：①禁止使用国家禁用的渔药；②对渔药供应方进行评估，选择合格供应方；③供应方应提供渔药生产"三证"，对每批渔药提供合格证明；④对每批次渔药进行验证，不合格退货。

渔药储存：在此步骤中出现的潜在危害有生物危害（细菌、霉菌等），是由于包装袋破损或存放地点不符合 GMP 的要求。预防措施是：使用前认真检查渔药是否受损、受潮。发生上述情况更换包装合格的渔药，渔药放在带锁的柜子中以避免动物的破坏。

渔药配制：在此步骤中出现的潜在危害有生物危害（细菌、致病菌等）和化学危害（渔药超标量）。化学危害存在食品安全性问题。生物危害是由于操作人员的手或称量时受到污染，预防措施是严格按 SSOP 要求执行。化学危害是由于操作人员未按渔药使用说明书进行配制，预防措施是严格按渔药使用书的要求配制和加强现场配制监控。

投放渔药：在此步骤中出现的潜在危害有化学危害（渔药残留）和物理危害（杂质）。化学危害存在食品安全性问题，主要是渔药投放量超标，预防措施是：①严格执行渔药的使用方法和用量；②严格执行渔药休药期规定；③严格执行渔药使用注意事项；④不使用国家明令禁止的渔药。

加换水：在此步骤中出现的潜在危害有生物危害（细菌、致病菌等）和化学危害（重金属残留）。生物危害和化学危害存在食品安全性问题。生物危害和化学危害是离心泵受到污染造成的，预防措施是人与离心泵严格执行 SSOP。

测量：在此步骤中出现的潜在危害是化学危害（氨氮、亚硝酸盐等）。化学危害存在食品安全性问题。化学危害是操作人员未执行检测制度造成的，预防措施是：①严格做好测定记录（每天测水温、溶解氧、pH、氨氮和亚硝酸盐水质要素）；②必要时采取换水措施和增氧措施。

巡塘：在此步骤中出现的潜在危害有生物危害（细菌、致病菌等）和化学危害（挥发性盐基氮、亚硝酸盐）。化学危害存在食品安全性问题。生物危害和化学危害的判断依据是偶有死对虾产生。预防措施是：①严格执行巡塘制度，做好巡视记录；②及时捞起死对虾；③必要时采取投放渔药措施。

养成：在此步骤中出现的潜在危害有生物危害（细菌等）。生物危害存在食品安全性问题，主要是蟹、老鼠、鸟等传染病毒等，预防措施是严格按 SSOP 要求执行，放置鼠笼、防蟹网和驱赶鸟类等。

收获：在此步骤中出现的潜在危害有生物危害（细菌等）和化学危害（有害化学物质）。生物危害和化学危害存在食品安全性问题。生物危害和化学危害是捕获器具受到污染造成的。预防措施是捕获器具按 SSOP 要求执行，捕获器具选择无毒、无害材料。

2. 南美白对虾养殖工厂化养殖危害分析

根据南美白对虾养殖流程中潜在危害的分析，得出南美白对虾无公害养殖的危害主要有如下几种。

与种苗有关的潜在危害：种苗体内不含致病菌（不带菌），即使受到其他微生物污染，也可在养殖过程中通过药物预防及水体净化的作用得到控制。

与环境中化学污染物有关的潜在危害：如果养殖水体受到工业废水和生活污水的污染，通过食物链和生物富营养化，会对人体健康构成严重危害。对环境中化学性的危害，可以通过管理和检测来控制。

与饲料及其添加剂有关的危害：养殖期间使用不合格的饲料、饲料添加剂等化学物质，若超出安全水平，残留在虾体内的有害物质会随人类食用而进入人体，使人体健康受到危害。

与肥料有关的危害：如果虾塘施用未发酵的粪肥，鱼虾会受到致病菌、寄生幼虫等污染，若人类生食或吃未经充分煮熟的产品，给人体造成潜在的危害。

与药物有关的危害：在养殖期间不当或非法使用药物，过量的药物残留在鱼虾体内，当人类食用残留超标的鱼虾产品，人类会产生过敏，甚至导致癌症的发生,严重危害人体健康。

南美白对虾工厂化养殖过程中 CCP 的决策程序如表 5-1 所示。

表 5-1 南美白对虾工厂化养殖过程中 CCP 的决策程序表

加工步骤	Q1	Q2	Q3	Q4	Q5	CCP	判断理由
养殖水水质	Y	Y	N	Y	Y	CCP1	随后没有控制对虾养殖过程中化学危害的步骤
虾苗投放	Y	Y	Y	Y	N	CCP2	随后没有控制对虾养殖过程中生物危害的步骤
饲料投喂	Y	Y	Y	Y	N	CCP3	随后没有控制对虾养殖过程中化学危害和生物危害的步骤
药物使用	Y	Y	Y	Y	N	CCP4	随后没有控制对虾养殖过程中化学危害和生物危害的步骤

根据以上的危害分析,我们确定在南美白对虾养殖过程中的关键控制点苗种选育、投饵管理、水质管理、药物使用等。下面针对美白对虾养殖过程中苗种选育、投饵管理、水质管理、药物使用等 4 个方面的问题,根据 HACCP 原理分别进行危害分析,得出关键控制点及其极限值,制作相应的 HACCP 计划表,提出南美白对虾工厂化养殖苗种选育规范、南美白对虾工厂化养殖饲料管理规范、南美白对虾工厂化养殖水质管理规范及南美白对虾工厂化养殖药物管理规范。这些规范的提出,为南美白对虾健康养殖过程提供了技术及管理方面的参考和指导。

5.3.4 南美白对虾养殖苗种选育规范

目前对虾的苗种生产所需的亲本无论是进口的还是国内的都是来源于自然水域和人工繁育的。来源于自然水域的亲本由于自然资源数量上的减少和质量上的衰退,使养殖生产深受影响,主要表现在生长缓慢,品质变劣,抗病力下降等。加上由于经济利益的驱动,一些企业和个人盲目开展国内外、区域间、不同水体间的引种,对自然资源进行掠夺性的开发利用。同时,人工繁殖技术由于其具有局限性以及缺乏科学的制种机制和种质鉴定技术,难以避免由于近亲交配或小种群繁殖而产生的基因丢失和遗传漂移、变移,导致种质严重退化。

1. 南美白对虾苗种检测

在种苗生产中严格规范苗种生产程序,包括对亲虾、幼体进行检测,预处理(沉淀、消毒)育苗用水,选择性地使用环保、高效药物,投喂优质营养饲料等,以保障南美白对虾的苗种体质健壮和无特定病原体。苗种选育安全的控制:育苗厂在育苗的过程中要禁用抗生素、孔雀石绿等药物,避免高温育苗、有亲缘关系的亲本繁殖。育苗厂在育苗过程中使用的饲料、药物、水质处理必须有严格的控制，必须做好疾病控制和纠偏措施等记录。

在苗种的放养上，要求选择规格一致、无伤害、无伤残的优良苗种。要挑选质量好的虾苗以保证较高的成活率和较快的生长。南美白对虾苗种特性如下。

均匀度高：成虾收捕时，每千克的差异在 5~8 尾之间；虾苗活力强。

生长速度快：在海南的高温季节，养殖 90 天可达平均 50~60 尾/kg 的规格。

饲料系数低：一般虾苗的饲料系数在 1.5 以上，新品系虾在 1.0~1.2 左右。

可降低放养密度：用本地虾种，虾苗放养密度在 150~250 尾/m；用新品系，虾苗只要 100~150 尾/m 即可。

养殖成功率比本地种虾苗高，达到 60%~70%。

2. 南美白对虾苗种检测流程如图 5-2 所示。

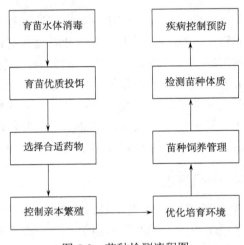

图 5-2　苗种检测流程图

3. 苗种质量的评价

要挑选质量好的虾苗以保证较高的成活率和较快的生长。合格虾苗的企业标准：体长≥0.8cm，体表光滑且无附着物，活力强而逆微流水，附肢齐全，体态呈长身、健壮、丰满，个体间的均匀度差异不明显，体色正常为透明状，检测 WSSV、TSV 呈阴性。

健康虾苗活力较强，对外刺激反应灵敏（如敲打容器的声音），直体游泳，有明显的方向性，搅动水流时，能逆水游动，水流停止则倾向靠边，肢体完整，体表光洁，肌肉透明，大触鞭不发红，鳃不发黑，尾扇呈展开状。

鉴别虾苗健康程度的有效办法很多，以下是有代表性的几种：

（1）抗离水试验，即从苗池内随机取出若干尾虾苗，用拧干的湿毛巾包好虾苗，10min 后取出放回苗池，如果虾苗存活，则是优质苗，否则为劣质苗。

（2）抗应激试验，即在出苗前一天到达育苗场，从育苗池内随机抽取 3 组各 10 只仔虾，分别放入盛有 15L 水的容器内，保持水温 20℃，盐度为 0.5%，使虾苗在水中停留 1h，记录存活的虾苗数。根据 3 组结果计算平均存活率，如果存活率低于 60%，则这批虾苗不能选购。在淡水池塘中养殖的虾苗，需经 7 天以上的淡化期，至盐度降为 0.3%～0.5%，并能正常吃食，体质健壮，且无病症。

苗种的运输如有可能，虾苗运输应在早、晚进行，以避开高温和太阳直射。其包装密度视运输时间而定，一般每千克水装 200 尾、运输 12h 是比较安全的。

4. 苗种选育危害分析

育苗厂在育苗的过程中要禁用抗生素、孔雀石绿等药物，避免高温育苗、有亲缘关系的亲本繁殖。育苗厂在育苗过程中使用的饵料、药物、水质处理必须有严格的控制，必须做好疾病控制和纠偏措施等记录。

1）对生产育苗水体进行消毒处理，控制和消灭病原体

随着养殖环境的日益恶化，海区水体的病毒、细菌也随之增加，严重地影响了对虾育苗。因此对海水进行消毒处理是保证对虾育苗成功的有效措施之一。主要做法：从海区抽取的海水进入蓄水池进行沉淀，24 h 后，经沙滤池过滤的海水再经用 80～20 目的尼龙筛绢网过滤后入池。然后，对育苗用水进行消毒，以直通入氯气，也可加入次氯酸钠、漂白粉或漂白精，使水中有效氯含量达 15～20g/m³，12h 后再加入硫代硫酸钠，以除去过量的氯气。

2）要改善和优化培育环境

（1）科学合理的幼体培育密度。对虾育苗的幼体培育密度依据对虾发育的不同时期灵活掌握，太少或太密都不利于水质的调控及饵料的投喂，过密易形成应激环境，易诱发疾病等。合理的培育密度：无节幼体期 30～35 万尾/m³ 水体；蚤状幼体期 25 万～30 万尾/m³；糠虾幼体期 15 万～20 万尾/m³；仔虾期 10 万～15 万尾/m³。

（2）适时、适量使用有益微生物制剂。育苗水体中主要在对虾育苗初期活菌生物，使用目的是使水体环境形成优势的有益种群，抑制病原生物的繁殖。使用方法如下：无节幼体下池前，培育池接入 10ppm（1ppm=10⁻⁶）含量为 20 亿个/g 的利生素（芽孢杆菌）和 5ppm 光合细菌，并在蚤状幼体期每天追加 3ppm 光合细菌，糠虾期每天追加 2ppm 芽孢杆菌直到仔虾第五天，即 P5。

（3）合理使用水质改良剂，并充分利用太阳光照。当幼体发育至糠虾幼体后，可投放 3～5ppm 的水质改良剂（如沸石粉），净化水质，吸附有害物质，提高糠虾食欲，并把池面遮光布打开，充分利用太阳光照，使育苗水体形成良性循环，达到藻相平衡，既节省饵料成本，又可使幼体健康发育。

3）认真做好育苗期间的病害防治措施

加强亲虾营养管理，定期淘汰劣质亲虾。多种优质鲜活饵料结合投喂是亲虾培育成功的经验，活沙蚕、鱿鱼、鲜牡蛎等是理想的饵料。饲料投喂要以按时适量，多餐多点投喂，满足亲虾摄食为原则。亲虾培育每天投喂鲜活饵料为亲虾重量的25%。每天分四次定时投喂，上午6~7时、中午12时、下午6时、晚上8时各喂一次，上午、下午应多喂，约占总投喂量的3/5，并多检查亲虾摄食情况，调节投喂量。一旦发现摄食差、体质下降的亲虾要及时定期淘汰，以提高亲虾产卵质量。南美白对虾亲虾使用最好不超过半年。

建立预防病害的隔离制度，严格规范消毒管理措施。首先要严格消毒，亲虾培育池、产卵池、虾苗培育池以及工具在使用前要用漂白粉80~100ppm或高锰酸钾40~50ppm进行消毒，使用工具要专池专用，专人专用。亲虾入池前产卵前要用20~30ppm的聚维酮碘消毒3~5min。其次发现病虾要及时分离，并采取相应的措施。

严禁高温育苗，提高对虾种苗免疫力。亲虾的催熟培育水温控制在28~29℃之间，虾苗培育水温控制在25~30℃之间。

虾苗培育期间要经常观察虾苗的活动情况，发现问题及时处理，少用药，绝不使用国家禁止药物。

4）做好对虾健康种苗培育的饲养管理

骨条藻的投喂方法与注意事项：首先必须对培育的骨条藻进行检测，虾苗培育选用的藻类最好选择在生长高峰期时采收，投喂时用60目的网袋搓洗再投喂，此时浓缩液具有新鲜的藻香味。生长高峰期后，骨条藻体色老化、变质，对幼体具有毒害作用，切忌投喂。其次建立骨条藻的保种措施，在显微镜下选择骨条藻增大孢子进行提纯复壮。

丰年虫使用的注意问题：首先要严格消毒，孵化前用强氯精80~100ppm浸泡消毒10~15min。其次丰年虫要用高盐度海水孵化，彻底干净地使卤虫无节幼体与虫壳、死卵完全分离，防止虫壳及死卵对幼体造成损害和传播原生幼体动物等病害。

人工饵料的投喂：幼体饵料以虾片、黑粒等人工饵料为主，结合骨条藻、丰年虫等生物饵料投喂，投喂5次，饵料投喂以少量多次为原则，根据水色、摄食情况、饵料的剩余灵活调整饵料量。

建立完善的水质监控规程。通过对水质各参数的监测，及时对水质进行调节，主要参数有：pH 7.9~8.5，氨氮小于0.6ppm，亚硝酸盐小于0.1 ppm，水温25~30℃。

与种苗有关的潜在危害是种苗体内不含致病菌（不带菌），即使受到其他微生物污染，也可在养殖过程中通过药物预防及水体净化的作用得到控制。

根据以上危害分析,我们确定养殖过程中苗种选育的关键控制点(CCP)为:育苗水体消毒,育苗培育环境,育苗病害防治,育苗饲养管理。具体苗种选育 CCP 决策程序如表 5-2 所示。

表 5-2 苗种选育 CCP 决策程序表

加工步骤	Q1	Q2	Q3	Q4	Q5	CCP	判断理由
育苗水体消毒	Y	Y	N	Y	N	CCP1	随后没有控制对虾养殖过程中化学危害的步骤
育苗培育环境	Y	Y	N	Y	N	CCP2	随后没有控制对虾养殖过程中生物危害(白斑病毒,桃拉病毒和 IHHNV 病毒)的步骤
育苗病害防治	Y	Y	N	Y	N	CCP3	随后没有控制对虾养殖过程中生物危害的步骤
育苗饲养管理	Y	Y	N	Y	N	CCP4	随后没有控制对虾养殖过程中化学危害和生物危害的步骤

注:Y 表示达标;N 表示不达标。

5. 临界限值及 HACCP 计划表

虾苗质量的好坏,是养殖成功的关键之一,也是商品虾质量的关键。在育苗过程中,不放养使用过抗生素的虾苗。设置关键限值要符合 DB33/T 464—2004 浙江省地方标准《无公害南美白对虾苗种》和参照 GB/T 15101.2—1994《中国对虾养殖苗种》。根据以上的法规条例,我们确定了关键控制点的极限值(表 5-3)。

表 5-3 关键控制点的安全控制限值

序号	生产步骤	关键控制限值	选择关键控制限值的依据
CCP2	培育环境管理	大肠菌群≤2000 个/L,镉≤0.005mg/L,汞≤0.0002mg/L,铅≤0.05mg/L,石油类≤0.05mg/L,六六六≤0.001mg/L,滴滴涕≤0.0005mg/L,乐果≤0.1mg/L 等	《无公害食品 海水养殖用水水质》NY 5072—2001
CCP3	育苗病害防治	附着性纤毛虫带病率为 0% 白斑病毒不得检出 桃拉病毒不得检出	浙江省地方标准《无公害南美白对虾苗种》
CCP4	种苗培育饲养管理	铅≤5.0mg/kg,汞≤0.5mg/kg,镉≤3mg/kg,铬≤10mg/kg,氟化物≤50mg/kg,多氯联苯≤0.3mg/kg,异硫氟酸酯≤500mg/kg,噁唑烷硫酮≤0500mg/kg,黄曲霉素 B_1≤0.01mg/kg,六六六≤0.3mg/kg,滴滴涕≤0.2mg/kg,沙氏菌不得检出	《无公害食品 渔用配合饲料安全限量》NY 5072—2002

根据上面的分析,我们可以制定出关于养殖南美白对虾过程中苗种选育 HACCP 计划表(表 5-4)。

表 5-4 苗种选育 HACCP 计划表

关键控制点	显著危害	关键限值	监控 内容	监控 方法	监控 频率	监控 监控者	纠偏措施	档案记录	验证措施
生产育苗水体消毒处理,控制和消灭病原体	随着养殖环境的日益恶化,海区水体的病毒、细菌也随之增加,严重地影响了对虾育苗	应符合NY 5052—2001海水水质养殖,无公害食品	检测寄生虫、重金属残留	通过检测	每次	对虾养殖主管	不符合养殖要求用水排出,重新进水	海水养殖水质检测报告	主管人员按NY 5052—2001标准符合国家授权机构出具的检测报告
要改善和优化培育环境	过密易形成应激环境,易诱发疾病	科学合理的幼体培育密度,预防病害的隔离制度	检测病原生物繁殖	通过检测	每天	对虾养殖主管	不符合标准要求的另行选址	国家授权机构出具的检测报告	由养殖主管按照标准复核国家授权出具的检测报告
育苗期间的病害防治措施	虫壳及死卵对幼体造成损害和传播原生幼体动物等病害	按NY 5072—2002饲料安全限量	检测安全卫生指标	通过检测	每个品牌	养殖场质检人员	拒收不符合NY 5072—2002标准的饲料	供应商提供的国家授权机构出具的检测报告	主管对供应商提供的检测报告进行复核
对虾健康种苗培育的饲养管理	白斑病毒、桃拉病毒等	无特异性病原的健康对虾虾苗	研发中心对每批苗虾抽样检测白斑病毒	通过检测	每批	对虾养殖主管	拒收不符合要求的苗虾	虾苗供应商提供出厂证明,国家授权机构出具虾苗检测报告	由养殖场检验主管对供应商提供证明进行复核

5.3.5 南美白对虾养殖饲料管理规范

在"种植-饲料-养殖-食品"产业链中,饲料工业处于第一转换环节,可以说没有发达的饲料工业也就没有现代化的食品加工业。同时,饲料工业与养殖业密不可分,它关系到大众的身体健康,人们要吃上放心的肉、蛋、奶等畜产品和鱼、虾、蟹等水产品,必须有安全可靠、优质高效的饲料作保证。饲料安全通常是指饲料产品中不含有对饲养动物健康造成实际危害,而且不会在养殖产品中残留、蓄积和转移的有毒、有害物质或因素;饲料产品以及利用饲料产品生产的养殖产品,不会危害人体健康或对人类的生存环境产生负面影响。饲料生产者通过推行 HACCP 安全管理体系,可以有效地控制饲料的安全性和产品质量,从而保证养殖产品的安全。

1. 南美白对虾养殖饵料的营养要求

在养殖对虾的过程中,饵料的营养占有重要的位置,营养全面的优质配合饵料是对虾高产稳产的关键条件之一。饵料是对虾健康养殖的物质基础,是直接影响对虾养殖成败的重要环节。高效、优质的饵料能保证对虾营养的全面需要,满足对虾生长所需的能量消耗和机体发育代谢的需要,同时能增强对虾自身的免疫力,提高抗病力,使对虾迅速健康生长。

随着科学技术的发展,人们借助多种测试技术,配合现代化的电子技术,运用典型体系法和模拟法对对虾的营养需要和虾体本身营养含量进行探讨,已能在较短的时间内模拟出符合对虾营养需要的配方,生产出全价人工配合饵料,饵料系数为 1.5~2。南美白对虾的营养需要主要有五大类:蛋白质(氨基酸)、碳水化合物、脂肪、无机盐和维生素。即对虾配合饵料=蛋白质+脂肪+碳水化合物+矿物质+维生素等。

1)蛋白质(氨基酸)

蛋白质是生命的物质基础。其功能包括:①促进对虾生长;②更新与修复机体组织,为对虾提供能量;③调节生理活动。

蛋白质的氨基酸组成与对虾生长的关系极大,对虾需要与其本身氨基酸组成相近的饵料,特别是必需氨基酸。必需氨基酸在对虾体内无法合成,必须从饵料中得到,如果缺少或不足,就会影响对虾的生长。对虾的必需氨基酸有 10 种:苏氨酸、缬氨酸、蛋氨酸、异亮氨酸、亮氨酸、苯丙氨酸、赖氨酸、组氨酸、精氨酸和色氨酸。必需氨基酸之间的比例必须符合南美白对虾的营养需要,即达到氨基酸平衡,如果不平衡,其吸收利用率会降低,出现"木桶效应"。不同的氨基酸由于其结构不同,极性性质不同,消化吸收率也有所不同。经营养学家研究发现,赖氨酸、蛋氨酸和苏氨酸在饵料中一般含量不足,这几种氨基酸为限制性氨基酸,影响其他氨基酸的吸收。添加赖氨酸、蛋氨酸和苏氨酸,可以降低饵料稀疏,提高蛋白质效率和消化吸收。但若添加结晶氨基酸,就没有预想的效果。必需氨基酸总需量为 30%左右。鉴于这种情况,应选择含粗蛋白较高、所含氨基酸与对虾必需氨基酸相近的优质新鲜原料。对虾生长所需的配合饵料中蛋白质推荐值如表 5-5 所示:

表 5-5　对虾生长所需的配合饵料中蛋白质推荐值

虾重/g	蛋白质需要量/%	虾重/g	蛋白质需要量/%
0~0.5	45	3.0~15.0	38
0.5~3.0	40	15.0~40.0	26

2）碳水化合物

碳水化合物是南美白对虾的廉价能量来源，动物性原料有动物肝脏、乌贼内脏等。植物性原料有淀粉等，可满足其热量需要，有利于糊化，增进水肿稳定性。用蔗糖、麦芽糖、海藻糖等二糖，淀粉、糊精、糖原等多糖，以及葡萄糖、半乳糖、果糖等单糖作原料，放进饵料中饲养南美白对虾，有较好效果。

对虾对糖类的需求量：饵料中适宜含量不超过 26%，且对虾对不同种类糖的利用率依次是淀粉>蔗糖>葡萄糖。但若长时间投喂含糖高的饵料，糖会积累在对虾肝脏中，影响对虾生长。

3）脂类

脂类不仅作为对虾的能量来源和提供必需脂肪酸，还为南美白对虾提供生长发育所需的固醇类物质。脂类是生物体中脂溶性化合物的总称，可分为脂肪、磷脂、胆固醇。通常对虾饵料中脂肪含量为 4%~8%，而以 6%为佳。

4）维生素

维生素是构成某些辅酶所不可缺少的成分。对虾不能自身合成维生素，需求量虽然很小，但对其生命活动具有重要作用。目前认为有 11 种水溶性维生素和 4 种脂溶性维生素是对虾生长所必需的。长期缺乏可导致对虾发育不良，严重时出现病变甚至死亡。在实际生产中需要添加的维生素主要有：维生素 C、维生素 E、维生素 B_6 等。以下是对虾饵料中维生素的推荐添加分列（由于对虾需求维生素的研究还不够深入，不同研究者的研究结果相差较大，每一个养殖场的应用时，还需具体调整，或许与各地区的养殖环境不同有关）。对虾饵料中维生素的推荐添加值如表 5-6 所示。

表 5-6　对虾饵料中维生素的推荐添加值（mg/kg 饵料）

维生素	含量	维生素	含量
硫胺素（B1）	150	叶泛酸	20
核黄素（B2）	100	维生素（B12）	0.1
吡哆醇（B6）	50	抗坏血酸（Vc）	1200
泛酸	100	维生素 A	15000
烟酸	300	维生素 D	7500 国际单位
生物素	1	维生素 E	400
肌醇	300	维生素 K	20
胆碱	600		

5）矿物质

矿物质能构成对虾甲壳硬组织的成分，维持电解质平衡与渗透压平衡，构成酶、激素等的成分和辅助因子，构成某些软组织。它可以从水中吸收一部分或某些种类的矿物质，其他部分必须从饵料中获得，某些重要矿物质添加量如下。

钙与磷：饵料中添加钙与磷总量为 1%～2%，有研究指出，当饵料含磷为 1.04%、钙 1.24%时，虾的增长率最高。另外，当钙加量过多时（超过 2.8%），对虾生长速度减缓，出现对虾甲壳变瘦、体弱、软壳等现象。

建议每千克饵料添加铜 25～53mg、钴 50～75mg、碘 30mg、锌 100～200mg、锰 60～80mg、硒 20mg。

2. 饵料管理危害分析

1）饵料管理流程图

饵料从采购到使用的流程如图 5-3 所示，通过对流程图中各个过程中可能出现的潜在危害的分析，确定关键控制点。

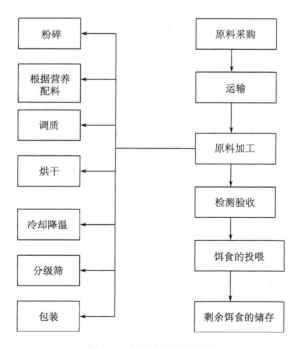

图 5-3　饵料管理流程图

2）可能存在的危害分析

（1）化学危害。

过量添加微量元素和不按规定使用饲料药物添加剂会导致添加物残留，产生化学危害，从而影响亲体健康。主要包括：农残，除草剂、杀真菌剂、杀虫剂等（如DDT、六六六、六氯苯等）；重金属，铅、汞、砷、锅等；兽药残留，各种激素、生长调节因子、各种抗生素（如氯霉素、硝基呋喃类和各种高于最高残留限量的限用药物）。

（2）生物危害。

饲料霉变会产生霉菌的代谢物，这些病原体会对饲料产生生物危害，这些危害主要是病原菌的污染，有沙门氏菌、志贺氏菌、大肠杆菌、霍乱弧菌、副溶血弧菌、气单胞菌、丝状细菌等。

（3）物理危害。

在操作过程中，铁屑、塑料、杂物等的引入也会产生危害。

3）确定关键控制点

（1）化学危害。

在饲料采购、运输、加工生产和存储的过程中，化学物质可能会对饲料产生污染，这些由外界产生的潜在危害是显著的，但是这不是关键控制点，可以由南美白对虾卫生操作标准程序（SSOP）解决。

在加工过程中，如果添加了过量的微量元素或者不按规定使用饲料药物添加剂，饲料中可能会存在药物残留、有毒有害物残留、重金属等卫生指标超标和违禁药物等，影响亲体健康。因此我们确定"配料"（CCP1）及"检验验收"（CCP2）为关键控制点。

（2）生物危害。

在所有的过程中都有可能由人为的一些环境因素或者饲料霉变因素造成生物危害，产生病原菌污染，这是潜在的显著危害，但是不是关键控制点，它可以由南美白对虾SSOP解决。

（3）物理危害。

在所有的过程中都可能由于各种因素造成物理危害，但它不是显著的潜在的安全危害，它可以由肉眼判断出并且予以剔除。

4）关键限值及HACCP计划表

根据有关标准、规范的规定，得出饵料管理过程中关键控制点的安全控制限值（表5-7）。

根据上述分析，制定出关于养殖南美白对虾过程中有关饲料的HACCP计划表，并以计划表5-8来规范养殖过程中的有关操作。

表 5-7　关键控制点的安全控制限值

序号	生产步骤	关键控制限	选择关键控制限的依据
CCP1	配料	异硫氰酸酯≤500mg/kg，噁唑烷硫酮≤500mg/kg，黄曲霉素 B_1/mg/kg≤0.01，嗯喹酸散 g0.06～0.6（弧菌病时使用，连用 5 天），复方硝基酚钠预混剂 5～10mg/kg，鱼虾康达 5g/kg（患弧菌病或烂尾病时使用，连续投喂 3～5 天），氟苯尼考 0.5g/kg（患弧菌病、烂尾病时使用，连续投喂 3～5 天；患烂眼病时使用，连续投喂 3 天；患褐斑病时使用，连续投喂 5 天），国家法规允许的添加药物 法规规定	依据 GB 13078—2017《饲料卫生标准》、NY 5072—2002《无公害食品　渔用配合饲料安全限量》、NY 5071—2002《无公害食品渔用药物使用准则》、农业部令第 176 号《禁止在饲料和动物饮水中使用的药物品种目录》、农业部令第 105 号《允许使用的饲料添加剂品种目录》、农业部令第 168 号《饲料药物添加剂使用规范》
CCP2	验收检验	铅（以 Pb 计）≤5.0mg/kg，汞（以 Hg 计）≤0.1mg/kg，镉（以 Cd 计）≤0.75mg/kg，无机砷（以 As 计）≤2mg/kg，铬（以 Cr 计）≤10mg/kg，氟（以 F 计）≤350mg/kg，游离棉酚≤300mg/kg，氰化物≤50mg/kg，六六六≤0.3mg/kg，滴滴涕≤0.2mg/kg，霉菌总数<$40×10^3$ 个/g	依据 GB 13078—2017《饲料卫生标准》、NY 5072—2002《无公害食品　渔用配合饲料安全限量》、NY 5071—2002《无公害食品渔用药物使用准则》

表 5-8　饵料管理的 HACCP 计划表

关键控制点	显著危害	关键限值	监控				纠偏措施	档案记录	验证措施
			内容	方法	频率	监控者			
配料	药物过量	符合 NY 5072—2002《无公害食品　渔用配合饲料安全限量》、NY 5071—2002《无公害食品渔用药物使用准则》、《禁止在饲料和动物饮水中使用的药物品种目录》、《允许使用的饲料添加剂品种目录》、《饲料药物添加剂使用规范》	合理配比，按照规范添加添加剂，成分检验	定期抽样检测	每一批	质量控制人员、检测人员	如果检测出不合格产品或违规添加剂，延期投入生产直至检验合格	饲料分析报告、验收记录	检查检验合格证书、复查记录

续表

关键控制点	显著危害	关键限值	监控 内容	监控 方法	监控 频率	监控 监控者	纠偏措施	档案记录	验证措施
验收检验	药物残留	符合 GB 13078—2017《饲料卫生标准》、NY 5072—2002《无公害食品 渔用配合饲料安全限量》、NY 5073—2006《无公害食品 水产品 有毒有害物质限量》	(1)产品检验报告、合格证书、登记证、生产许可证、生产批准文号、执行标准号;(2)质量分析	(1)检查文件(2)定期检测	(1)每月(2)每一批	(1)质量控制人员(2)检测人员	(1)查检样品的卫生质量指标,不达标,停用(2)如果检测出超标产品或违规添加剂,延期投入使用直至检验合格	(1)产品检验报告、合格证、生产许可证生产批准文号、执行标准号(2)饲料分析报告、验收记录	抽样检测添加剂含量、检查检验合格证书、复查记录

3. 投饵管理的危害分析

1）可能产生的危害

投饵的量、投饵的时间、投饵的次数均影响对虾的健康稳定生长。投饵的时间不合理、投饵次数过多、投入量过多致使饵料残留，还会导致水质的污染，从而产生生物危害，因此合理地安排投饵量、投饵时间、投饵次数能够确保对虾的健康成长，使成虾达到预期标准。

2）关键控制点

CCP1：投饵量。

CCP2：投饵时间。

CCP3：投饵次数。

这些控制点具有显著的潜在危害，直接影响对虾的生长。

3）关键限值

（1）CCP1 投饵量。

原则上是前期少后期多，在放苗的翌日即开始投喂。每万尾虾苗日投饵量为 0.06kg，以后每天递增 10%。放养 15 天后，应在池塘四边设置饵料观察网，每次在规定时间查看投食情况，以便调整第二天同一餐的投喂量。

根据体长确定投喂量，体长 1~2cm，投喂量占体重的 150%~200%，3cm 为 100%，4cm 为 50%，5cm 为 32%。

（2）CCP2 投饵时间。

养殖全程要严格控制摄食时间，体长 6cm 以下，应控制在 2h；体长 6~10cm，应控制在 1.5h；体长 10cm 以上，应控制在 1h。在高位池投饵的中后期一般投喂 5~6 次，以少量多餐为原则，每餐在 8 成饱即可，晚上投饵量要占全日的 80%左右，白天占 20%~30%。具体投饵时间如下：

18：00~19：00	35%
23：00~00：00	25%
04：00~05：00	15%
09：00~10：00	15%
14：00~15：00	10%

（3）CCP3 投饵次数。

养殖前期每天投喂 2~3 次，中期每天投喂 3~4 次，后期每天投喂 4~5 次。放养 1 个月内，投喂时尽量做到全池均匀投撒，养殖的中后期应沿虾池四周均匀投喂。关键控制点的安全控制限值如表 5-9 所示。

表 5-9 关键控制点的安全控制限值

序号	生产步骤	关键控制限	选择关键控制限的依据
CCP1	投饵量	前期少后期多，每万尾虾苗日投饵量为 0.06kg，以后每天递增 10%。放养 15 天后，应在池塘四边设置饵料观察网，每次在规定时间查看投食情况，以便调整第二天同一餐的投喂量。根据体长确定投喂量，体长 1~2cm，投喂量占体重的 150%~200%，3cm 为 100%，4cm 为 50%，5cm 为 32%。	SSOP 规范，投放饲料量的规定
CCP2	投饵时间	体长 6cm 以下，应控制在 2h；体长 6~10cm，应控制在 1.5h；体长 10cm 以上，应控制在 1h。在高位池投饵的中后期一般投喂 5~6 次，以少量多餐为原则，每餐在 8 成饱即可，晚上投饵量要占全日的 80%左右，白天占 20%~30%	
CCP3	投饵次数	养殖前期每天投喂 2~3 次，中期每天投喂 3~4 次，后期每天投喂 4~5 次。放养 1 个月内，投喂时尽量做到全池均匀投撒，养殖的中后期应沿虾池四周均匀投喂	

5.3.6 南美白对虾养殖水质管理规范

1. 水质检测流程如图 5-4 所示。

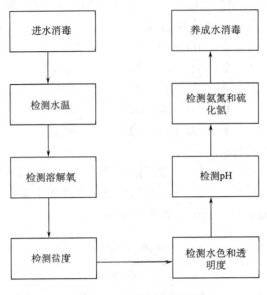

图 5-4　水质检测流程图

2. 水质管理危害分析

1）海水养殖用水水质

在此步骤中出现的潜在危害有生物危害（大肠菌群和类大肠菌群）、化学危害（汞、镉、铅等重金属残留，农药、兽药残留，藻类毒素等）和物理危害（木头、小鱼），这些都存在食品安全性问题。生物危害和化学危害的判断依据是海水受到污染。生物危害的预防措施是在消毒池中加以灭杀进行控制；化学危害的预防措施是预先在外海及进水河中取样进行检测，如超标，将养殖海水排出；物理危害的预防措施是在海水进口设置滤网，密切注意海水水质，防止赤潮。

2）清塘消毒

在此步骤中出现的潜在危害有生物危害（致病生物、病原中间宿主）、化学危害（氢氧化钙超标）和物理危害（杂质、敌对生物）。生物危害和化学危害存在食品安全性问题。生物危害是由于生石灰用量太少灭杀不彻底，而化学危害是生石灰用量大，虾苗不能存活，预防措施是，①测试养成池生石灰浓度；②生石灰用量少补加，用量多，推迟虾苗放养时间；③不能与漂白粉、有机氯、重金属盐、有机混合物混用。

3）进水消毒（养成水）

在此步骤中出现的潜在危害有生物危害（细菌、病毒、寄生虫）、化学危害（镉、铅等重金属残留，农药、兽药残留，藻类毒素）和物理危害（杂质残留）。生物危害存在食品安全性问题。生物危害和化学危害主要是海水受到污染。生物危害的预防措施是：①在消毒后，检测余氯残留达到 0%，pH 7.0～8.5；②余氯浓度和 pH 未达到要求，养成水不能放进养殖池。

4）养殖池进水

在此步骤中出现的危害有生物危害（细菌等），原因是轴流泵没有清洗消毒和管道未清洗、消毒。预防措施：严格按 SSOP 要求执行。

5）养殖水净化

在此步骤中出现的危害有生物危害（细菌等），原因是贝类投放时手和容器受到污染。预防措施是：严格按 SSOP 要求执行。

6）加换水

在此步骤中出现的危害有生物危害（细菌、致病菌等）和化学危害（重金属残留）。生物危害和化学危害存在食品安全性问题。生物危害和化学危害是离心泵受到污染造成的，预防措施是人和离心泵严格执行 SSOP。

3. 水质管理过程中 CCP 的决策程序

根据以上危害分析，我们确定养殖过程中水域部分的关键控制点（CCP）为：养殖池塘水质、养成水进水消毒、清塘消毒、加换水、养殖水净化。水质管理过程中 CCP 的决策程序如表 5-10 所示。

表 5-10 南美白对虾水质管理过程中 CCP 的决策程序表

加工步骤	Q1	Q2	Q3	Q4	Q5	CCP	判断理由
养殖池塘水质	Y	Y	N	Y	N	CCP1	随后没有控制对虾养殖过程中化学危害的步骤
养成水进水消毒	Y	Y	Y			CCP2	在此步骤将化学危害和生物危害降低到可接受水平
清塘消毒	Y	Y	Y				现在的防范操作可以解决此步骤的危害
加换水	Y	Y	Y				现在的防范操作可以解决此步骤的危害
养殖水净化	Y	Y	Y				现在的防范操作可以解决此步骤的危害

注：Y 表示达标；N 表示不达标。

4. 关键控制点的极限值分析

根据查阅的资料，我们确定了关键控制点的极限值（表 5-11）。

表 5-11 关键控制点安全控制限值

序号	生产步骤	关键控制限	选择关键控制限的依据
CCP1	养殖池塘水质	大肠菌群≤2000 个/L,镉≤0.005mg/L,汞≤0.0002mg/L,铅≤0.005mg/L,砷≤0.03mg/L,石油类≤0.05mg/L,氯化物≤0.005mg/L,六六六≤0.001mg/L,滴滴涕≤0.00005mg/L,乐果≤0.1mg/L,多氯联苯≤0.00002mg/L 等	《无公害食品 海水养殖用水水质》NY 5072—2002
CCP2	养成水进水消毒	pH 7.0～8.5,余氯不得检测出（漂白粉浓度 100ppm）	宁波市地方标准 DB3302/T 031—2002

5. 南美白对虾水质管理 HACCP 计划表

根据上面的分析，我们可以制定出关于养殖南美白对虾过程中水域部分的 HACCP 计划表，并以计划表 5-12 来规范养殖过程中的有关操作。

表 5-12 南美白对虾水质管理 HACCP 计划表

关键控制点	显著危害	关键极值	监控 内容	监控 方法	监控 频率	监控者	纠偏措施	档案记录	验证措施
养殖海水水质	化学污染物、寄生虫、病原菌	应符合 NY 5052—2001 标准中的各项要求	检测：寄生虫,大肠菌群,粪大肠菌群,镉、铝汞等重金属残留,氟化物发挥性酚,石油类	检测报告查阅留存	消毒池进水前	对虾养殖主管	不符合要求的养殖用水排出,重新进水	海水养殖用水水质检测报告,海水养殖水验证记录 DHA-HACCP（F）-01	主管人员按 NY 5052—2001 标准复核国家授权机构出具的检测报告
养成水（进水消毒）	细菌、病毒等	漂白粉浓度 100ppm,pH 7.0～8.5,余氯不得检测出	检测余氯含量和 pH	查阅留存	向养殖池放水前	养殖主管人员	养成水不合格,重新排出后重新消毒	进水消毒水质监控和验证记录 DHA-HACCP（F）-07	主管对进水消毒监控和验证记录进行复核

5.3.7 南美白对虾养殖药物管理规范

为保证无公害健康养殖的养殖质量，提高对虾的抗病力和存活率，预防对虾病害的发生，现代集约化养殖生产离不开药物，现代化的对虾养殖业也是如此。药物是人类与水产养殖病害作斗争的重要手段之一，也是促进养殖生物健康的一种物质。但是药物有两面性，使用方法得当，可以防病和治病；使用不当，滥用药物，就可危及食品安全和污染环境。尤其是不使用在虾体内或生物体内长期残留以及对环境有长期影响的治疗或消毒药物，以防为主，在万不得已时，才使用对症治疗药物。且不可使用国家已规定的水产严禁使用的药物，不使用药效不清楚、药物成分不明、没有主管部门备案批文的药物。

1. 影响药物作用的因素

药物因素：包括药物的物理性质与化学结构、药物的用量、给药方法及药物在体内的代谢等。

机体因素：药物对对虾的体质、种群、结构等变化影响很大，因而呈现着不同的药物反应。个体大小不同，反应也不同。

环境因素：虾池的环境因素有很多，如 pH、温度、溶解氧等对药物都会产生不同的反应与影响，因此用药时必须注意水质、季节、气温等外界环境的变化。如水温对药物影响很大，含氯消毒剂与化学消毒剂在温度相差 1℃时，消化能力就有所不同，温度高、反应快，消毒效果强。

1) 药物因素

（1）药量适当。

药物用量即药物的浓度或剂量，是直接影响药效的重要因素之一。一般来说，在一定范围内，同一药物的用量增加或减少，其药力也会相应地增加或减少，即所谓的用量与疗效的关系。当药物量浓度过低时，不能达到疗效。能够产生效应的最大药物浓度称为最低效应浓度（minimal effective concentration）。超过最低效应浓度，并能产生明显疗效，但又不引起毒副反应的药物浓度称为安全浓度（safe concentration）。超过安全浓度，并能引起毒副反应的浓度称为最小中毒浓度（minimal toxic concentration）。能够导致对虾死亡的浓度，称为致死浓度（lethal concentration）。其中能引起50%对虾死亡的浓度，称为半致死浓度（median lethal concentration）。因此，用药的量一定要控制好，否则导致死虾更多，虾病更易爆发。

（2）疗程充足。

药物效应不一定立即发生，也不是永久不变的，治疗期长短不同，药物效应也会不同。这种时间与效应的关系称为时效关系（time effect relationship）。

抗生素类药物治疗期一般不应少于 5~7 天。疗程不够如同剂量不足，会导致病源均通过遗传基因的变异等，对药物产生抗药性。某些原生动物也有抗药性变异问题，这是化学治疗中普遍存在的现象，必须引起注意。现在推广用中草药来防治虾病，具有许多优点。

（3）给药方法。

在对虾病害防治过程中，给药方法是否恰当，直接影响治疗效果。常用的给药方法主要有外用全池泼洒和口服法。也可以两种方法同时使用，以达到最佳的防治效果。全池泼洒药物，使池水中药液达到一定浓度，杀灭虾体及池水中的病原体，这是对虾病害防治中常用的一种方法。采用这种方法时，首先要测量虾池水中的体积，然后按药物所需剂量和水的体积算出虾池总的用药量。此方法杀灭病原体较彻底，防、治均可使用。

口服法是将所需药物按一定的剂量均匀地加入饲料中，制成药饵，按时投喂虾类。可根据药物的性质采取不同的配制方法。对于性质比较稳定、在饲料加工过程中受热和光的影响不会很快分解或变质的药物，如穿心莲、黄连素等，可将药物溶于水后再均匀喷洒在配合饲料中，制成药饵；对于性质不稳定、见光和热易分解、变质的药物，如维生素 C 等可微胶囊包膜的药物，加水均匀喷洒在已制备好的配合饲料上，稍晾干再均匀喷洒一层植物油或鱼油，使药饵表面形成一层油膜，防止投喂后饲料中的药物溶于水中。口服法主要用于防治对虾寄生性传染病和营养缺乏引起的疾病。

2) 环境因素对药物的影响

对虾生活在相当复杂的海水环境或咸淡水水域中，而海水理化因素中的温度、盐度、酸碱度、氨氮和有机质（包括溶解和非溶解态）含量以及生物密度（生物量）等，都是影响药效的重要因素。一般认为，药效随海水盐度的升高而减弱，而药效随温度升高而增强。通常温度每提高 10℃，药力可提高一倍左右。

海水的酸碱度（pH）不同对药物也具有不同的影响。酸性的药物、阴离子表面活性剂以及氯霉素、四环素、呋喃类等禁用药物，在海水碱性环境中的作用减弱；碱性药物（如卡那霉素）、阳离子表面活性剂和磺胺类等药物的作用，则随 pH 的升高而提高。例如，漂白粉在碱性环境中，由于生成的次氯酸易解离成次氯酸根离子，因而作用减弱。除上述因素外，水体中有机物的大量出现，通常可减弱多种药物的抗菌效果，尤其是化学毒剂更为明显。所以，在用药时必须对水质进行检测，然后选择所用的药物种类，才能达到目的。

3) 使用药物的科学性

把握用药时间：把握好用药时间，关系到抑菌、杀菌及防治效果。晴天使用药物效果好，而雨天与阴天使用药物效果不佳。气候因素能使药物产生不同的效果。虾病的防治需要一定的时间，因此，要按规定疗程使用药物，以免造成药物不必要的浪费，用得不好还会污染环境。

准确计算用量：在口服药物中，要求在药物选定后，首先确定给药的用量和方法。具体用药时，应根据对虾不同生长阶段，虾池有机物的多少，病原体的种类、数量以及水温、盐度情况等理化因素以准确计算用药量。

提高药饵的质量：在研制药饵时有预防与治疗之分。预防的药物必须针对对虾不同生长时期而研制，随时改变药饵的含量和种类。不管是预防还是治疗的药饵，都要求对虾喜食、诱食性较强而且要使药物均匀牢固地黏附在饲料上，否则入水后药物易散失，影响疗效。对某些刺激性气味太重或者虾不喜欢吃的药物，在制作时应多加香味诱食的物质。

轮换使用药物：长期或反复使用一种药物，易引发药效减退或无效。因此，不要长期使用单一品种的药物，这样可以消除病原体抗药种群的形成。轮换选用不同机制品种的药物效果更好。

要注意药物的拮抗与协同作用：生产中，两种以上的药物混合使用时，会出现两种不同的结果：拮抗作用，使药效互相抵消而减弱；协同作用，使药物互相帮助而加强。所以不能随便混合渔药。虾农应特别注意的是在生产中千万不可用敌百虫，其不但毒性强，危害人体，而且敌百虫与碱性物质合用会生成毒性很强的敌敌畏。有些药物可以混用，如大黄与氨水合用可以提高药效 10 多倍。

此外，我们要知道药物是在不得已的情况下才使用。进行无公害健康养殖，应多与专家联系，可用可不用的药一律不用，以确保水质环境的稳定。

2. 危害分析及关键控制点

根据危害分析和 CCP 判断原理或水产品危害控制措施的信息来源及欧盟、美国、日本等国家的最新来源，同时也根据上述影响药物使用的因素，我们确定南美白对虾养殖用药过程中 CCP 和关键值如下。

1） 水质监测

水质在整个南美白对虾养殖生产中变化较大，会为虾类养殖带来不可估计的化学和生物污染，是显著危害，应设为关键控制点加以控制。按照 NY 5051—2001《无公害食品淡水养殖用水水质》标准和 NY 5052—2001《无公害食品海水养殖用水水质》标准设置关键限值。

2） 虾苗接收

虾苗会直接影响虾的品质，使得虾免疫力低下，易感染各种疾病，生长缓慢，适应性降低。尤其是带病虾苗，将会为南美白对虾养殖业带来巨大的损失。因此我们将虾苗接收也设为关键控制点。按 GB/T 15101.2—2008《中国对虾苗种》设置关键限值。虾农最好从正规的良种场引进符合 DB33/T 464—2004《无公害南美白对虾苗种》要求的无特异性病原（SPF）的健康虾苗。

3） 饲料接收

应严格控制使用不合格的饲料和滥用药物、饲料添加剂，导致虾体的残留和有害物质超出安全指标。应根据 GB 13078—2017《饲料卫生标准》、NY 5073—2001

《无公害食品 水产品种有毒有害物质限量》、饲料生产商的产品合格证设置关键限值。

4) 药物使用

根据 NY 5070—2002《无公害食品 水产渔药残留限量》、NY 5071—2002《无公害食品渔用药使用准则》、渔药质量合格证、产品说明书设置关键限值。

根据上述的分析，得出药物管理关键控制点及其安全控制限（表 5-13）。

表 5-13 药物管理关键控制点安全控制限值

序号	生产步骤	关键控制限	选择关键控制限的依据
CCP1	水质检测	镉≤0.30mg/kg，汞≤0.5，砷≤25mg/kg，铬≤150mg/kg，铅≤50mg/kg，铜≤100mg/kg，锌≤150mg/kg，六六六≤0.30mg/kg，滴滴涕≤0.30mg/kg，氧化物≤250mg/kg，并参照 pH 6.5~7.5，大肠菌群≤2000 个／L,镉≤0.005mg/L,汞≤0.0002 mg/L，铅≤0.05 mg/L,砷≤0.03 mg/L，氰化物≤0.005 mg/L,石油类≤0.05mg/L,六六六≤0.001 mg/L,滴滴涕≤0.00005mg/L,乐果≤0.1mg/L,多氯联苯≤0.00002mg/L 等	NY 5051—2001 标准、NY 5052—2001 标准
CCP2	虾苗接收	虾苗全长≥0.7cm，淡化苗淡化时间≥5d，淡化苗出苗池盐度≤3‰，规格合格率≥85%，体色异常率≤10‰，弱苗率≤7%，附着性纤毛虫带病率≤3%，白斑病和桃拉病毒不得检出，死亡率≤2.0‰，软壳虾率≤3%	GB/T 15101.2—2008《中国对虾苗种》、DB33/T 464—2004《无公害南美白对虾苗种》
CCP3	饲料接收	铅≤5.0mg/kg，汞≤0.5 mg/kg，镉≤3mg/kg，铬≤10mg/kg，氰化物≤50mg/kg，多氯联苯≤0.3mg/kg，异硫氰酸脂≤500mg/kg，噁唑烷硫铜≤500mg/kg，黄曲霉素 B_1≤0.01 mg/kg，六六六≤0.3mg/kg，滴滴涕≤0.2mg/kg，沙氏菌不得检出，霉菌≤30000cfu/g	GB 13078—2017《饲料卫生标准》、NY 5073—2001《无公害食品 水产品种有毒有害物质限量》、饲料生产商的产品合格证
CCP4	药物使用	铅≤5.0mg/kg，汞≤0.5 mg/kg，镉≤3mg/kg，铬≤10mg/kg，氟化物≤50mg/kg，多氯联苯≤0.3mg/kg，异硫氟酸酯≤500mg/kg，噁唑烷硫酮≤0500mg/kg，黄曲霉素 B_1≤0.01mg/kg，六六六≤0.3mg/kg，滴滴涕≤0.2mg/kg，沙氏菌不得检出	GB 13078 饲料卫生标准、NY 5073—2001《无公害食品 水产品种有毒有害物质限量》、饲料生产商的产品合格证

3. 药物管理 HACCP 计划

药物管理 HACCP 计划如表 5-14 所示。

表 5-14 药物管理 HACCP 计划表

关键控制点	显著危害	关键限值	监控				纠偏措施	档案记录	验证措施
			内容	方法	频率	监控者			
水质监测	有害化学及生活污染、病原菌、寄生虫	符合 NY 5051—2001 标准和 NY 5052—2001 标准	养殖池水质	抽样化学分析	养殖池清塘消毒前	质量控制人员	用清塘消毒及水质改良药物进行水质处理	海水养殖用水水质检测报告和海水养殖用水水质验证记录、淡水养殖用水水质检测报告和淡水养殖用水水质验证记录、清塘消毒水质监控和验证记录	根据 NY 5051—2001 标准和 NY 5052—2001 标准验证养殖水质
虾苗接收	农残药残、重金属超标，虾苗本身带有白斑病毒、桃拉病毒等	符合 GB/T 15101.2—2008《中国对虾苗种》，渔药残留不超过限量	虾苗供应商证明、由研发中心对每批虾苗抽样送国家授权机构检测白斑病毒和桃拉病毒等、检测药残是否超标	查阅留存、PCR	每批	质量控制人员	拒收	虾苗供应商提供出场证明、国家授权机构出具虾苗检测报告、南美白对虾虾苗验收报告、病毒检测报告	复核供应商提供的出场证，复核国家授权机构出具的白斑病毒和桃拉病毒等的检测报告
饲料接收	生物或化学污染、添加剂（药物添加剂）	GB 13078—2017《饲料卫生标准》、NY 5073—2001《无公害食品 水产品种有毒有害物质限量》、饲料生产商的产品合格证	检测理化指标和安全卫生指标	查阅留存	每品种	质量控制人员	拒收不合格饲料、转移养殖对象、延长净化时间	供应商提供的国家授权机构出具的检测报告、饲料验收记录、饲料抽样检测报告	复核供应商提供的检测报告，复核验收记录，评估供应商的供货情况，抽样送检供应商的饲料（一年一次）

续表

关键控制点	显著危害	关键限值	监控				纠偏措施	档案记录	验证措施
			内容	方法	频率	监控者			
药物使用	使用不当和非法使用导致虾体内残留物超出安全水平	按药物说明使用，按规定剂量使用，依照良好操作规程使用。药品适合在养殖中使用	药物残留量、休药期限	观察化学分析	每次起捕前，每次药物使用时	质量控制人员	缓捕、延长休药期	药品使用记录、药品使用证书、残留药物测试记录	复查每次药品使用记录、药物残留限量测试

本节针对南美白对虾养殖行业中建立 HACCP 体系的关键问题进行探讨，利用 HACCP 原理针对南美白对虾养殖生产工艺流程进行危害分析，确定在南美白对虾养殖过程中的关键控制点为苗种选育、投饵管理、水质管理、药物使用等。

针对南美白对虾养殖过程中苗种选育、投饵管理、水质管理、药物使用等 4 个方面的问题，根据 HACCP 原理分别进行危害分析，得出关键控制点及其极限值，制作相应 HACCP 计划表。提出南美白对虾工厂化养殖苗种选育规范、南美白对虾工厂化养殖饵料管理规范、南美白对虾工厂化养殖水质管理规范及南美白对虾工厂化养殖药物管理规范。这些规范的提出，为南美白对虾健康养殖过程提供了技术及管理方面的参考和指导，为南美白对虾健康养殖管理提供规范依据，相信能为规范化养殖、健康养殖提供保障。建议在南美白对虾养殖业推广使用。

5.4 基于物联网的水产品精细养殖系统

5.4.1 水产品精细养殖系统分析

中国的水产养殖业具有悠久的历史，目前中国的水产品产量约占世界总产量的 1/3，已经连续 12 年位居世界第一，规模巨大。但长期以来水产养殖业基本处于小规模工厂养殖和个体户养殖的形式，大多采用人力手工作业方式，科技含量不高。随着我国水产行业的快速发展，水产信息工作越来越受到人们的重视，但与其他行业相比，我国水产信息化建设无论硬件建设还是软件建设，都起步较晚，发展较慢，没有形成一定的规模，与我国水产业的快速发展极不相称。现阶段我国的信息收集和处理技术主要集中在编制大量的水产应用软件，如饲料配方的优化选择、放养密度模型、渔政管理软件、水质管理软件、渔业资源模型等等[10-12]，在数据的处理速度、科学性、数据库的智能化和数据资源共享等方面和国外还有一定的差距，这也是我国水产信息产业今后努力的方向。

针对水产养殖现代化、信息化程度较低，食品安全问题严峻等状况，结合规模化水产养殖的主要养殖品种（南美白对虾、经济鱼类或河蟹）的工厂化养殖模式或标准化池塘养殖模式的生产管理与产品质量控制的需求，研发集成pH、温度、溶解氧、氨氮等传感器的无线便携式水质监测设备、智能化增氧机设备、智能投饵设备和水产养殖便携式精准管理系统，研究这些设备的专家化智能控制技术及远程无线调控技术、水产RFID标签技术及其编码技术，构建集成水质实时无线监测与控制、无线RFID溯源、智能装备的远程控制、离线水质及品质检测的水产养殖物联网网络体系结构；以建立水产养殖基于RFID产品标识与养殖流程有机统一为突破口，在建立水产养殖良好操作规范的基础上，通过对水产养殖产品从苗种选择、养成管理到疫病控制的流程剖析，建立一套具有权威性的水产养殖生产流程知识体系结构，设计水产养殖产品质量管理的框架体系；建立生产现场与市食品安全监管的数据交换体系,开发集成的水产品质量控制与溯源信息系统，实现养殖用水、养殖生产、苗种管理、饲料投喂、药物使用等全流程、全方位的智能化监控和信息化管理，实现水产养殖品质控制和信息追溯与溯源，从而提高水产养殖自动控制和智能管理水平，提高生产效率，加强监管，增强食品安全保障。

5.4.2 水产品养殖精细化管理系统

1. 水产品养殖精细化管理系统架构分析

水产品养殖精细化管理系统结合HACCP体系和各水产品养殖场上传数据建立生产档案，采集各养殖场环境信息，记录投料、用药等生产作业信息，提供数据分析利用、管理决策和自动控制，以便于相关生产主体进行日常生产管理以及水产品安全监控。

系统重点构架统一的数据采集、存储、运维、分析、控制、管理平台，以及相应的数据接口，实现典型水产品种、水体环境和人工措施关系定量化智能处理模型，覆盖养殖全过程信息统计与分析和安全预警预测，以及对水产养殖安全生产投入品的全程控制、养殖环境的自动控制、饲养操作环节的智能控制以及污染物处理的控制。

针对系统的特定用户相应地调整功能的复杂性，由于水产养殖场以及农户的信息知识和计算机水平普遍较低，因此系统必须易操作，流程简单易懂。在开发过程中采用多种手段提高系统简便性，简化功能，简化操作步骤。

系统集数据采集、查询、统计和业务管理于一体，实现各环节的智能化识别、定位、跟踪、监控和管理，为实现水产安全生产建立示范样本，促进现代信息技术在农业领域的推广，形成新的生产力。

水产养殖智能管理系统包括 4 个子系统及 18 个功能模块。功能模块图如图 5-5 所示。

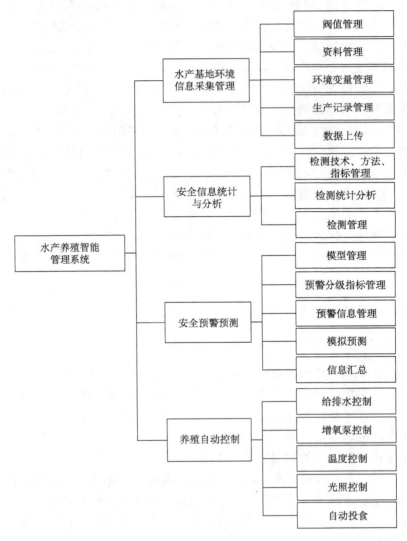

图 5-5 水产养殖智能管理系统功能模块图

1）水产养殖场环境信息采集管理

（1）资料管理。对养殖场基础经营信息和作业动态信息的管理，除控制因素的相互关系对水产品生产的影响也可借由各项资料的记录，提供管理者进行分析以改善养殖环境。此类资料可以通过系统的数据接口进行批量导入。

（2）环境变量管理。对所环境信息实现采集控制、数据处理等应用，系统在有硬件传感设备的支持下可以更精确地记录池内环境因素的变化，使得水槽内的环境变化得以掌控，节省人力资源的浪费。

（3）生产记录管理。通过建立水产养殖良好操作规范模型，建立水产养殖整个养殖过程从苗种检验、池塘消毒、水源管理、投放养殖、科学投喂、渔药使用等的过程管理，系统将结合 HACCP 体系建立各养殖池的生产安全档案，记录消毒、用药等信息。

（4）阀值管理。管理者可以根据各养殖池的需求设置池内环境变化因素指标阀值，包括饵料供给量、水中的 pH、溶氧量、温度和水位的高低等，以此为预警机制的基础。

（5）数据上报。系统将水产品安全相关数据上传至政府相关部门，为实现全面的基础信息与业务数据的统计、分析、预测提供基础。

2）安全信息统计与分析

（1）检测技术、方法、指标管理。将水产品检测常用的技术、方法以及主要指标导入系统中，为日常监测工作提供良好的基础。

（2）监测管理。系统自动对水产品生产养殖场环境检测数据进行记录和管理。针对集约化标准化水产养殖场 RFID 溯源的接入、水质与环境监控指标、节点数量与分布位置差异大、设备故障风险高的问题，研究水质超标、控制设备与监控网络系统故障等远程预警技术，采用水质与环境参数在线建模方法，开发水质与环境信息无线监控网络系统软件，提供友好的人机接口、多种报警策略与方式选择、网络系统与数据管理等功能，实现溯源信息、水质及环境信息全天候、数字化的在线监测、预警和控制。

（3）数据实时查询。可远程查看养殖场实时数据，及时在千里之外对养殖场了如指掌。

（4）监测统计分析。对连续的检测数据进行统计与分析，对生产养殖场的产品进行安全性评估。

（5）趋势查询。通过数据统计、数据对比、历史数据分析、趋势图查询服务查询，把握特定时点内检测值的变化趋势。

3）安全预警预测

a. 模型管理

将趋势预测的数据模型通过系统数据接口导入系统，系统对模型进行维护管理，为系统的趋势预测和综合研判提供必要的条件。

（1）水质管理决策模型研究。养殖环境信息、水质信息、养殖措施和养殖生物量间的定量关系是水产养殖质量控制的前提和难题。针对这一难题，本课题将根据气温对水温的影响，饵料及水产品的代谢物对养殖水体 pH 的影响，养殖密度对日增重量、日生长量和成活率的影响，水体增氧对养殖水体中溶氧量和氨氮的影响，氨氮、亚硝态氮与化学需氧量（COD）的关系，氨氮、亚硝态氮与葡萄糖吸收能力的关系，残饵、粪便与水质恶化间的关系等，建立水质参数预测、生物增长等系列定量关系动力学模型，解决水质动态预测问题，为水质预警控制、饲料投喂和疾病预防预警提供数据支持。

（2）水产疾病预防预警与诊治模型研究。针对目前我国水产品疾病发生频繁、经济损失较大且鱼病预防和预警系统缺乏等实际问题，迫切需要从水产品疾病早预防、早预警的角度出发，深入研究气候环境、水环境和病源与水产品疾病发生的关系，确定各类病因预警指标及其对疾病的发生的可能程度，在此基础上建立水产品预警指标体系，根据预警指标的等级和疾病的危害程度，研究并建立水产品疾病三级预报预警模型，实现水产养殖疾病预防、预警、诊治。

在获得流行病与水质、环境关系模型后，建立根据当前环境条件和水质条件对流行病害、病毒进行预测，同时对病害的爆发进行预警，建立应急响应机制。建立养殖水产品在各个时期的各种病害数据库，针对实际病害的发生，实现病症诊断和用药、治疗等的诊治系统。

（3）饲料科学投喂模型研究。针对传统喂养模式粗放、饲料利用率低、浪费大等问题，以各养殖品种在各养殖阶段营养成分需求，研究饲料配料最优模型；根据各养殖品种长度与重量的关系，光照度、水温、溶氧量、养殖密度等因素对饲料营养成分的吸收能力和饲料摄取量关系，研究不同养殖品种的生长阶段与投喂率、投喂量间定量关系模型。基于 UML 的组件式模型库技术，设计适用于养殖品种喂养模型字典、模型表示方法和模型文件库，建立喂养模型库。通过上述问题的研究，解决喂什么、喂多少、喂几次等精细喂养问题。

b. 预警分级指标管理

对各类预警分级指标进行管理。

c. 预警信息管理

对各类预警信息进行管理，提供用户友好的查询管理接口。

d. 模拟预测

利用已经导入系统的模型预测突发公共事件的影响范围、影响方式、持续时间和危害程度等，达到减少灾害事故的负面影响以及减少事故的衍生次生，为应急救援决策的制定和实施提供技术支撑。

e. 信息汇总

系统将各方业务基础信息获取后汇总，使用户对信息有更全面的了解与掌握。

4）自动控制

（1）无线水质调控节点研究与开发。在无线采集节点共性技术研究基础上，针对水产养殖控制现场增氧机、分离器等强电设备电磁干扰辐射强、控制风险高的问题，研究强弱电隔离、电磁兼容技术与具有高可靠性的信道编码方法，开发集约化水产养殖水质及环境参数无线调控节点，实现对水产养殖场的增氧机等设备智能控制，实现水质的智能化调控。

（2）给排水控制。系统根据水质需要进行自动换水，管理员也可以根据系统提供的实时参数判断养殖池是否需要换水，并通过远程控制系统进行换水。

（3）增氧机控制。通过物联网，将智能化增氧机系统接入网络中，结合水质监测系统实时监测水体溶解氧的状况，根据养殖品种，采用专家控制模型对增氧机进行实时控制，自动保持鱼塘溶解氧量在一个科学合理的范围内，确保鱼类的优良生存环境。

（4）温度控制。在进水口建立水温缓冲池，通过与系统对接的温控设备调节水温，之后将缓冲池内恒温水送入养殖池内。当养殖池温度过高时，系统自动打开进出水口，更换池水，达到降温目的。

（5）光照控制。根据不同季节、养殖品种、天气情况等信息自动计算养殖对象所需光照强度、光照时间，从而判断天窗开启时间，实现自动控制或提示人工关照。

（6）科学投喂的控制。根据预设的时间和条件，计算投食的时间，或实现自动投食或提示人工关照。采用智能控制自动投饵设备，配备智能控制电路，能够指定投饵时间、投饵频率、投放面积。大容量饵料槽，一次投料后可自动分时间段、分批投饵，省时省力，大大提高了工作效率。

2. 养殖生产智能监控平台研发

针对当前水产品产地准出和市场准入监管难度大、产品流向难以跟踪和查询等问题，在研究生产企业与政府监管的数据交换模型基础上，建立生产主体与政府监管中心之间的数据交换技术，研发生产养殖智能监控平台以实现水产品质量安全信息跟踪、追溯与监管的可视化、准确化和全程化。

生产养殖智能监控平台的数据由水产养殖场和监管部门按项目预先制定的统一格式采集。这些数据通过系统提供的接口由水产养殖场的生产系统直接上报。平台采集的数据，可供监管部门进行相应的产业结构和数据分析，也可以提供给最终消费者或监管单位、相关厂商进行查询。

监控平台通过生产档案管理、生产养殖场备案、档案查询、水产养殖场生产情况实时监测、可视化分析，促使水产养殖场严格按照规范进行生产，加强环保监控能力，及时发现水产养殖过程的环境和疫病等隐患，最大限度地规避养殖风险，保证产品质量，提高水产存活率。

平台架构如图 5-6 所示。

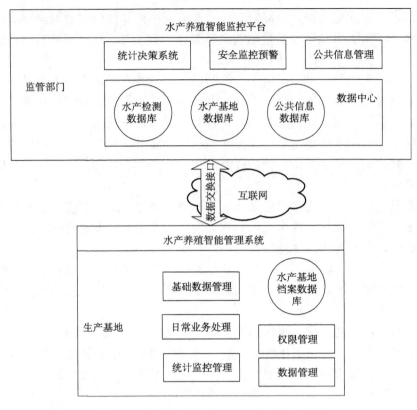

图 5-6　水产养殖智能管理决策系统拓扑图

平台功能模块如图 5-7 所示。

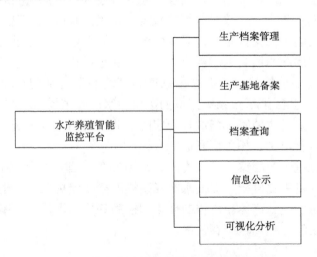

图 5-7　水产养殖智能监控平台功能模块图

(1）生产档案管理。生产档案中的记录可以实现数据接口导入，也可支持无系统的各水产养殖场生产事件进行人工输入，内容主要包括养殖过程、投药记录、环境记录等。

（2）生产养殖场备案。为水产养殖场建立信息档案，管理养殖水面的空间分布、面积、质量等自然属性信息以及使用权、承包权动态信息，为监管部门提供信息化的管理手段。

（3）档案查询。能够检索平台上已备案的水产养殖场信息，以及某一塘次的水产品养殖记录。

（4）可视化分析。通过 Flash 等表现形式，制作主要水产品生产养殖场的分布图，同时在上面分别以专题应用的形式叠加下列图层：养殖场基本信息、事故率、主要水产分类等。

同时在平台上可用多种图表等方式分析平台数据，如显示不同地方同一时段的不同生长、环境现状对比图，年度产量统计分析等。

5.4.3 水产精细养殖物联网异构网络结构设计

1. 水产养殖系统网络结构

根据上海的工厂化养殖和标准化池塘养殖的不同需要，建立平台物理结构（图 5-8）。系统结构分为四层：用于水质在线监控的无线传感器网络，通过多网

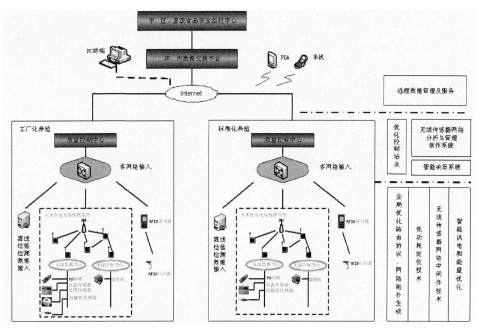

图 5-8 系统网络结构图

络接入设备构建的集成离线检验检测数据接入，水产养殖智能化装备、便携式监测设备及便携式管理终端、RFID 数据无线接入，水质监控网络的生产企业无线网路、通过 Internet 外部接入的数据交换以及外部质量监控平台。

2. 水产物联网系统总体技术线路

水产物联网系统以水产动物规模化、标准化养殖模式或设施养殖模式为对象，在精准生产管理规范、智能化设备研发和系统集成技术规范的指导下，针对

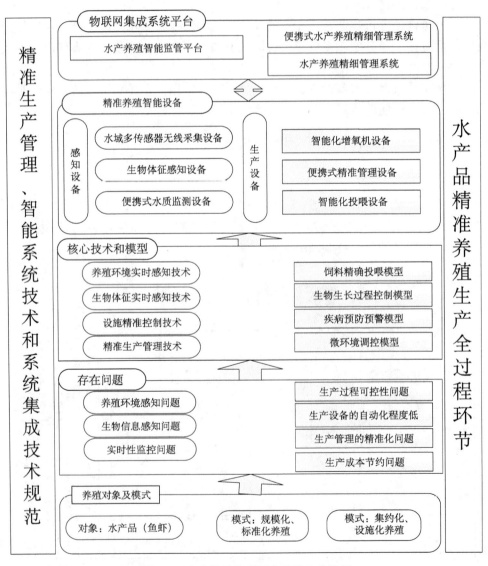

图 5-9　水产养殖物联网总体技术线路图

养殖精准生产的整个过程的每个环节，分析生产和管理中的存在问题，提炼精准生产和智能化控制的关键核心技术，建立养殖环境和生物体征信息感知、智能化生产设施等装备以及信息化精准管理模型，集成技术和装备形成集成化的精准生产管理系统。总体技术线路图如图 5-9 所示。

5.4.4 水产养殖精细化管理系统软件设计

1. 便携式精细养殖管理终端研发

随着智能手机和 PDA 的发展，利用手机平台开发基于 Android 的应用系统，实现无线模式下随时随地的管理，拓展管理模式，提高管理效率变成了一种越来越重要的方式，但这种平台主要还是用于大型养殖场地水质监测，目前最需要的是能够建立便携式的水产养殖精细化管理平台。本系统根据需要，集成 ZigBee 无线通信模块、GPRS 通信模块、WiFi 通信模块，研制 Android 操作系统的基于携式移动精细管理终端。系统提供对养殖水质监控、日常管理、报警信息以及养殖状态等的动态监控、实时分析和预警处理，并对相关的紧急情况进行远程的控制。开发的便携式水产精细化管理终端，主要应用对象是企业的管理人员和决策层人员，其能对水产养殖过程中的水质监控、设备状态、养殖过程中的用药、用饵料等情况进行随时随地监控管理。系统终端模块结构如图 5-10 所示。

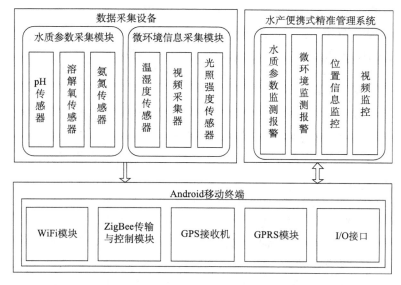

图 5-10 便携式终端模块图

2. 基于 B/S 的水产养殖精细化管理系统

1）水产物联网智能信息服务平台

水产物联网智能信息服务平台依托各种参数配置、专家服务、养殖规则库、养殖模型库，通过对养殖企业的养殖流程进行基于 WORKFLOW 的管理，形成专家化智能化管理平台。整个系统针对专家、政府监管和养殖企业的不同建立了用户与知识管理子系统、专家信息服务子系统、监管信息服务子系统以及智能化养殖管理子系统等服务系统。平台系统采用 Portal 结构，数据分布，注册则服务。

（1）企业养殖管理子系统。

力求通过专家化的信息服务，对整个养殖过程进行精细化管理，系统包括整个养殖流程的系统化管理，并根据水质情况对增氧、投饵以及生物生长状况进行跟踪和管理。养殖系统根据各种突发情况进行不同层面的报警服务，实现及时跟踪和及时处理养殖过程中的问题。系统的养殖企业管理子系统主要功能如下。

地图管理：以地图和相关的热点模式管理各个养殖场每个池塘的信息，包括池塘的面积、水位、水质情况、养殖状况等。

苗种管理：对养殖企业的苗种进货情况、苗种检验数据和苗种质量进行管理，保障有优质的苗。

养殖管理：主要包括放养前准备和养殖过程管理。放养前准备是主要对清塘、消毒、放养前水质、水位进行管理，保证池塘的养殖环境安全性。

养殖过程管理是以工作流的模式对从放苗开始到整个养殖过程结束的全过程管理，包括以下几方面。

① 放苗管理：自动根据养殖池塘面积、水深计算适当的放养密度，实际进行放养时可以稍作调整。

② 水质监控：通过无线传感器网络对每个池塘的水质情况进行实时监控，同时根据增氧机的增氧规则进行增氧机的调控。

③ 水位管理：根据水位知识库动态管理养殖池塘的水位情况，并及时提示换水时间和每次的换水量。

④ 科学投喂：根据养殖生物的生长情况和养殖天数、水质等信息建立科学投喂规则库，实现每天的投饵量、投饵时间、投饵次数的科学安排和管理。

⑤ 科学投药：根据疾病预警的情况进行投药管理，对投药量、投药方法、投药品种等进行精确计算。

⑥ 日常管理：对巡塘、巡水、查看生物生长情况等进行安排和管理。

⑦ 成品捕捞：管理养殖成品的起捕情况，是一次性捕捞还是分批捕捞等。

水产物联网智能信息服务平台软件系统实现如图 5-11 和图 5-12 所示。图 5-11 为养殖企业精细管理系统中养殖管理界面，图 5-12 为养殖企业水质监测与增氧机控制界面信息。

图 5-11 养殖企业精细管理系统

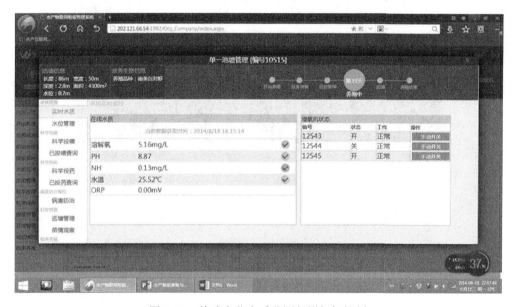

图 5-12 养殖企业水质监测与增氧机控制

报警和预警系统：对水质、病害、水位和增氧机的状态进行报警。

（2）用户与知识管理子系统。

提供对用户的分类管理，企业用户、专家用户以及监管用户的注册、审核等管理。子系统建立了从简单到复杂的各个层面知识管理。包括参数配置、规则管理、模型管理等内容。图 5-13 为规则库管理界面，图 5-14 为统一参数配置界面。

图 5-13　规则库管理

图 5-14　统一参数配置

（3）监管信息服务子系统。

力求通过专家化的信息服务，对整个养殖过程进行精细化管理，系统包括整个养殖流程的系统化管理，并根据水质情况对增氧、投饵以及生物生长状况进行跟踪和管理。养殖系统根据各种突发情况进行不同层面的报警服务，实现及时跟踪和及时处理养殖过程中的问题。图 5-15 为监管信息服务界面。

图 5-15　监管信息服务

（4）专家信息服务子系统。

为水产养殖专家建立一个为养殖企业服务的平台，主要包括公共养殖信息发布、检测数据发布以及针对可能出现的流行病、水质、天气等的变化发布相关的预警预报信息。可以针对个人和公共的养殖区域发布相关的信息。图 5-16 为专家信息服务界面。

2）养殖生产智能监控平台研发

针对当前水产品产地准出和市场准入监管难度大、产品流向难以跟踪和查询等问题，在研究生产企业与政府监管的数据交换模型基础上，建立生产主体与政府监管中心之间的数据交换技术，研发生产养殖智能监控平台以实现水产品质量安全信息跟踪、追溯与监管的可视化、准确化和全程化。

生产养殖智能监控平台的数据由水产养殖场和监管部门按项目预先制定的统一格式采集。这些数据通过系统提供的接口由水产养殖场的生产系统直接上报导。平台采集的数据，可供监管部门进行相应的产业结构和数据分析，也可以提供给最终消费者或监管单位、相关厂商进行查询。

图 5-16　专家信息服务

监控平台通过生产档案管理、生产养殖场备案、档案查询、水产养殖场生产情况实时监测、可视化分析，促使水产养殖场严格按照规范进行生产，加强环保监控能力，及时发现水产养殖过程的环境和疫病等隐患，最大限度地规避了养殖风险，保证产品质量，提高水产存活率。

5.5　水产品质量控制与安全溯源

5.5.1　水产品质量安全追溯系统建立的目的与意义

水产品是人类重要的食品之一，也是人类摄取营养和动物性蛋白的一个重要来源，是保证营养均衡和良好健康状况所需蛋白质和必需微量元素的极宝贵来源。但是随着人类社会的进步，出现了环境污染、药物残留、工业添加剂等一系列食品安全隐患，加强水产品质量安全管理十分必要。在水产品质量安全管理的研究与探索过程中，可追溯系统逐渐得到了全世界广泛的认可，可追溯系统的研究与应用在我国逐渐成为热点[13,14]。

水产品由于其自然特点，质量安全的影响因素复杂多样，如养殖过程中的水质污染、生物污染、药品添加剂污染以及加工流通过程中的微生物污染等。而我国是水产养殖大国，捕捞和养殖量巨大，同时养殖范围也覆盖全国，水产行业生产者点多面广，生产规模小、分散、数量多，以鲜活品为主，储存条件有限，流通环节多，加工包装比例低。水产品的信息在生产者和消费者之间不对称，质量得不到保证，出问题后很难找到责任者，对责任者处罚力度有限。建立水产品质量安全追溯系统的目的与意义主要有以下几个方面：

（1）实现在水产品养殖、加工以及流通各主要环节中质量安全跟踪和追溯，保证上市水产品都可查。在出现质量问题时，问题最初来源和环节可知，为政府监管部门进行水产品质量安全监管提供有力的技术支撑，保护消费者的知情权，并提供一个保护消费者权益的通道，保障水产品的质量安全。

（2）促进我国水产业整体优化，加快我国水产品质量安全与国际标准接轨，提高我国水产品的国际竞争力，保护我国水产行业持续健康发展。

（3）有利于保护水域生态环境和渔业可持续发展。追溯系统可有效控制禁用品的使用，保证渔业环境安全，减少污染，保护生态环境。

5.5.2 我国水产品质量安全追溯系统现状与问题分析

1. 水产品质量安全可追溯系统研究现状[15]

我国水产品质量安全可追溯系统的相关研究起步相对较晚，最早出现在 21 世纪初，研究不够深入。政府的相关职能部门对其高度重视，但是具体举措较少；各类研究机构和企业也较早开展了研究与实践。目前国内的部分省（市）如广东省、北京市、江苏省等已经逐步建立当地的水产品可追溯系统，为今后建立全国性统一的水产品质量安全可追溯系统奠定了坚实的基础，并积累了宝贵的经验。

1）相关法律法规体系的建立

2002 年以来，我国逐步制定了一些水产品质量安全可追溯制度相关的法规、标准、指南。2003 年，农业部发布了《水产养殖质量安全管理规定》。2004 年，国家质量监督检验检疫总局颁布了《出境水产品追溯规程（试行）》和《出境养殖水产品检验检疫和监管要求（试行）》，明确了我国出境养殖水产品检验检疫和监管，要求我国出口水产品可以通过相关信息追溯到从成品到原料的每一个环节。2006 年，我国颁布实施了《中华人民共和国农产品质量安全法》，随后农业部又发布了《农产品包装和标识管理办法》；同年北京市出台《2008 年北京奥运食品安全行动纲要》，规定北京奥运食品全部加贴电子标签，实现全程追溯。2007 年，农业部颁布实施了《水产养殖质量安全管理规范》。2009 年，颁布了《中华人民共和国食品安全法》。在水产养殖领域的无公害农产品、绿色食品、有机农产品、中国良好水产养殖规范（ChinaGAP）、水产养殖认证委员会最佳水产养殖规范认证（BAP）等 5 种产品认证，ISO 9000、ISO 14000、危害分析的临界控制点体系（HACCP）3 种体系认证以及目前在多数省份建立的水产品质量检测中心，这些都为开展水产品追溯提供依据和基础。因此，我国水产品质量安全可追溯系统的相关法律法规已经初具雏形，但离健全的体系要求还有一定的距离。

2）相关技术的研究

水产品质量安全可追溯系统的运行主要依靠现代信息技术和电子技术，主要包括对信息的识别、采集与存储、读取和数据的互相通联等技术，并以产品质量信息的标识及识别技术（如条形码、电子标签、IC卡识别等）、编码技术（如全球统一的 EAN.UCC 编码）、追溯 GPS 技术和信息采集存储数据库等技术设备为基础。

随着物联网、云计算、下一代通信网络等新一代信息技术的快速发展，水产品养殖阶段的物联网技术研究也越来越多。通过物联网技术可以实时获得养殖环境的关键参数（如水温、溶解氧、pH、氨氮等），按照生态养殖的要求进行调整，从而提高水产养殖的智能化水平和水产品的品质，同时还能实现精细投喂、疾病预测与诊断，以及气象预报信息服务等智能服务，并作为基础数据记录存储于水产品质量安全可追溯系统。物联网系统功能稳定，数据传输及时，数据处理高效，数据监测比较准确，方便掌握养殖池塘水质变化规律，能推进水产病害测报工作，可通过预警降低养殖风险。

2. 水产品质量安全追溯系统问题分析[16]

与此同时，我国的水产品质量安全追溯系统的建设刚刚起步，相关制度、技术的研究等基础还不完善，面临着一系列的问题，如相关法律法规不健全，标准体系缺失，科技和设施软硬件落后，从业人员素质、意识差等。这些问题与不足为我国的水产品质量安全追溯系统的建设与运行带来巨大影响。

1）政策法规与标准不健全

水产品质量安全追溯系统需要相应法律法规的配合，但我国只制定颁布了相关框架性的法律规程，且大多是农业方面的，如《中华人民共和国农产品质量安全法》、《农产品包装和标识管理办法》、《中华人民共和国食品安全法》等。水产品相关立法不足，具体水产品质量安全追溯专门性和针对性的法律更是缺乏。

此外，我国水产品追溯相关标准也较少，尤其是水产品标识制度、市场准入制度、抽查制度等均不够完善，缺乏水产品可追溯系统标准化的依据。各地方政府监管力度、程度及管理水平也存在差异，水产品质量安全追溯信息的可靠性难以保证。

因此，需要根据我国的国情，建立一整套水产品质量安全追溯法律规章与标准，明确监管部门及其权利与职责规定，统一水产养殖与流通加工各环节流程的标准，明确相关违法行为的处罚，让水产品质量安全追溯系统做到有法可依、依法办事、违法必究，按照标准执行，保障水产品质量安全追溯系统的建设与有效运行。

2)科技和设施软硬件落后

我国水产品质量安全追溯相关技术和设备的研究起步较晚,还不能完全满足水产品质量安全追溯系统建设的需要,国内已有的一些科研主要是基于国外 EAN.UCC 体系进行应用性研究或者新软件开发。在多地试点结果表明,各地的水产品质量安全追溯系统还不能对全环节的信息进行追溯和监控,以有效地保障本地水产品质量安全的监管。水产养殖环节登记备案手段一般采用纸质载体,所记载的信息简单,方法较为落后,信息存储和读取工作量都较大,监管与检测手段、技术也相对滞后。目前各地多将条形码技术应用到追溯系统中,建立了基于条形码技术的可追溯系统平台和查询系统,但条形码技术读取信息的效率和信息的存储量有限,易损度较高,还需要开发读取速度更快、存储信息量大、防伪耐损的新型电子标签。同时,水产品质量安全追溯系统的成本控制也应该是软硬件研究的主要方向之一,目前试点的追溯系统成本控制亟待提高,这也限制了追溯系统的建设与运行。

3)信息采集难度较大

我国水产品行业小生产者多、企业型生产者少、生产点多而分散、集约化程度不高,此外从业人员素质也普遍不高,许多养殖场可追溯记录不规范、不全面,没有统一的格式和内容。同时,现代流通渠道还未普及,流通方式较落后,以鲜活水产品为主,多是商户从私人养殖场中购进水产品,加工与包装不足,卫生条件与操作规范、生产标准化不足,明显落后于禽畜产品。因此,水产品质量安全追溯信息采集难以实现,相关信息采集难已经成为我国水产品质量安全追溯系统在实际操作中最棘手的难题。

要解决信息采集难的问题,一方面政府要加强水产从业人员的培训,加强水产品质量安全追溯系统的宣传,建立标准化示范基地,以点带面,提高全民认识并了解、接受追溯系统的作用;同时,要运用市场体制,用市场无形的力量让水产从业人员主动参与水产品质量安全追溯的建设与运行。例如,对追溯信息记录完整的养殖场或养殖户给予适当补贴;流通环节能够查到有效信息的水产品适当提高销售价格;建立市场准入机制等。

5.5.3 水产品追溯系统关键技术

水产品追溯系统涉及数据库、信息、系统、条码等多种信息技术,涉及政府部门和食品、运输、销售等企业及消费者等广大社会层面,是一个复杂的过程,是一个综合性的技术系统,它的实现是靠多种技术、多个部门相互协调完成的[17]。

1. 无线射频识别技术

无线射频识别(radio frequency identification,RFID)技术是从 20 世纪 90 年

代兴起的一项非接触式的自动识别技术,它通过射频信号自动识别目标对象并获取相关数据,识别工作无需人工干预。作为条形码的无线版本,RFID技术具有条形码所不具备的防水、使用寿命长、读取距离长以及存储信息量大等优点,这些特点使得水产品可追溯系统中对活的水生生物进行标识成为可能。

RFID系统主要由电子标签(即射频卡)、天线(包括发射天线、接收天线)阅读器和控制主机组成。电子标签是一种可读写设备,根据不同需求可设置为只读和可读写形式。阅读器既可从电子标签读取信息,也可将自身的信息写进电子标签中。需要时,可以把水生生物的相关信息通过读写器写到标签上,当水生生物转向下一个流通环节时,再利用读写器把信息读出来,存到此环节的数据库中,完成数据和产品的同步流通。

基于水产品不停游动的特点,可以在养殖阶段将射频标签打入鱼体内,在流通、生产加工以及销售阶段采用普通的条形码标签实现身份认证,在保证数据正常传递的情况下节约使用标签的成本。

2. 编码技术

水产品个体识别是实施可追溯系统的关键,水产品质量安全管理系统采用一维条码与二维条码联合标识的方法,从基地生产出的产品包装成最小商品单元并以一维条码形式进行标记,同时产品经过组合包装成为货运流通单元进入配送中心,再以二维条码形式记录所有商品单元的信息,实现信息流与实物流的统一,以及水产品质量控制全程数字化管理。

水产品追溯编码通过设置编码的种类、定义各种编码之间的关系、确定编码的结构和原则,采用分段式组合编码的形式等对水产品从地区、类别入手,通过编码之间的对应关系将产地编码、产品编码和养殖履历编码相结合。产地编码以行政区划代码为基础结合企业编码生成,这种方式符合目前水产品监管中各地区行政主管部门作为水产品监管责任主体的实际,产品编码采用层次分类法按产品种类、产品类别、产品品种三级层次编码,养殖履历编码以池塘编码结合出池日期生成,从而实现全国水产品追溯编码。在编码结构中,以批次作为追溯单元,以同一养殖主体在同一池塘内的同一时间出池的同一品种的产品作为编码单元。水产品追溯监管码由行政区域代码、企业代码、产品分类代码、源实体参考代码、生产日期代码和校验码构成。

5.5.4 基于物联网的水产品追溯体系

1. 体系架构

基于物联网的水产品追溯体系是根据水产养殖行业的特性,结合传感、无线射频和全球定位等物联网核心技术,以"生产流、物流和信息流"为导向,以水产养殖成品的物流流通模式为基础,采用云计算的服务模式进行构建(图5-17)。

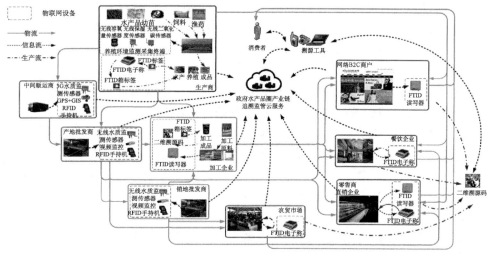

图 5-17　基于物联网的水产品追溯体系

水产品全产业链中的生产流、物流和信息流贯穿于整个追溯体系之中。生产流表示水产养殖品单体从幼苗到成品,经由各级销售网络或加工企业生产后消费者购得整个过程所需的基本生产步骤;物流是指水产养殖成品在生产商、贩运商、批发商、加工企业、经销商和消费者间的流通转运过程,物流起点是生产商,终点是消费者;信息流表示水产品产业链中信息和数据的传播和流动,包括生产状态数据、物流状态数据、物流转移数据、追溯查询数据、查询反馈数据等,并以多种数据格式予以表示和传递。政府水产品产业链追溯监管云服务是信息流的核心组成部分,所有生产信息、物流信息、销售信息、追溯信息等均实时上传至其中进行存储和处理[18]。

2. 主要环节

1)基于物联网的养殖生产采集

养殖生产环节对生产商的生产原料、养殖过程和收货打包等关键生产状态和生产过程,实现多渠道、多方式的监管。

生产商将水产幼苗、养殖饲料和渔药等生产原料的采购情况,包括采购日期、出产厂家、采购数量、许可批次等生产原料信息录入本地生产管理系统中。在整个养殖生产过程期间,借助无线传感网络,由无线溶解氧传感器、无线温湿度传感器和无线二氧化碳传感器等养殖环境监测采集终端对养殖池塘环境状态进行实时感知。养殖管理人员每日将巡塘记录、每日所投食的饲料和所使用的渔药投放情况等生产作业信息进行录入上传。

2）基于物联网和多通道的贩运批发监管

中间贩运商利用手持式 RFID 阅读设备，对所收货的成品箱进行扫描来上传数据。同时，为保证水产养殖成品在运输途中的环节质量，在中间贩运商的运输车辆上配备基于 3G 的远程水质监测传感器，实时监测运输途中水质的 pH 变化情况，并上传至水产云服务。若在采样时间内（一般 5~10 min），水质的 pH 发生骤降或骤升，则在水产云服务的成品转运信息管理子系统中进行异常状态提醒，从而预防商贩在运输和贩卖时自行添加违禁药品和用剂。

对于产（销）地批发商，收货入库过程与中间贩运商相仿。由于其流动性相对中间贩运商较低，利用 WLAN 为传输网络，采用无线远程水质监测传感器，确保储存的水质环境质量。若网络条件允许，则可采用无线远程视频监控的方式监管其整个销售过程有无掺假现象。

3）基于 RFID 和条形码的成品加工管控

加工企业原料进货过程的控制可配备 RFID 阅读器对来自生产商和产（销）地批发商的水产养殖成品箱进行自动批量采集获取相关信息，而食品添加剂的入库过程可利用条码扫描设备获知。如上所获数据通过企业的生产信息管理系统与水产追溯云服务进行同步。同时，加工企业每日将所耗用的食用添加剂种类、数量和所用加工工序等状况上报至水产追溯云服务。

另外，在加工企业所生产的水产加工成品打包装箱过程，利用 RFID 箱标签对每一批次的产品进行标识，而每个产品单品标签上加印含该产品生产信息的二维条码，并将这些数据同步至水产追溯云服务。

4）基于 RFID 和二维码的成品销售标识

一般而言，水产养殖成品或加工成品通过农贸市场、零售门店、大型超市、餐馆饭店等一线销售渠道实现最终的个体消费或社会消费。除部分网络 B2C 商家外，如上商家的销售模式基本以直接面向消费者为主，出售的成品也以单体成品居多。针对此类成品经销模式，可采用 RFID 电子秤予以解决。在售卖过程中，RFID 电子秤中的阅读器对成品上的防水 RFID 标签或植入式 RFID 标签进行读取，通过访问水产追溯云服务的服务器进行编码解析并编译相关信息，再利用热敏技术打印内含追溯网址的二维码票据，以供消费者进行自行溯源。

对于实行批量采购的类似大型超市的零售商和网络 B2C 商户，其入库过程可以采用 RFID 阅读器对成品箱上的 RFID 标签进行感知并获取数据，自动上传至各自的生产信息管理系统和水产追溯云服务，从而提高入库清点效率和确保物流信息完整性。

5）基于多终端的消费者追溯

消费者在购买水产养殖成品后，通过手智能终端扫描票据上的二维码获知其追溯码，利用 PC 或手机访问水产追溯云服务查询服务器，查询水产品的产品名称、商户企业（养殖商、批发商、销售商）、生产批次、捕捞时间、存储环境、检验指标、检验结果等溯源信息。对于水产加工成品的溯源，消费者可以通过扫描成品包装上的二维码获得相应的溯源信息。

5.6 鱼病诊断方法及水产养殖用药安全管理规范研究

5.6.1 鱼病诊断概述

鱼病诊断是指鱼病专家根据病鱼的症状表现，采用一定的诊断方法对症状表现进行识别，以判断病鱼的状态、分析病因并给出防治措施。鱼病诊断包括以下要素：诊断对象（鱼）、症状表现、病因和防治措施。这些要素相互关联，共同构成了鱼病诊断的有机整体[19]。

诊断对象：鱼病诊断的对象就是发病的鱼，其属性是指鱼的种类和规格。鱼的种类是指水产养殖中常见的淡水鱼类，包括青鱼、草鱼、鲢鱼、鳙鱼、鲫鱼、鲤鱼、罗非鱼等。鱼的规格分为鱼苗、鱼种、成鱼和亲鱼四种。

症状表现：症状表现是指鱼体在发病过程中出现的非健康的病态反应。为了鱼病诊断的方便性，根据鱼病症状发生的部位，将鱼病症状分成七大类：体表、头部、鳞片、鳃部、内脏、行为、镜检症状，镜检症状就是用显微镜观察到的症状表现，多与寄生虫病相关。根据症状对疾病结论诊断的不同影响，可以将症状划分为主要症状（必见症状：只要这些症状出现，某鱼病必定存在；常见症状：出现频率较高的症状）和次要症状（偶见症状：出现频率较低的症状）。

病因：指导致鱼体发生病变的因素。鱼类致病因素错综复杂，基本可划分为三大类：①生物因素，包括细菌、病毒、真菌、藻类、寄生虫等；②环境因素，主要是水的温度、溶氧度、氨氮含量和 pH 等偏离正常指标；③人为因素，包括放养密度不当、饲料管理不当和机械性损伤等。

防治措施：在确定鱼类疾病类型和病因之后，诊断进入防治阶段。由于鱼的种群差异、池塘周围环境的差别和饲养管理的措施的不同，在鱼病防治中要因时因地制宜，特别是应该加强水环境监测和鱼病预防，在鱼病发生之初就采取措施进行预防，以降低损失。

5.6.2 鱼病诊断特点及依据

水产养殖过程中的鱼病诊断有 5 个特点，分别是疾病多样性、病因多样性、发病过程的动态性、诊断的复杂性和治疗的复杂性[20-21]。

1. 疾病多样性

疾病传播机理表明：任何一个原发性疾病都存在多条潜在疾病传播的选择；加之在现代集约化养殖条件下，高密度放养造成水质二次污染、病原传播、水体富氧化等因素相互影响，更易造成多种疾病同时并发。

2. 病因多样性

鱼的致病因素包括生物因素、环境因素和人为因素三大类，每一类致病因素又包括非常多的致病元素，这些致病元素混合在一起，相互影响，错综复杂，共同导致鱼体发病。

3. 发病过程的动态性

由于鱼体自身和周围的环境处于不断运动、发展和变化中，鱼病的发展过程本身也是致病因素与鱼体抗病因素相互影响的过程，整个鱼病发病过程呈现动态性。这种动态性表现为鱼病发病的不同阶段，包括病原接触期、病原侵入期、病原潜伏期和发病期，发病期又细化为初期、中期和晚期。

4. 诊断的复杂性

鱼病的产生不仅与鱼的种群、个体等有关，也受到病原体和环境因素以及饲养管理的影响；症状的多样性：由于鱼体发病程度或者病因的不同，症状也呈现多样性。同种鱼病有多种症状，不同疾病又可出现同一症状。

5. 治疗的复杂性

由于病因、鱼病和症状的多样性、鱼病发病过程的动态性，因此鱼病诊断治疗也非常复杂。在实际诊断过程中，不同病因导致的同一疾病，症状相同，但治疗方案不同；同一种病因引起的不同疾病，症状不同，但治疗方案可能相同。因此在诊断过程中，必须综合考虑病因、疾病、症状，以病因为主，结合疾病的发展情况以及症状表现给出治疗方案。

鱼病诊断过程中的依据主要有以下五点。

（1）判断是否由病原体引起的疾病。非病原体导致的鱼体不正常或者死亡现象，通常都具有与病原性疾病明显不同的症状：①因为饲养在同一水体中的鱼类受到来自环境的应激性刺激是大致相同的，鱼体对相同应激性因子的反应也是相同的，因此患病鱼体表现出的症状比较相似，病理发展进程也比较一致；②除某些有毒物质引起鱼类的慢性中毒外，非病原体引起的鱼类疾病，往往会在短时间内出现大批鱼类失常甚至死亡；③查明患病原因后，立即采取适当措施，症状可能很快消除，通常都不需要进行长时间治疗。

（2）依据疾病发生的季节。因为各种病原体的繁殖和生长均需要适宜的温度，而饲养水温的变化与季节有关，所以鱼类疾病的发生大多具有明显的季节性，适宜于低温条件下繁殖与生长的病原体引起的疾病大多发生在冬季，而适宜于较高水温的病原体引起的疾病大多发生在夏季。

（3）依据患病鱼体的外部症状和游动状况。虽然多种传染性疾病均可以导致鱼类出现相似的外部症状，但是，不同疾病的症状也具有不同之处，而且患有不同疾病的鱼类也可能表现出特有的游泳状态。例如，鳃部患病的鱼类一般均会出现浮头的现象，而当鱼体上有寄生虫寄生时，就会出现鱼体挤擦和时而狂游的现象。

（4）依据鱼类的种类和发育阶段。因为各种病原体对所寄生的对象具有选择性，而处于不同发育阶段的各种鱼类由于其生长环境、形态特征和体内化学物质的组成等均有所不同，对不同病原体的感受性也不同。所以，鲫或者鲤的有些常见疾病，就不会在冷水鱼的饲养过程中发生，有些疾病在幼鱼中容易发生，而在成鱼阶段就不会出现了。

（5）依据疾病发生的地区特征。由于不同地区的水源、地理环境、气候条件以及微生态环境均有所不同，不同地区的病原区系也有所不同。对于某一地区特定的饲养条件而言，经常流行的疾病种类并不多，甚至只有1~2种，如果是当地从未发现过的疾病，患病鱼也不是从外地引进的，一般都可以不加考虑。

5.6.3 鱼病检查与确诊方法

1. 检查鱼病的工具

一般而言，养殖规模较大的鱼类养殖场和专门从事水产养殖技术研究与服务的机构和人员，均应配置解剖镜和显微镜等，有条件的还应该配置部分常规的分离、培养病原菌的设备，以便解决准确诊断疑难病症的问题。即使个体水产养殖业者，也应该准备一些常用的解剖器具，如放大镜、解剖剪刀、解剖镊子、解剖盘和温度计等。

2. 检查鱼病的方法

用于检查疾病的鱼类，最好是既具有典型的病症又尚未死亡的鱼体，死亡时间太久的鱼体一般不适合用作疾病诊断的材料。

作鱼病检查时，可以按从头到尾、先体外后体内的顺序进行，发现异常的部位后，进一步检查病原体。有些病原体因为个体较大，肉眼即可以看见，如锚头鳋、鱼鲺等，还有一些病原体个体较小，肉眼难以辨别，需要借助显微镜或者分离培养病原体，如车轮虫和细菌、病毒性病原体。

1) 肉眼检查

对鱼体肉眼检查的主要内容：一是观察鱼体的体型，注意其体型是瘦弱还是肥硕，体型瘦弱往往与慢性疾病有关，而体型肥硕的鱼体大多患的是急性疾病；鱼体腹部是否鼓胀，如出现鼓胀的现象，应该查明鼓胀的原因究竟是什么；此外，还要观察鱼体是否畸形。二是观察鱼体的体色，注意体表的黏液是否过多，鳞片是否完整，机体有无充血、发炎、脓肿和溃疡的现象出现，眼球是否突出，鳍条是否出现蛀蚀，肛门是否红肿外突，体表是否有水霉、水泡或者大型寄生物等。三是观察鳃部，注意观察鳃部的颜色是否正常，黏液是否增多，鳃丝是否出现缺损或者腐烂等。四是解剖后观察内脏，若是患病鱼比较多，仅凭对鱼体外部的检查结果尚不能确诊，就可以解剖1~2尾鱼检查内脏。解剖鱼体的方法是：剪去鱼体一侧的腹壁，从腹腔中取出全部内脏，将肝胰脏、脾脏、肾脏、胆囊、鳔、肠等脏器逐个分离开，逐一检查。注意肝胰脏有无瘀血，消化道内有无饵料，肾脏的颜色是否正常，鳔壁上有无充血发红，腹腔内有无腹水等。

2) 显微镜检查

在肉眼观察的基础上，从体表和体内出现病症的部位，用解剖刀和镊子取少量组织或者黏液，置于载玻片上，加1~2滴清水（从内部脏器上采取的样品应该添加生理盐水），盖上盖玻片，稍稍压平，然后放在显微镜下观察。特别应注意对肉眼观察时有明显病变症状的部位作重点检查。显微镜检查特别有助于对原生动物等微小的寄生虫引起疾病的确诊。

3. 确诊

根据对鱼体检查的结果，结合各种疾病发生的基本规律，就基本上可以明确疾病发生原因而做出准确诊断了。需要注意的是，当从鱼体上同时检查出两种或者两种以上的病原体时，如果两种病原体是同时感染的，即称为并发症，若是先后感染的两种病原体，则将先感染的称为原发性疾病，后感染的称为继发性疾病。对于症状不明显、病情复杂的疾病，就需要做更详细的检查才可做出准确的诊断。此时，应该委托当地水产研究部门的专业人员协助诊断。

在对鱼类的健康程度进行诊断的过程中，首先，对鱼类的进食状态进行观察。当外界环境因素无明显变化时，如果鱼类的食欲大幅降低，则鱼类的健康程度则有可能出现下降的情况。其次，还应对鱼类的日常活动情况进行观察。当部分鱼类脱离鱼群而单独活动时，则说明离群的鱼类有可能患有某种疾病。最后，对鱼类是否患病的判断还可以鱼类身体的颜色作为指标。当鱼类体色正常、鳃丝鲜红时，则证明鱼类的健康程度良好；反之，则说明鱼类有患病的可能。

在对鱼类的致病因素进行分析的过程中，应从以下几个方面进行考虑。①对养殖水体进行检验。水体是鱼类赖以生存的环境,水质量的高低也将会对鱼类的健康程度有着直接的影响。根据调查研究结果显示,当水体的温度、水质及泥沙含量等发生变化时,鱼类的健康程度会发生变化。②鱼食质量的检验。饲料也是影响鱼类健康程度的关键因素之一。当鱼类的饲料发生变质等情况时,不仅会影响水体质量的变化,也会影响鱼类的身体健康。因此,养殖人员应对鱼类饲料的配比等有清楚的了解,提高喂食的科学性。③鱼类身体检验。养殖人员应加强对鱼类身体表面的观察频率,通过对其鱼鳃、身体颜色等判断鱼类的健康程度,尤其是针对颜色、行为等存在异常时,更应加强对鱼类的关注。

5.6.4 水产养殖用药安全管理研究概况

当前,药物防治仍是水产动物病害防治的"三大"措施(化学、物理和生物)之一,也是我国水产动物病害防治中最简单、最直接、最有效和最经济的方式,在我国水生动物病害防治体系中受到普遍重视。我国作为世界水产养殖大国,养殖品种众多,养殖产量占世界养殖总量和国内水产品总产量的70%以上,也是世界水产养殖用药大国。因此,加强水产养殖用药研究,对确保水产养殖业健康、可持续发展,确保养殖水产品质量安全显得尤为重要。

目前我国水产养殖用药大体可分为水产动物用药和水产植物用药,以水产动物用药种类居多、用药量最大。按其用途,又可分为抗菌药、消毒药、驱杀虫药、水质(底质)改良剂、中药、激素与促生长代谢药物和生物制品(疫苗、干扰素和免疫制剂等)。我国水产养殖用药类别主要是消毒剂、抗菌药、驱杀虫药、水质(底质)剂和中药5类,或概括为抗菌抑菌类药物、驱杀虫类药物和水质(底质)改良类物质3类,另有促生长物质和催产用激素类药物2类[22]。

1. 水产用消毒剂

水产用消毒剂原料多为化学物质。生石灰作为传统消毒物质,在水产养殖业中早已被广泛应用,另有茶籽饼、鱼藤酮和巴豆等传统清塘用天然物质在局部地区使用。除此之外,使用较多的还有含氯制剂(如漂白粉、强氯精和三氯异氰脲酸钠粉等)、含溴制剂(如溴氯海因粉等)以及含碘消毒剂(如聚维酮碘和高聚碘等)。其他类型的消毒剂还包括醛类和季铵盐类。水产养殖用消毒制剂主要用于杀灭水体内的各种微生物,包括细菌繁殖体和病毒等,但对养殖动物有一定的刺激性。

2. 水产用驱杀虫药物

水产用驱杀虫药物主要是用来杀灭或驱除水产动物的寄生虫以及敌害生物的一类药物,可分为抗原虫药、抗蠕虫药、杀甲壳动物药和除害药,主要包括有机磷类、拟除虫菊酯类、咪唑和一些氧化剂。驱杀方式主要是触杀和胃毒。其中盐酸氯苯胍粉、阿苯达唑粉和甲苯咪唑溶液等是水产养殖常用的驱杀虫药。

3. 抗菌抑菌类药物

抗菌抑菌类药物是用来治疗细菌性疾病的一类药物，主要由抗生素和合成抗菌药组成，在防治传染性疾病中具有十分重要的地位，其中以抗生素类尤为突出。抗生素类主要包括氨基糖苷类、四环素类和酰胺醇类；合成抗菌药主要是磺胺类药物和喹诺酮类药物。目前水产用抗菌抑菌类药物由于不规范使用，尤其是滥用抗菌抑菌类药物作为预防疾病的药物，导致水产品药残超标以及病原耐药性增强的问题十分突出。

4. 中草药制剂

中草药制剂由于具有增强免疫功能、抗应激、抗微生物和驱虫等多功能性，以及无残留、无公害等特点，在水产养殖业中的应用日益得到重视。需要特别指出的是，以抗菌作用为例，如果使用抗生素，在防治细菌性病害的同时，又易带来"药源性"疾病，其毒副作用、药物残留和耐药性增强等也会影响人体健康。许多中草药具备明显的抗病毒、细菌作用，却无毒副残留和耐药性产生。水产用中草药主要由大黄、黄芩、黄柏、板蓝根和五倍子等原料组成。

5. 水产用水质（底质）改良剂

水产用水质（底质）改良剂主要通过微生物制剂调节养殖水体内的微生态平衡，调整水产养殖生物环境，净化水质，达到提高养殖品种健康水平及改良养殖环境的目的。现阶段水产养殖中主要使用的单一菌种微生态制剂有光合细菌、硝化细菌、芽孢杆菌、蛭弧菌、乳酸菌、枯草芽孢杆菌和反硝化细菌等；复合微生态制剂主要有益生素、EM 菌、益水宝和生物抗菌肽等。

此外，还有动物催产用激素类和免疫用生物制剂类（疫苗）等。

5.6.5 水产养殖用药存在的问题

1. 基础研究薄弱

水产养殖用药总体研究水平较低，对药效学、药理学、毒理学和代谢动力学等基础研究不足，导致我国在制定药物残留限量、休药期、给药剂量及制定用药规范、药品质量标准和质量检测方法标准等方面资料极度缺乏，难以适应和满足渔药标准化生产、标准化检测和规范化用药指导的需要。禁用渔药的替代产品研发更是无从谈起，形成了有药不能用和可用药无产品的尴尬局面，严重地影响了我国水产养殖业的健康可持续发展。从用药品种来看，水产养殖生产过程中用药大部分由兽药、农药和化工产品移植而来，多属人兽（畜、禽、鱼）共用药物。其中，驱杀虫药原料药很多来自有毒性的农药或农用化学药品，抗菌抑菌类药物的原料与人、兽成分同源比例也很高。此外，对禁用药物替代药品的研究未能及时跟上，致使禁用药物屡禁不止。

2. 市场无序竞争

近年来，农业部加大了对兽药（含水产养殖用药）的监督管理，特别是在 2005 年同时开展了针对生产企业的 GMP 认证，兽药地方标准上升至国家标准工作，促进了水产养殖用药生产企业管理水平的提高，为水产养殖用药的规范使用创造了便利条件。但也使水产养殖用药市场出现了混乱，一些无法认证或认证不达标的企业，纷纷转为经营企业或改为生产"非药品"。这类生产企业生产成本低、产品形式简单、产品低水平重复，又多为原有的地标产品（非国家标准）或微生态制剂，产品良莠不齐，以次充好的现象屡见不鲜，产品质量得不到保证，使用过程中"死鱼事件"增加，对水产品质量安全构成了威胁。

3. 从业人员专业素质参差不齐

从行业发展现状来看，我国从事水产养殖生产的从业人员专业素质偏低。水产养殖的大多数从业人员不仅对各种渔药的特性、科学使用药物的技术与方法等缺少必要的了解，而且在从事水产养殖生产过程中对各种水产养殖动物病害如何进行科学预防没有正确的认识，不少养殖业者将药物防治作为控制水产养殖动物各种病害的唯一措施，且不规范、不科学使用，尤其是长期使用抗菌抑菌类药物作为预防性药物。当水产养殖动物的病害发生时，又由于缺乏必要的诊断条件和可供决策选择药物的基本数据为支撑，自身具备的水产动物疾病学和病理学知识也不能满足对疾病进行正确诊断的需要，也就不可能做到对症用药和科学用药。一旦养殖品种患病，没有较好的对策，往往盲目用药、滥用药和乱用药，导致了严重的水产品质量安全隐患。

4. 病原体耐药性有增加趋势

化学药物治疗成为防治细菌性鱼病的重要手段，但养殖生产中为了使治疗达到快速有效的结果，在药效不明显的情况下，往往过量用药，使用浓度是规定用量的 3～5 倍，甚至更多。由于渔药的使用范围和剂量加大，使用频繁，细菌发生基因突变或转移，部分病原生物产生抗药性。此外，耐药性质粒又可在人和动物的细菌中相互传播，对人类也构成潜在威胁。

5. 规范用药技术指导缺乏科学性

目前的水产养殖规范用药技术指导工作还处于起步阶段，虽然经过4年多时间的系列宣传、技术培训和技术指导，在业界形成了一定的气候和较广泛的社会影响力，但仍因经费或投入问题不能更加科学而深入地开展，只停留在常规的已有文字资料的传播层面上。因为受限于渔药质量不一、养殖水质条件多变，对鱼病诊断的准确性、渔药标准说明书的科学性和病原体的耐药性强弱等因素的影响，在一般性的培训和技术指导中经常出现"教授"使用与实际使用效果不一致的问题，甚至相差甚远。原因就是在开展用药指导过程中不能采取更加科学、有效的方法，如对渔药质量的检验、病原的耐药性检测和药物敏感性试验等。

5.6.6 水产养殖规范用药的建议

1. 转变观念，加强基础研究

我国水产养殖用药基础研究还很薄弱，而加强这方面的研究是水产养殖用药安全使用的基础。当前应组织相关科研机构和人员，面向水产养殖实际生产中出现的药物防治疾病的难点，重点开展药品使用的相关实用技术研究。如加强对病原生物的药物敏感性和耐药性变化的研究，掌握我国水产动物致病菌对抗菌类药物敏感状况的变化与变化趋势，这对于正确选用和确定各种药物的使用剂量是十分重要的。此外，还应加强水产养殖用药对环境负面影响的研究。

2. 加强规范用药使用的宣传、教育和培训

充分利用科技下乡、科普宣传等活动形式及广播、电视等新闻媒体，大力宣传无公害水产品养殖技术、管理制度和法律法规，对养殖者进行病害防治和用药知识的培训，对养殖过程中的用药进行具体指导，督促养殖者科学防病、合理用药。媒体适时宣传养殖业执法行动的效果，对典型的违法违规案件，及时通报新闻媒体进行宣传，扩大影响。有关部门要加大投入力度，加强水产养殖动物药物敏感性试验技术培训，尽快建立基于水产技术推广体系的科学规范用药技术指导队伍，推动水产养殖规范用药水平的提高。

3. 加强养殖环节用药管理和药品残留监控力度

针对我国水产养殖量大、规模化程度低的实际，应突出重点、因地制宜，稳步推进水产养殖用药使用管理和残留监控工作。监督指导养殖企业和农户建立用药记录制度，完善药品使用档案，监督养殖企业和个人严格执行休药期规定。加快执业渔医队伍建设，推行处方药管理制度，明确用药责任主体，规范用药行为。

加大药品法律法规和科普知识宣传力度，普及安全用药知识，提高企业和农户识别假药的能力，科学合理用药。继续加大药品残留监控力度，有条件的地方，要把残留检测结果作为动物产品市场准入的依据。

4. 加大健康养殖技术的推广力度

坚持"预防为主、防治结合"的方针，以养殖环境管理为基础，以生物防控技术为主攻方向，积极推广健康水产养殖技术。加强水生动物病害测报工作，建立测报预警机制，最大限度地减少病害损失。加快无公害养殖基地、标准化示范基地建设，积极推进有机、绿色水产品的认证工作，引导水产养殖业规范生产，提高养殖水产品质量；全面普及病害防治和科学用药知识，加强对水产养殖安全用药的指导，提高健康养殖意识，提高产地和生产过程质量安全管理水平。

5. 加大投入，推动水产品质量安全监控力度

苗种、饲料、饲料添加剂和渔药等养殖投入品的质量和使用方法等是养殖水产品中药物残留超标的源头，而且这些投入品的使用贯穿养殖生产的全过程。若想从根本上控制养殖水产品的质量安全问题，有关部门必须加大投入，继续组织开展"水产品养殖全程质量监控技术试点示范"工作，尽快建起基于水产技术推广体系的水产品养殖全程质量控制体系和制度，构建长效管理机制，将水产品质量安全监管重心前移到养殖生产的各个环节，改变水产品质量安全管理的事后性局面，确保养殖生产者的利益和水产养殖业的健康可持续发展。

6. 尽快全面实施水产品质量可追溯制度

食品质量可追溯制度是国际上一些发达国家通行的做法，也是还消费者"查知权"、"知情权"和"选择权"的有效途径。但在我国的推行速度较慢，至今还没有全面实施。为快速提升我国农产品质量安全管理水平，全面管好农产品的质量安全问题，让消费者放心，应该尽快而全面地建设水产品质量可追溯制度和管理体系，并同步实施水产品产地准出和市场准入制度。鉴于水产技术推广体系的网络优势、技术优势和联系基层、联系生产者和全覆盖的优势，水产品质量可追溯体系的源头应考虑建在水产技术推广体系内，通过水产技术推广体系进行养殖生产全过程、涉及水产品质量安全的信息采集、处理和上传发布等。

7. 理顺关系，强化渔药管理

目前我国的渔药隶属兽药管理。但因行业限制、专业隔离和管理力量等因素的限制，现行的管理部门表现出管理不到位、无法管理，甚至某些方面无人管的现象，而渔业部门又不能管。这一问题如不尽早解决，水产品的质量安全问题将

是一个长期存在的大问题。鉴于目前管理体制上的原因,可采取委托管理制,在执法主体不变的前提下,将渔药方面的业务委托给渔业部门管理等。

参 考 文 献

[1] 余思佳. 中国养殖水产品质量安全管理体制研究[D]. 上海: 上海海洋大学, 2014.
[2] 安继芳. 基于Web的淡水养鱼饲料投喂专家系统研究[D]. 北京: 中国农业大学, 2002.
[3] 毛烨. 基于物联网技术的泰州市水产精细养殖监管系统研究[J]. 农业网络信息, 2016, (9): 67-69.
[4] 杨宁生, 袁永明, 孙英泽. 物联网技术在我国水产养殖上的应用发展对策[J]. 中国工程科学, 2016, 18(3): 57-61.
[5] 夏俊, 凌培亮, 虞丽娟, 等. 水产品全产业链物联网追溯体系研究与实践[J]. 上海海洋大学学报, 2015, 24(2): 303-313.
[6] 颜波, 石平. 基于物联网的水产养殖智能化监控系统[J]. 农业机械学报, 2014, 45(1): 259-265.
[7] 刘金亮, 庞珍丽. HACCP食品安全预防体系在水产养殖中的应用探讨[J]. 中国水产, 2013, (9): 72-74.
[8] 曾庆祝, 刘志娟. 应用HACCP体系控制养殖水产品的安全危害[J]. 水产科学, 2005, (4): 44-46.
[9] 宋炜, 马春艳, 马凌波. HACCP体系在水产养殖中的应用及发展[J]. 中国渔业质量与标准, 2011, 1(3): 73-79.
[10] 马莉, 孙传恒, 屈利华, 等. 可追溯水产养殖质量安全管理系统设计[J]. 农业网络信息, 2011, (11): 49-51.
[11] 史兵, 赵德安, 刘星桥, 等. 工厂化水产养殖智能监控系统设计[J]. 农业机械学报, 2011, 42(9): 191-196.
[12] 吴小芳, 胡月明, 徐智勇. 水产品质量安全管理与溯源系统建设与研究[J]. 科技资讯, 2010, (36): 228.
[13] 林洪, 李萌, 曹立民. 我国水产食品安全与质量控制研究现状和发展趋势[J]. 北京工商大学学报(自然科学版), 2012, 30(1): 1-5.
[14] 杨信廷, 宋怿, 钱建平, 等. 基于养殖流程的水产品质量追溯系统编码体系的构建[J]. 农业网络信息, 2008, (1): 18-21.
[15] 邵征翌. 中国水产品质量安全管理战略研究[D]. 上海: 中国海洋大学, 2007.
[16] 陈校辉, 钟立强, 王明华, 等. 我国水产品质量安全追溯系统研究与应用进展[J]. 江苏农业科学, 2015, 43(7): 5-8.
[17] 刘学馨, 杨信廷, 宋怿, 等. 基于养殖流程的水产品质量追溯系统编码体系的构建[J]. 农业网络信息, 2008, (1): 18-21.
[18] 彭宾, 郭佩佩. 工厂化水产养殖质量全程监控与可追溯体系的建立与应用[J]. 现代农业装备, 2014, (4): 53-58.
[19] 王玉堂. 水产养殖用药与水产品质量安全[J]. 中国水产, 2012, (5): 54-58.
[20] 孟思妤, 孟长明, 陈昌福. 鱼类疾病诊断与检查方法[J]. 科学养鱼, 2012, (10): 86.
[21] 王贵荣. 鱼病诊断短信平台设计与实现研究[D]. 泰安: 山东农业大学, 2009.
[22] 郭正富. 水产养殖用药对水产品质量的影响及对策[J]. 中国畜牧兽医文摘, 2015, 31(4): 204.

第6章 温室无线测控网络关键研究与系统集成

无线传感器网络（WSN）由于其灵活准确等诸多优点，广泛地应用于各个领域。温室无线传感器网络就是重要的应用之一，它对提高环境控制的精确度、节约能源、提高温室的管理水平、提高温室的产量与质量并最终提高农业生产的社会效益与经济效益有着重要的作用。温室中的环境条件对农作物的生长发育起着至关重要的作用。如何使温室的环境最适于农作物的生长是温室技术发展的一个重点。目前，对于温室环境主要采用单一传感器监控，如温度监控、湿度监控、土壤水分监控、光照监控等等缺乏对多源多维信息的协同处理和综合利用。因而在准确性、可靠性和实用性等方面都存在着不同程度的缺陷。为了更好地利用信息资源，在温室状态监控系统中应用。

6.1 温室无线传感器网络系统集成

6.1.1 总体框架

温室无线传感器网络的目标是对温室环境的数据（温度、湿度、pH）进行采集与处理。如图6-1所示，无线传感网络中的节点分为三种：传感器节点、汇聚节点和无线控制节点。网络中占绝大多数的传感器节点负责采集和传递数据，而汇聚节点搜集一定区域中的源节点采集的数据，无线控制节点进行设备的调控。组网过程中，我们在温室中确定一个性能较强的设备作为汇聚节点。采样频率与精度由具体应用环境来确定，由控制中心向传感器网络发出指令。考虑到无线传感器网络的特点，节点要充分考虑采样数据量时能量消耗问题。离基站较远的节点，只需要将采集到的数据传给汇聚节点。节点必须对采集到的数据进行一定的融合处理后再发送，同时由于节点部署具有冗余性，邻近节点间采集的数据也有很大的重复性。通过数据融合，可以减少数据通信量，以节省能量，延长网络生命周期。

在系统中一个汇聚节点对应一个温室，解决的是整个温室环境监控问题。汇聚节点的任务是将各个传感器传上来的信息进行分析和处理，对于温室，即温度、湿度、pH，看各个传感器综合数据能否反映温室的实际环境状况，然后将综合信息通过无线模块传输到控制中心，再根据与结合其他数据如实验室的离线采集的信息分析其是否处于生物生长的合适环境，从而通过控制设备来调节温室环境。

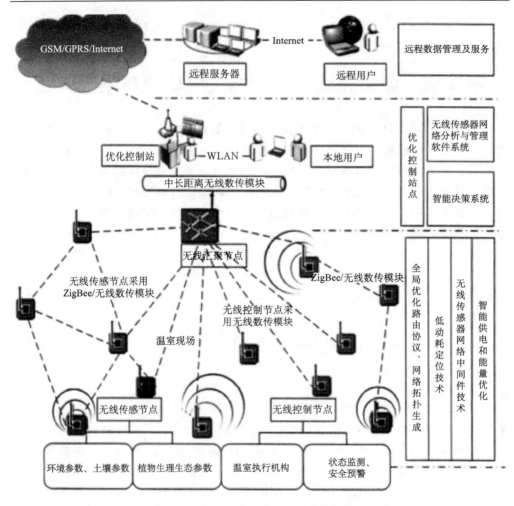

图 6-1 温室无线传感器网络总体框架图

6.1.2 技术路线

目前,应用到温室环境的传感器网络的数据融合算法主要基于传统的 C/S 模式的分布式融合技术,将分散的传感数据沿路由送到一个汇聚节点进行数据融合处理,最后得到融合信息。但是对于传感器网络而言,C/S 模型存在诸多问题:一是网络延迟和能量消耗大,各传感器节点可以同时向处理节点发送数据,而处理节点只能顺序接收,当传感节点数量增多、传感数据量大时,需要较大的带宽和能耗,大大缩短网络的工作时间而无法满足需要。另外,预置采用超强能量的节点作为处理节点或采用某种算法来轮换处理节点,却增加了额外的网络开销。针对温室环境中大量复杂多变的环境因素(如温度、湿度和 pH 等)以及无线传感器网络的特点，使用移动代理进行数据融合相比于传统的数据融合方法拥有诸多优势，更适合温室无线传感器网络。将移动代理的计算模型运用到传感器网络的数据融合中，即传感数据保留在节点本地，移动代理则迁移到数据处采用合适的算法进行融合处理，这就能很好地克服传统的数据融合所带来的弊端，在取得较佳数据融合效果的同时减少网络带宽需求，降低能耗与时延，加强网络的稳定性。

基于移动代理的数据融合中，路由算法是支撑网络传输的关键技术，即移动代理访问节点的顺序、访问节点总数对网络的性能有重大的影响。最初的协议采用 SPIN 的方法进行数据传播，简单地说就是每个节点广播其所收到的数据包，这就带来了网络资源的极大浪费。LEACH 协议作为一种分层协议，LEACH 协议将网络中的节点分为簇头和一般节点。簇头将簇内的数据进行压缩后集中传送给信息收集节点，从而达到节省网络资源的目的。但是这种策略没有考虑到温室无线传感器网络中的能量分布，仅从符合当前路由最佳这一标准出发，将有可能使得路由节点中某些电池容量较小，却又处于关键位置的节点频繁作为中间转发节点，直至其能量耗尽为止，最终导致发现的一条或多条路由断裂失效。在此情形下，路由算法又要重新开始路由发现、搜索等过程，路由效率则相对较低，它只适合于简单环境下的小规模传感器网络，对于温室无线传感器网络这种复杂的环境和一定数量的节点的情况难以满足需要。基于这些不足，提出一种基于改进洪泛路由算法的路由策略来计算在温室无线传感器网络数据融合中的移动代理路由。

SPIN 算法进行数据传播时，每个节点广播其所收到的数据包，这就带来了网络资源的极大浪费。在 LEACH 协议中，簇头是随机选择的，然后其他节点轮流充当簇头，以平衡各节点之间的能量消耗。但是在温室无线传感器网络中，会指定一个性能和能量较强的设备作为汇聚节点，这将有可能使得路由中源节点频繁充当中间转发节点的角色，直至其能量耗尽为止，最终导致一条或多条路由断裂失效，在此情形下，路由算法又要重新开始路由发现、搜索等过程，路由效率则相对较低。而传统的洪泛路由算法存在严重的能源消耗，无法适应温室无线传感器网络的要求。

考虑到以上策略的不足，我们采用的基于改进洪泛路由算法的移动代理路由策略能考虑到网络中的能量信息、信号累积等，获得选路过程中下一跳节点的信息，可以预见到网络中拓扑变化情况的发生，从而提高路由算法的效率，延长网络存活寿命。

表 6-1 为几种温室无线传感器路由策略的比较，可以看出，新的改进可以有效地避免洪泛传播的无方向性、盲目性，降低了网络中节点的无用能耗，从而节省了节点的资源，延长了网络的生存时间。

表 6-1 温室无线传感器路由策略比较

特性	SPIN	LEACH	Flooding	
路由策略	按需	主动	主动	主动
节能性	差	一般	很差	好
网络生存时间	较短	一般	较短	较长
有无数据融合	有	有	有	有
最佳路径	不是	不是	是	是
健壮性	不好	好	好	好
可扩展性	好	好	好	好

而且针对在温室环境的应用，以及无线传感器网络能量受限、以数据为中心的通信方式以及无线传感器节点分布得非常密集的特点，该算法获得较大的能量节省和性能增益。

6.2 关键技术创新和突破

1. 温室 WSN 移动代理融合框架

移动代理指具有跨地址空间持续运行机制的代理，它能够在需要的时候自主地从异构网络的一台主机迁移到另一台主机，并与之交互资源以完成其任务。移动代理的特性是：移动性、智能行和自主性，因此将移动代理应用到无线传感器网络中，可以用动态的方法来解决动态网络的路由问题，从不同的角度来提高它的性能。在基于移动代理的温室无线传感器网络中，移动代理从汇聚节点出发，沿路由依次获得各传感器节点本地的数据，进行融合处理，迁移结束后携带着融合结果返回汇聚节点，如图 6-2 所示。还可以赋予移动代理一定的智能，来动态跟踪网络的变化。当负载较大时，减少移动代理，反之，则增加移动代理。

以上路由策略框图，有效地支撑起了无线传感器网络的移动代理数据融合机制，考虑到传感器节点覆盖范围有限以及相邻节点测量数据强相关性的特点，在此基础之上，有必要对具体的路由算法进行具体探讨。

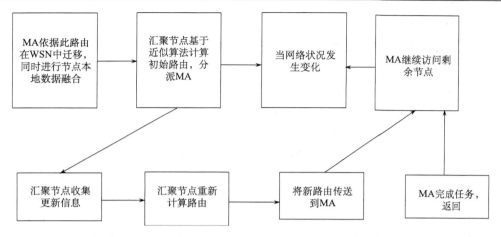

图 6-2 移动代理基于近似算法路由策略框图

2. 温室无线传感器网络中移动代理的路由问题描述与策略

在温室无线传感器网络中，源节点与汇聚节点之间采用 ZigBee 协议进行通信。ZigBee 具有高通信效率、低复杂度、低功耗、低速率、低成本、高安全性以及全数字化等诸多优点。这些优点使得 ZigBee 和无线传感器网络完美地结合在一起。ZigBee 网络中所有的设备都具有加入一个网络，或离开一个网络的功能。ZigBee 的协调器与路由器还具有允许设备加入或离开网络；参与分配逻辑网络地址及维护邻居设备表的功能。通常，网络层主要负责网络的生成与路由的选择。ZigBee 协议的网络层不仅确保了基于 IEEE802.15.4 的 MAC 子层正常操作，同时为应用层提供一个合适的服务接口，为网络路由传输的正常运作提供了保障。移动代理在 ZigBee 网络中访问节点时会融合越来越多的数据，它沿路由访问节点的次序和所访问的节点数量对数据融合的质量和通信、计算开销都会有很大的影响，进而也会影响传感器网络的整个性能和具体应用目标。

如图 6-3 所示，汇聚节点首先依据全局信息计算出移动代理的初始路由，当网络拓扑发生变化时，处理节点重新收集信息以计算路由并传送到代理。移动代理在执行完本地的数据融合之后，判断是否完成所有的数据融合工作：如果完成则携带融合结果返回处理节点；如果还未完成则继续迁移，直至完成数据融合。针对温室环境，无线传感器网络需要在比较恶劣的条件下长时间稳定地工作，使得网络中各节点能量平稳消耗，延长整个网络

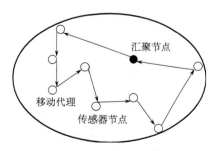

图 6-3 移动代理迁移图

的生命周期，路由选择至关重要。

适用于无线传感器网络的路由算法可以分为两类：平面型路由协议和分层路由协议。平面型路由协议中，各传感器节点在网络中的地位或作用是相同的。S 代表源节点（source node），D 代表目的节点（destination node），A、B、C、E、F、G、H 分别代表各个节点。如果源节点 S 要向目的节点 D 发送报文。需要查找一条由源节点到目的节点的路径。S 将路由请求发送给其所有的邻节点 A、B、C 和 F。当 C 和 F 收到该路由请求后同样将报文转发给其所有的邻节点，则 G 会收到分别来自节点 C 和 F 发送过来的同一报文，在此模型中，G 将转发先到的报文给其所有的邻节点。后到的内容相同的报文将被丢弃。以上就是传统洪泛模型的实现过程。

但是可以明显地看出，在洪泛的实现过程中，存在着能源浪费的问题，因为在网络中的每一个节点，不论它是否在最终的转发路径上，都要转发报文。严重地消耗了节点的能源，使整个网络的使用时间大大缩短。为了解决缺陷，使其应用在温室无线传感器网络中，作者基于网络中各节点的位置信息提出了一种改进的洪泛模型。新模型的主要思想是让洪泛过程呈现为一种有选择性的转发报文。转发动作在一定的方向上进行，区域外的节点不参与洪泛的实现过程。也就是说每个节点并不是都要发送信息到所有的邻节点，而是只转发到那些大概方向正确的节点上。例如，一个报文需要向右传送，这个节点邻近左侧的节点都不需要参与通信。

算法思想描述为源节点 S 根据目的节点 D 的位置（x, y）来计算"D 的方向区域"，并由此定义一个包含"D 的方向区域"的"通信区域"，将"通信区域"和目的节点的位置信息放在请求的分组中。当网络中的某节点 M 接收到请求分组时，根据报文中的"通信区域"和自己的位置信息来判断自己是否处于当中，如果是，则转发分组，同时将报文中的标识字段减一，否则，丢弃分组，直到报文转发到目的节点 D 为止。不在"通信区域"内的节点，不会收到来自 S 的报文。

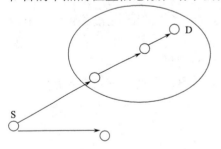

图 6-4　路由算法模型

由此，我们在温室的 ZigBee 网络中采用这种改进的洪泛路由算法（图 6-4）。这种基于距离矢量的路由算法，只保持需要的路由，而不需要节点维持通信过程中未达目的节点的路由。节点仅记住下一跳，而不像源节点路由那样记住整个路由。它能在网络中的各移动节点之间动态地、自启动地建立逐跳路由，在节能和网络性能上都有很大的优势。

6.3 系统开发

本课题组针对无线传感器节点定位技术及在温室大棚环境下对温度、湿度等数据进行实时监测技术的研究成果,开发出一套无线传感器网络节点定位及温室测控演示系统,在其中展现本课题组的研究成果。

本演示系统软件主要由以下三部分组成。

(1) 无线传感器网络节点软件:无线传感器网络节点是无线传感器网络组成的基础部分,承担监测数据采集、节点定位及节点间通信等功能;在网络中定义了无线传感器网络内部的协议、通信机制、无线通信的频段等。

(2) 无线传感器网络的网关部分:即整个无线传感器网络演示系统服务器部分。设置网络接口:对整个无线传感器网络进行监听;数据处理部分:解析无线传感器网络协议,接收无线传感器网络中的节点数据报、分析数据包中的数据,对解析好的数据进行分类;命令发送接口:接收 Browser 部分的命令设置请求,对无线传感器网络的属性进行设置;定位算法接口:读取节点的位置信息,发送到 Web 接口,用于节点图像在 Browser 部分的显示;Web 接口:发送 Browser 部分所需要的数据,响应 Browser 部分的数据请求;设置数据库的接口:在服务器端完成数据库的相关操作及上载地图的存储功能、异常事件告警和日志存储功能。

(3) Browser 部分:即基于 Web 的客户端软件。主页面:显示监测区域的地图,以 Web 模式实时显示传感器网络拓扑结构,完成网络中节点数据的实时统计显示、历史数据的查询显示以及传感器节点数据监测告警等功能。另外,用户也可以在客户终端完成手工配置系统属性,如动态加载地图、修改网络属性等操作。该操作的实现进一步保证系统人性化操作要求,并可以更好地和实际应用场景相结合。在监控区域上部设置当前时间,在底部设置有系统提示区域。选定节点监测页面:对已选定的节点的数据进行实时的图形监测,用户可以根据需求选择监测的内容(温度、湿度、光照等属性)。对选定的监测节点设置告警提示(包括节点电源、温度、湿度、光照等数据的越界等);查询页面:负责对无线传感器已有节点进行历史记录的查询,传递查询数据库的请求给服务器部分,并对查询内容的部分条件进行检索。将查询结果以线性图和文本两种形式在页面上展现。

无线传感器网络演示系统总体框架如图 6-5 所示。

下面内容将对本演示系统中各个组成部分进行相关描述。

底层无线传感器网络节点软件:自适应的无线传感器网络,按照部署要求布撒在特定区域,对特定区域的环境参数进行相关数据采集,并按照一定频率向网关节点发送信息。网络中每个节点的定位信息完全由本课题组提出的定位算法计算得出。

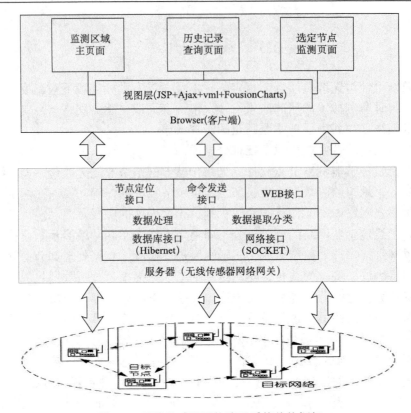

图 6-5　无线传感器网络演示系统总体框架

无线传感器网络节点软件对本系统服务器软件所需要的数据采集提供支持,并作为提供无线传感器网络数据服务的基础。

本演示系统采用本课题组自主开发的无线传感器节点进行相关试验,节点示意图如图 6-6 所示。

图 6-6　试验用无线传感器节点

服务器监控底层无线传感器网络，当网络产生数据时，以数据包的形式发送到服务器网关。节点发送的数据包格式如图 6-7 所示。

CONTENT	Data Format Version Number	Length	Time Stamp	Node ID	Sequence Number	Data
FORMAT	Extensible	Extensible	Tag-Length-Value	Tag-Length-Value	Tag-Length-Value	Tag-Length-Value

图 6-7　无线传感器网络节点数据包格式

数据包遵循 TLV（Tag-Length-Value）的规则。Tag 元素描述 Value 元素是怎样被解析的；Length 元素指示 Value 的长度，长度以 byte 为单位。如果 Value 值为空，则长度设置为 0。

根据图 6-7 的格式，数据包格式中可扩展项为：Data Format Version Number 项和 Length 项。

（1）Data Format Version Number 项为数据的版本号，版本号 0—15（0X00—0X0F）是协议中的保留项。系统中的版本号定义为 16（0X10）。

（2）Length 项描述了剔除 Data Format Version Number 项和 Length 项后的数据包长度，它是以 byte 为单位描述的。

（3）必选项为 TimeStamp、NodeID、SequenceNumber、Data。

（4）TimeStamp 项：包含着数据采集的 4byte 大小的时间戳。

（5）NodeID 项：包含节点的 ID 号，以 6byte 的 MAC 地址形式保留。

（6）SequenceNumber 项：是一个将所有连续发送的数据包数目累加的计数器，用来测试网络中的数据包发送错误率。

（7）Data 项：数据长度取决于网络中采集的节点数据。包含光照数值、温度数值、节点电压、节点 RSSI 值等信息。

服务器软件：该系统是整个系统的核心，主要功能如下。

无线传感器网络节点数据的采集和管理：其中包含网络接口、数据提取分类功能、定位算法接口。负责接收来自无线传感器网络节点的数据包，对数据包进行分解并对相关数据进行处理，从而完成对传感器网络的监控和管理，读取节点位置的相关配置文件，对节点位置进行响应的转化。

监测数据的组织与管理：其中包含数据库接口、数据处理功能、命令发送接口、Web 接口。当 Web 接口发现修改网络属性的请求时，向传感器网络发送修改属性的命令。将封装好的数据发送给 Web 接口响应 Browser 部分的数据请求，完成采集数据的数据库存储操作并做好日志的记录，接收 Web 接口发来的数据库索引请求提取相应数据给 Web 接口，对节点的相关信息（包含位置信息）进行封装。

在整个运行机制中，系统支持用户权限的分配，根据 Browser 部分发送的特定权限信息提供给用户特定的服务（地图的上载、发送，位置节点的设定，网络属性的修改，历史数据的查询、修改、删除等），支持地图的上传和下载功能，为拥有管理员权限的用户保存上传的地图，并分配固定区域保存地图，按照 Web 接口的请求发送地图纸客户端。并且服务器会将分类好的数据按照节点的 ID 号封装并进行数据归类，做好缓冲工作以备客户端的 Browser 请求调用。同时，服务器会做好采集数据的存储工作，设立客户端 Browser 请求查询历史数据的接口，并做好系统当前的日志。另外，当网络环境发生特定变化被服务器监听到时，服务器也会做相关的处理。

服务器端软件结构如图 6-8 所示。

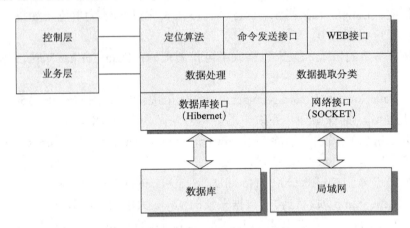

图 6-8 演示系统服务器端软件结构

服务器端工作流程图如图 6-9 所示。

客户终端 Browser：在用户登录主页面前要对用户的身份进行识别，设置相应的权限，权限分为普通用户和管理员。管理员的权限设置为：登录管理员界面，使用无线传感器网络监测功能，上传监测区域的地图，修改传感器网络部分属性，设定节点坐标，查看节点的实时采集信息，对单个节点的特定数据进行检测，查看全部警告及系统提示，查询无线传感器网络的历史数据，按要求对历史数据进行索引查询，对历史数据进行查询、修改、删除等操作，设置告警方式，完成相关配置文件等。普通用户的权限主要为：登录普通用户界面，使用无线传感器网络监测功能，查看节点的实时采集信息，对单个节点的特定数据进行检测，查看部分警告及系统提示，查询无线传感器网络的历史数据，按要求对历史数据进行索引查询。登录主页面监测区域下方的信息提示、告警方式（全页面、单个基点监测界面）。

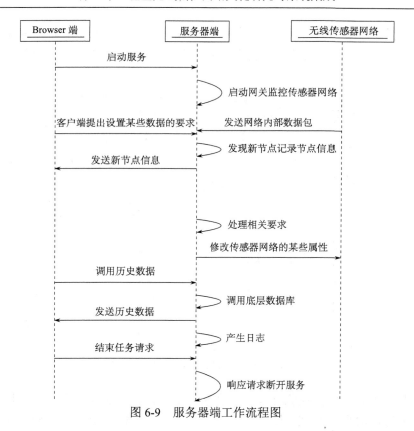

图 6-9 服务器端工作流程图

客户端以网页形式按照需求向用户展现无线传感器网络所监测环境的相关情况，如图 6-10 所示。

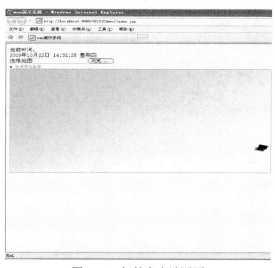

图 6-10 初始客户端页面

整个页面显示当前时间，并支持管理员用户动态的加载上传地图和手动配置节点的初始位置，主页面有历史查询和终止服务两个按钮，用户可以按需求点击相应按钮，如图 6-11 所示。

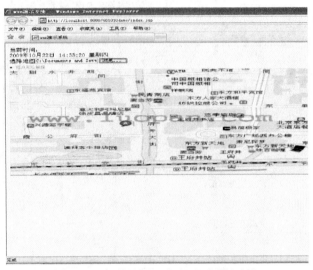

图 6-11　加载地图后客户端页面的变化

当服务器监听到被检测环境中出现新节点时，会在页面左侧的蓝色区域（或者地图上传后的显示区域）显示该节点位置，如图 6-12 所示，并实时动态地提取节点的信息。

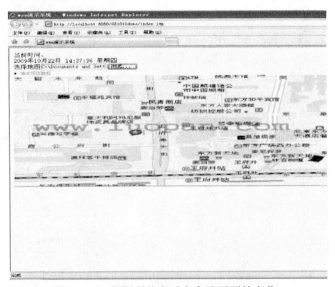

图 6-12　监测到节点后客户端页面的变化

当鼠标移动到出现节点的上方时，会自动弹出标有节点相关各项信息的小框，如图 6-13 所示。

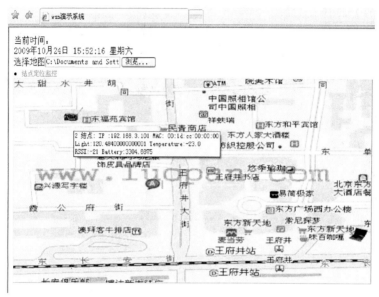

图 6-13 鼠标移动到添加节点后弹出节点信息框图

当网页接收到的数据超出一定数值的数据时，会向用户发出告警或提示，如图 6-14 所示。另外，管理员用户可在此页面上设置相关配置文件、调整节点的位置、修改无线传感器网络现有的网络属性等。

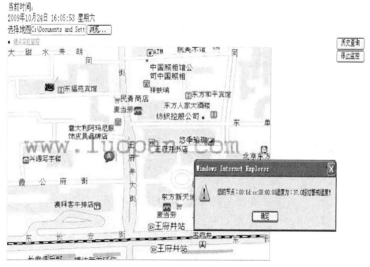

图 6-14 数据异常弹出的告警

当用户点击节点图标时，页面会自动转移到相应节点的数据监控页面，页面会以线性图的形式动态监测现阶段当前节点的数据变化，并实时地反映在线性图中，如图 6-15 所示。

用户可以根据需要在左上角的下拉菜单中选择需要监控的数据（温度、光照），如图 6-16 所示。如果节点的信息达到初始设定的警告标准时，系统会发出警告或提示。

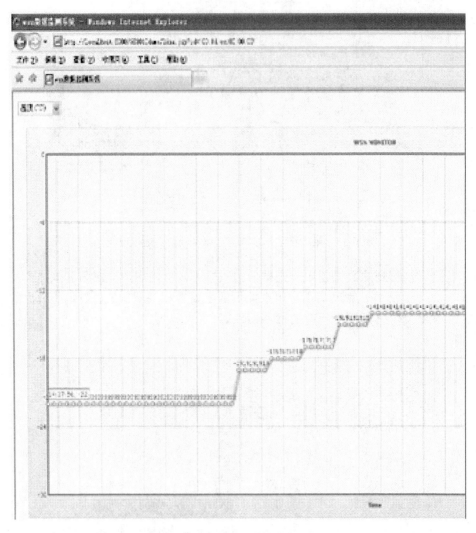

图 6-15　点击进入节点监测页面

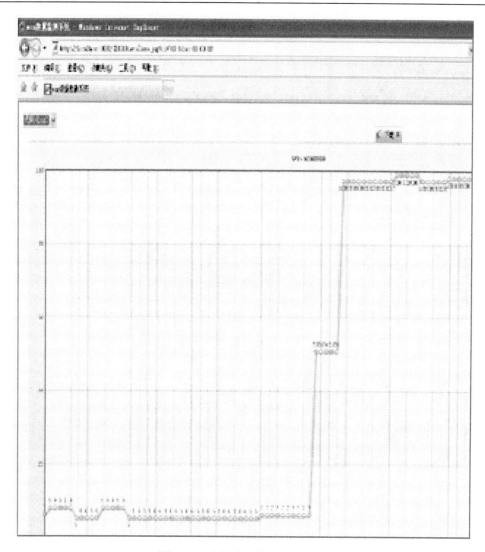

图 6-16　有温度切换至光照界面

当用户在主界面点击历史查询时,页面会转移到无线传感器网络的历史查询页面。该页面支持用户索引查询一段时间内下拉菜单中含有节点的各项数据,并将查询结果显示在页面中央区域内,如果数据过多,中央区域会采取分页的方法,将数据分页显示。如果用户想查看数据库中的记录,可以点击相应按钮查询。另外,管理员用户可以在实现查询的基础上修改和删除数据库里面的历史信息,如图 6-17 所示。

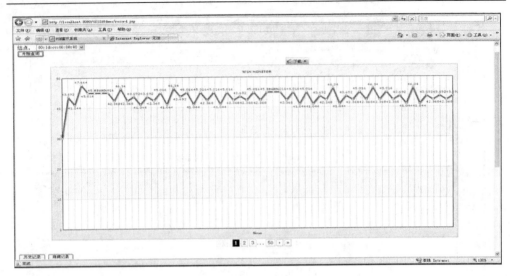

图 6-17 历史查询界面

6.4 应用效果

经过测试，本系统具有较好的适应性，数据处理及时准确，并且支持跨平台部署，较好地实现了用户的需求，系统运行结果更加动态、形象，大量运用了图形功能，使得数据更加具体，便于理解，较好地适应了环境检测需要。

第7章 集约化水产养殖数字化集成系统研究与应用

随着工厂化水产养殖在中国的不断发展，水产养殖环境因素（如pH、电导率、溶解氧等）的监控作为保证水产养殖安全生产、防止疾病发生、保障水产品安全的关键环节正受到越来越多的关注。因此研究监测和控制水质参数的技术和设备具有重大的现实意义。

中国水质在线自动监测技术起步较晚，在实际工作中，大量采用的监测手段仍然是传统的实验室手工分析方法，测试数据滞后数小时甚至更多。水质自动监控系统中使用的监测仪器，以传统的两线制模拟变送器为主，存在信号稳定性差、造价高、功能单一、无法与现场总线控制系统连接等问题。水质监测仪器的智能化对提升水产养殖生产水平、改进传统的水产养殖生产模式起着重要的作用，因此国内外科研机构研制出了许多智能监测仪器，如美国、日本、意大利等都有较为完善的水质智能监测仪器出售；目前中国水质参数监测仪器发展较为迅猛，清华大学、东南大学、江苏大学、华东理工大学等许多单位研制出了各具特色的水质pH监测仪器，这对促进中国水质监测仪器的自动化水平起着重要的推动作用。此类水质pH监测仪器普遍以单片机为核心，监测单个或多个水质参数，利用软件实现电极校正和温度补偿，但难以与现场总线控制系统连接。章磊等提出了基于CAN总线网络的监测系统实现了分布式现场节点酸碱度及温度等环境参量的监测；徐宁设计了基于Hart总线的pH智能监测系统，在生物浸出系统中实现了对测量pH的远程数据采集、参数修改和设备维护功能，此类仪表解决了现场总线连接问题，实现了远距离传输和在线实时检测的功能。但在智能变送器方面已有的多种总线支持中，如Hart、Can、PROFIBUS等，普遍存在多种传感器与执行器的不兼容与接口问题。

针对中国集约化水产养殖急亟须应用水质自动监测技术的现状，研究一种基于IEEE1451标准的具有即插即用和自校准功能的智能pH变送器。它集成水质参数信号调理技术、变送技术、自校准技术与现场总线技术于一体，采用低功耗、高性能的微控制器MSP430F149，嵌入了IEEE1451协议规范提出的智能传感器模块（smart transducer interface module，STIM）。该变送器支持在线连续采集pH和温度探头信号，且具有精度高、使用方便、可靠性好等特点，适合推广与应用。

7.1 集成架构

7.1.1 总体框架

根据网络化智能变送器（传感器）的接口标准 IEEE1451，重点研究了智能变送器接口模块硬件软件设计基础上即通过电子数据表格（transducers electronic data sheets，TEDS）进行传感器数据的读入和执行器参数的设定，从而实现变送器的"即插即用"功能，研制了一种基于 IEEE1451 标准适用于集约化水产养殖水质 pH 网络化智能变送器，为解决水产养殖的远程监测和多总线传感器不兼容问题提供了有益的探索。

7.1.2 技术路线

建立 pH 变送器智能，分别对 pH 智能变送器硬件进行设计和对 pH 智能变送器嵌入式软件进行设计。在智能变送器硬件设计方面，要考虑增强系统集成度、TEDS 内容的升级与更新、系统测量电路的输入阻抗、远距离传输和网络化等问题。在智能变送器软件设计方面，则需要考虑 STIM 主控程序的设计、TEDS 的设计、STIM 即插即用与自动识别、智能变送器自校正等问题。

7.2 关键技术创新和突破

1. pH 智能变送器硬件设计

1）硬件总体设计方案

为了增强系统集成度，选用美国 TI 公司的 16 位超低功耗微控制器 MSP430F149。传感器单元采用上海雷磁仪表厂的 HG990 pH 工业在线传感器和 DS1820 温度数字传感器。传感器信号通过调理变送电路将其所输出的 mV 级信号放大到 $0\sim2.5$ V 电压信号，再经 A/D 转换器变成数字信号，传送给主控 MCU。为了方便 TEDS 内容的升级与更新，系统采用异步串行口来下载 TEDS 至微控制器的片外的铁电存储器（FRAM）（图 7-1）。串行接口采用 RS485 方式，连接了现场总线网络。

2）信号调理变送电路设计

复合玻璃电极的内阻很高（高达 $10^8\Omega$），所以要求测量电路要有足够高的输入阻抗。系统的测量电路选用了高阻、低漂移运放 TLC2254。由 3 个放大器组成测量电路，其中两个同相放大器组成差动输入放大电路，可获得高达 $3\times10^{12}\Omega$ 输入电阻，以保证输入信号不受电阻变化影响。同时，差动电路有很好的抗共模干扰噪声的能力，能适应工业现场的复杂环境。

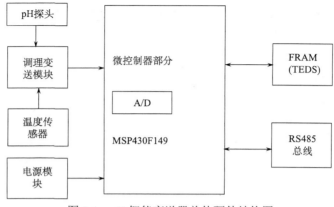

图 7-1 pH 智能变送器总体硬件结构图

3）总线接口电路设计

为了更好地满足市场需求，也为了远距离传输和网络化的要求，本设计采用了 RS485 总线连接，使水质 pH 智能变送器与目前常用的数字设备具有更好的兼容性。由于 CPU 不能直接与 RS485 接口，因此加上 RS232 与 RS485 的转换电路。RS485 转换电路设计选用美国 TI 公司生产的一种 RS485 接口芯片 SN75LBC184 芯片。MSP430F149 与 RS485 接口芯片 LBC184 的通信示意图如图 7-2 所示。

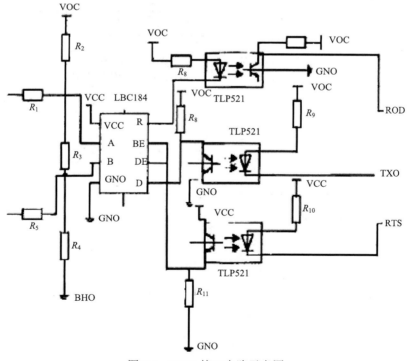

图 7-2 RS85 接口电路示意图

SN75LBCl84 的信号输出端串联了 2 个 20 Ω 的电阻 R_1 和 R_5，避免单个设备硬件故障影响整个网络的情况。

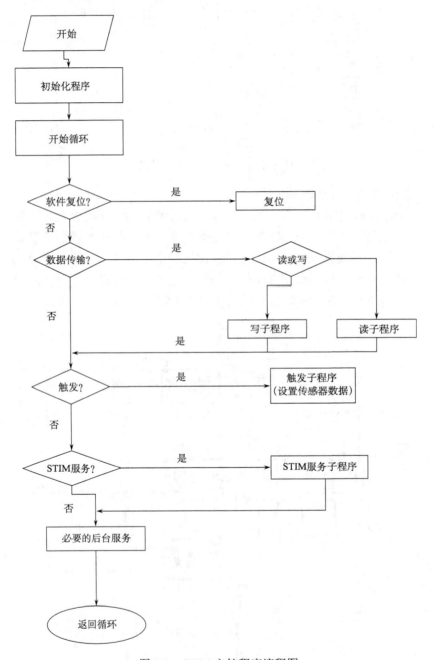

图 7-3　STIM 主控程序流程图

2. pH 智能变送器嵌入式软件设计

1) STIM 主控程序

STIM 主控程序包括硬件初始化，加载 TEDS 信息，完成 STIM 模块的自配置，设置各种特殊功能寄存器 SFR，初始化 UART 的工作模式，设置定时器工作模式以及相关变量，定义 STIM 通道。采用循环查询方式工作，上电复位后进行系统初始化工作，然后查询数据缓冲区以判断是否有命令到来。缓冲区的管理由传感器地址与函数模块来实现。如果数据缓冲区有数据到来，对其进行解析；如果是寻址命令，则调用地址逻辑处理模块；如果是 TEDS 管理命令，则调用 TEDS 模块。STIM 主控程序流程图如图 7-3 所示。

2) TEDS 设计

TEDS 分为 8 个可寻址部分，其中有两个必备的电子数据表格 Meta.TEDS 和 Channel.TEDS，其余可按需选择。Meta.TEDS，描绘 TEDS 信息、数据结构及支持的通道数和通道极限时间参数等有关 STIM 的总体信息；每个 STIM 通道包括 1 个 Channel.TEDS，主要用来描述每个通道具体信息，如描述通道物理属性、纠正类型、返回数据类型和格式通道的定时信息等。为实现传感器即插即用和自校正功能，根据 TEDS 和各个 TEDS 所需要的存储空间大小，除两个必备的电子数据表格外，采用了 Calibration-TEDS 和 Meta-ID TEDS 两个电子数据表格。STIM 模块中有 1 个 Meta-TEDS，2 个通道 Channel. TEDS 用来存放温度、pH 传感器的输入信号，1 个 Calibration-TEDS 和 1 个 Meta-ID TEDS。TEDS 基本设计见表 7-1。根据表 7-1 所示的数据格式，将总体 TEDS 中每项数据设置为 2 字节，共 8 字节，再设置 8 字节以备扩充时用；每个通道 TEDS 中每项数据设置为 2 字节，共 8 字节，再保留 8 字节以备扩充，因为有 2 个通道，共需要 32 字节；Calibration-TEDS 和 Meta-ID TEDS 也设为 2 字节，共 8 字节，再保留 8 字节以备扩充，共计需要 176 字节的空间。

表 7-1 TEDS 基本设计

Meta-TEDS	Channel-TEDS	Calibration-TEDS	Meta-ID TEDS
数据长度	通道号	最新校准日期	开发商名称
数据类型	物理单位	校准间隔	开发日期
STIM 通道数	传感器编号	标准参数	生产地点
使用时间限制	传感器类型	校准模型	版本号

TEDS 电子数据表格是可以修改的，用户可以读取和更新。采用外部 FRAM 的 FM25L512 作为存储空间，具有掉电后不丢数据和易于更新的优点，是存放

TEDS 的理想场所。与使用 MSP430 内部 Flash 相比，采用外部 FRAM 既可实现程序和参数分离，更新程序不影响参数，而且能够按字节写入，减少缓存利用量。为了方便 TEDS 内容的升级与更新，采用 RS485 接口下载，并可在线读取存储和修改，满足在线编程、动态标定以及系统功能扩充的需要。

3）STIM 即插即用与自动识别

即插即用、自动识别是 IEEE1451 智能传感的显著特点，其实现原理在于规定了 TEDS。表格中存储了所有传感器通道所对应的传感器类型、物理单位、数据模型、校正模型以及厂商 ID 等信息。在使用过程中，通过读取 TEDS，就能识别 STIM 的所有通道，完成变送器即插即用。智能变送器即插即用、自动识别程序流程图如图 7-4 所示。

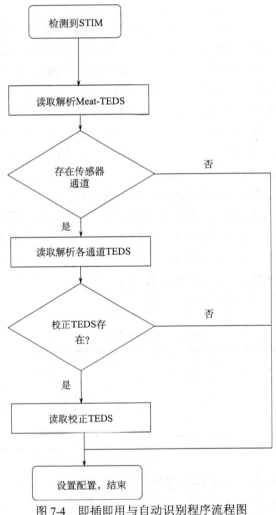

图 7-4　即插即用与自动识别程序流程图

4）智能变送器自校正

传感器存在输入输出之间的非线性，易受电源电压、温度等交叉敏感参量的影响，因此传感器必须经过校正，补偿之后才能获得准确的测量数据。在 pH 传感器的最佳范围内确定 N 个 pH 标定点，在工作温度范围内确定 M 个温度标定点，于是由酸碱度 Y 与温度 T 标准值发生器产生在各个标定点的标准输入值分别为

$$Y_i: Y_1, Y_2, \cdots, Y_N$$
$$T_j: T_1, T_2, \cdots, T_M$$

对应于上述各个标定点的标准输入值读取相应的输出值 U_i 及 U_{ii}。这样，我们在 M 个不同温度状态对 pH 传感器进行静态标定，获得了对应 M 个不同温度状态的 M 条输入—输出特性，即 Y-U 特性簇，同时也获得了对应于不同 pH 状态的温度传感器的 N 条输入—输出特性（T, U_T）即 T-U_T 特性簇。

利用最小二乘法原理，对上述两条特性簇进行计算，得出校正系数，推出智能变送器的校正方程。将校正方程存储在 TEDS 中的 Calibration-TEDS。微控制器采集到 pH、温度电压信号后，利用存储在 Calibration. TEDS 中的校正方程，直接转换为 pH 工程值，完成对 pH、温度传感器信号误差进行实时的自校准。

7.3 系统开发

基于 IEEE l45 协议以 MSP430 为核心所设计的智能变送器能够很好地与网络应用处理器连接在一起，实现网络化传感器的功能。提出的 pH 智能变送器具有精度高、使用方便与可靠性高等优点，因而可以应用在集约化水产养殖的数据采集，进而开发出集约化水产养殖信息系统。

集约化水产养殖信息系统的用户主要有两类：集约化水产养殖场工人和养殖技术人员。对于水产养殖场的工人，系统的主要用途是进行水质的预警，使用者不需要任何的电脑知识。对于养殖技术人员，使用者需要掌握简单的电脑知识，以便进行信息查询和数据添加工作。在系统设计过程中，力求简洁、方便。

本系统的功能如下：

（1）为养殖工人提供水质预警，以便及时采取措施避免损失。

（2）为技术人员提供饲料配方、投喂量及投喂时间辅助决策和鱼病预警。

（3）技术人员可以通过浏览器对水质指标信息表、饲料信息知识表、水质预警信息数据表、疾病信息数据表进行信息维护。

（4）可以在任何接有 Intenet 网络的地方使用本系统。

系统属于 B／S 结构，客户端为 Firefox 浏览器，无需软件维护，提供了更好的易用性和安全性，用户只要能上网，便可以进行系统的维护和管理，大大方便了用户，减轻了用户的工作量。

在服务器端,采用 J2EE 技术,利用 MVC 结构,把数据处理、程序输入输出控制以及数据表示分离开来,使程序结构变得清晰而灵活,避免了早期开发者先界面后代码的方式导致的数据处理、程序功能和显示代码等的纠结混乱。系统结构如图 7-5 所示。

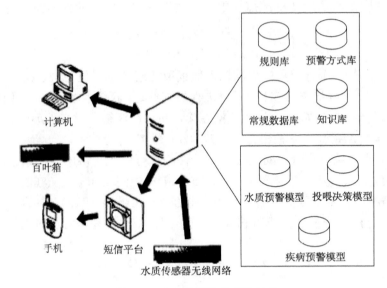

图 7-5　水产养殖信息系统结构

该系统主要包括以下 3 个子系统:水质预警、精细喂养决策、疾病预警。

集约化水产养殖场的水质预警不同于河湖及地下水的水质预警。集约化水产养殖针对的是特定的鱼种,不同鱼种的水质指标不同,甚至同一鱼种不同生长阶段的水质指标也不相同,本系统根据鱼的生长需求建立了相应的预警指标体系。

以水质传感器无线网络自动获取的实时水质信息、实时环境信息和水产养殖场工人手动添加的品种信息等构成输入集合,预测固定时间间隔后的溶解氧值。根据预警需要,将可以避免损失的最小时间作为神经网络预测的时间间隔,故将此值取为 20 min,即网络输出量为当前时刻之后第 20 min 的池水溶解氧值(mg／L),如图 7-6 所示。

当得到预测值后,系统将预测溶解氧值、实测温度、实测盐度、实测 pH 与水质预警指标进行对比,判断水质情况与鱼所需水质指标关系,根据预警规则判断预警等级,并选择预警方式,以语音、短信等不同方式进行预警,如图 7-7 所示。

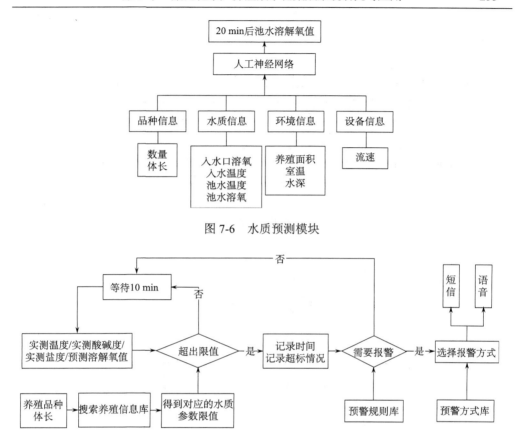

图 7-6 水质预测模块

图 7-7 水质预警子系统

精细喂养决策分为两个步骤：

第一步，基于线性优化模型，在满足不同鱼种不同生长阶段的营养需求的前提下，进行价格最优的决策。

第二步，根据使用的饲料及配比，结合鱼种、生长阶段、水温、尾数、体重等信息，利用基于知识的推理，为管理者提供最优投喂时间、投喂量决策，如图7-8所示。

利用专家调查法，确定各种疾病各预警等级的区间，并形成预警知识规则。用户通过选择鱼体情况、鱼体活动、镜检情况、发病情况，系统经过基于知识的推理和基于规则的推理，采用 IF…THEN…的推理过程得到预警等级和预警预案，帮助技术人员及时对出现的情况做出正确的反应，如图7-9所示。

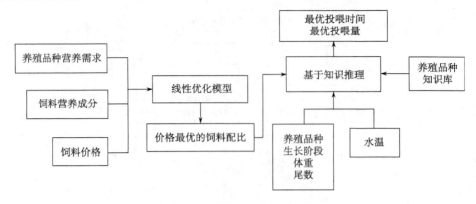

图 7-8　精细喂养决策子系统

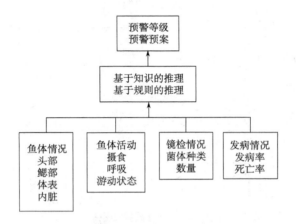

图 7-9　疾病预警系统

根据系统需求，本系统的数据库包括水质指标表、水质预警规则表、饲料知识表、营养需求知识表、非水环境预警表、症状预警表等 28 个表，包括水质预警指标、规则及方式、精细喂养知识、鱼的营养需求知识、疾病知识及疾病预警规则等信息。这些信息存放在数据库中，以备系统调用和日后查询。

本系统以 Java 语言作为模型和数据库接口的开发语言，具有很好的可扩展性、可移植性，可以在各种平台下运行。SVG 技术和 JavaScript 的使用，使交互界面更加友好，系统更加易用。

本系统在 Windows 2003+jdk1.5+apache5.0+sqlserver 2000 下运行通过，界面如图 7-10 所示。

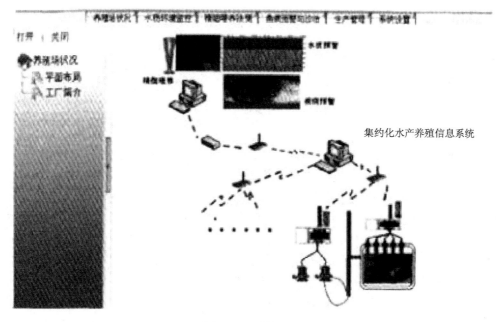

图 7-10　系统界面

7.4　应　用　效　果

本系统充分考虑了集约化水产养殖的特点，从水产养殖的三大关键问题——水质、饲料、疾病出发，开发了相应的水质预警模型、精细喂养模型和疾病预警模型，为集约化养殖的安全、高产提供保障。系统功能具有很强的针对性，非常适合集约化养殖场的养殖管理。

本系统实现了集约化水产养殖场的水质预警、精细喂养决策和疾病预警，下一步的工作将是把自动控制引入该系统中，实现水产养殖的现代化、自动化。随着系统的普及推广，系统将大大提高集约化水产养殖场的信息化水平，实现集约化水产养殖的安全、高产。

第8章 农业生产过程精细管理物联网关键技术研究与应用

我国设施农业正处于快速发展时期,但设施条件、生产技术等与世界发达国家相比仍有着很大差距。我国农业设施条件参差不齐,以简易设施为主,基本上没有环境控制能力;在栽培管理上粗放,缺乏科学的运筹决策和量化的管理指标,造成低产、劣质和人力、物力、能源的浪费;在信息化服务方面,已有的农业生产应用系统技术与服务模式单一,应用成本较高,且针对作物生命本体信息感知、生长过程建模、作物病虫害诊断的应用也相对较少。物联网是一种通过射频识别、红外感应器、全球定位系统、激光扫描器等信息传感设备,按约定的协议,把任何物品与互联网连接起来,进行信息交换和通信,以实现智能化识别、定位、跟踪、监控和管理的网络。物联网是国家首批加快培育的七个战略性新兴产业之一,而农业物联网是物联网应用的重点领域之一,是实现农业生产、经营、服务、管理、决策智能化的新一代信息技术。物联网技术的引入,为设施农业的发展提供了有力的技术支撑。

本课题针对目前农业设施存在的问题,以物联网技术为支撑,开展设施农业物联网关键技术攻关与应用系统研发,完成设施大棚环境监控子系统、设施果蔬数字化管理子系统、设施果蔬病虫害诊断子系统的设计与实现,面向广大农民专业合作社、种植大户、设施农业企业等用户提供操作平台与应用接口,提供大棚视频、空气温湿度、光照、土壤温湿度等环境因素远程监控、病虫害专家诊断、生产数字化管理等功能。建立能够优化设施果蔬栽培资源、降低设施栽培生产成本和提高栽培技术水平的一整套决策系统,降低设施果蔬的生产成本,提高产品产量、质量和市场竞争力,不仅为农业物联网技术的后续研究与推广应用打下基础,也能有效提升农业物联网应用水平,具有实际应用价值和现实意义。

8.1 集成架构

8.1.1 总体框架

主要研究物联网在设施大棚环境监控、设施果蔬数字化管理、设施果蔬病虫害诊断中的应用技术。

1. 设施大棚环境监控技术

根据设施大棚果蔬栽培对环境的要求，选定主要环境因素进行监测，包括气象参数（光照、温度、湿度、CO_2）、土壤参数（温度、湿度）。通过集成利用多种传感器和数据采集终端获取温室大棚内的环境信息，并进行数据处理，提供相应的操作接口，实现设施大棚环境实时监控。图 8-1 所示为设施大棚环境监控用例图。

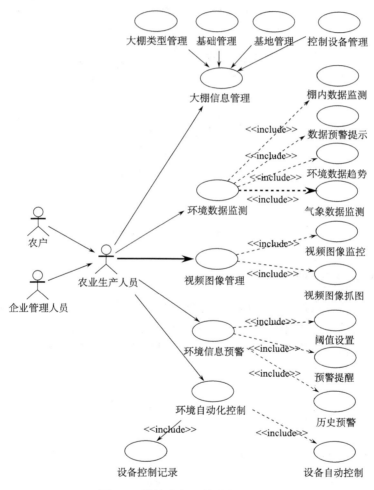

图 8-1　设施大棚环境监控用例图

2. 设施果蔬数字化管理技术

研究设施果蔬栽培的数字化管理技术，实现管理任务自动下发、果蔬作物长势、环境数据对比分析，评估环境因素对作物长势和产量的影响，实现科学化、低成本种植，提高农产品的产量和品质。图 8-2 所示为设施果蔬数字化管理用例图。

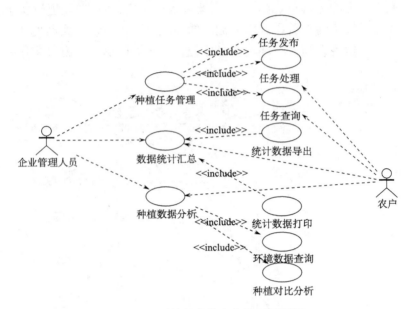

图 8-2　设施果蔬数字化管理用例图

3. 设施果蔬病虫害诊断技术

研究病虫害图像压缩、图像快速检索与匹配技术，建立设施果蔬常见病虫害分类、图片数据库、视频数据库、病虫害预防与综合防治数据库，提供病虫害适病、适症诊断技术咨询服务。图 8-3 所示为设施果蔬病虫害诊断用例图。

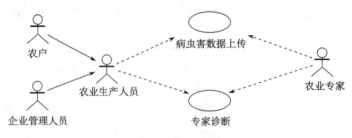

图 8-3　设施果蔬病虫害诊断用例图

8.1.2 技术路线

总体上说，设施农业生产管理系统的集成需解决信息获取、信息处理、信息服务三大关键技术问题。其中"信息获取"部分设施果蔬种植关键环节信息的采集、获取与传输，为上层应用服务系统的基础数据源；"信息处理"负责存储获取的有效数据，是实现信息分析、统计以及应用服务的基础条件；而"信息服务"部分则围绕系统业务应用，提供个性化服务内容。为解决上述问题，系统依托农业物联网技术解决信息获取与传输的问题，基于传感器与传感技术（空气温湿度、土壤温湿度、光照等各种农业传感器），实现更透彻的信息感知，基于传感网（ZigBee、WiFi）、互联网（以太网、GPRS）实现更全面的互联互通。面向政府、农业企业、农民、社会公众提供个性化、无处不在的服务（图8-4）。

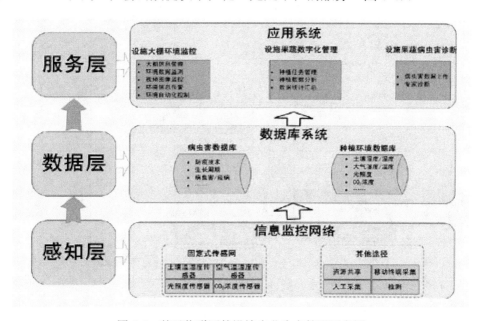

图 8-4 基于物联网的设施农业生产管理示意图

设施农业生产管理系统总体上包括信息监控网络、数据库系统、应用软件三部分组成（图8-5）。

（1）系统应用软件为广大合作社、种植大户、设施农业企业等等最终用户提供软件服务。应用软件系统由三大应用子系统组成，统一部署在服务器上，用户只需拥有能够接入互联网的服务终端，即可随时随地使用软件服务。

（2）数据库系统是系统研发的核心内容，存储设施果蔬种植关键环节感知数据信息，并通过分布式数据库系统实现病虫害数据、种植环境数据的集中管理、分类存储和分级共享，是整个系统的数据源。

（3）针对信息获取问题，需要在设施果蔬种植关键环节，设置信息监控点，组建果蔬大棚环境信息监控网络，实现果蔬生产信息采集。

利用物联网技术部署传感器、视频摄像头、数据传输节点等农业生产环境感测设备与数据传输设备，建立智能化的设施大棚信息监控网络。监控网络是整个系统的基础，为设施果蔬种植精细管理提供基础数据资源。

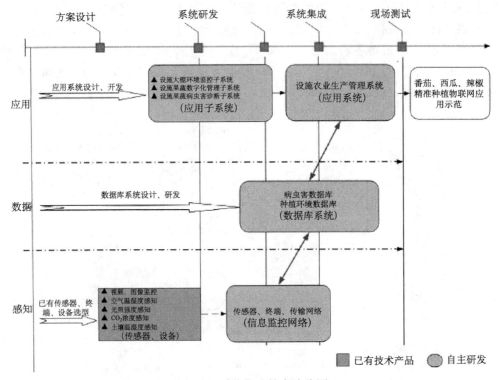

图 8-5　系统集成技术路线图

系统集成关键技术见表 8-1。

表 8-1　系统集成关键技术

感知	传输	处理	应用
①视频、图像监控	①移动网络传输技术	①实时海量数据存储技术	①果蔬设施大棚环境监控
②空气温湿度感知	②有线网络传输技术	②数据搜索技术	②精准农业数字化管理
③光照强度感知	③传感器网络自组织与数据传输技术		
④CO_2浓度感知			③设施大棚果蔬病虫害诊断
⑤土壤温湿度感知			

整合现有农业环境监测传感器技术与产品,实现土壤(温度、湿度)、空气(温度、湿度、光照、CO_2浓度)环境参数的综合信息感知,并分析环境因素与作物叶片氮素含量、叶绿素含量、类胡萝卜素等生理指标的变化规律,建立作物生长动态模型。

(1)空气感知:采用空气温度、湿度、光照度、CO_2浓度传感器实现环境参数精确感知。

(2)土壤感知:采用土壤温湿度传感器监测土壤温度、湿度。

(3)作物苗情感知:采用视频图像采集系统,对作物形态进行监控,获取株高、叶面指数、生长情况、成熟度、病虫害等信息。

利用土、水、气环境感知技术,集成支持典型无线通信网络制式的数据传输设备,从而完成对设施果蔬大棚环境进行全天候无缝实时监测。

设施大棚环境监控子系统由控制终端、传感器、视频监控设备、无线网络传输设备组成。一个设施大棚可以部署多个控制终端,控制终端连接水幕湿帘、风机等各种大棚温湿度调节设施,形成单独的控制单元。各个控制终端以总线方式连接在网络上和远程应用系统通信,可以进行远程控制,调控温度、光照、通风、二氧化碳补给(图8-6)。

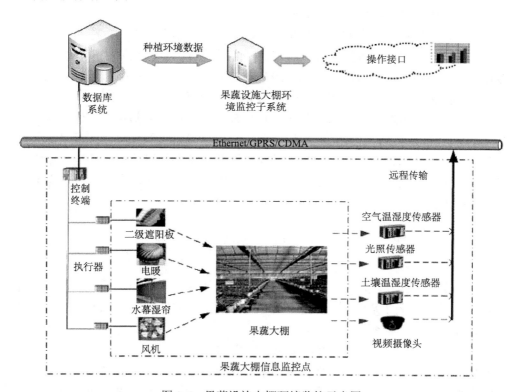

图8-6 果蔬设施大棚环境监控示意图

在实际的环境监测中，需要根据无线传输距离划分测量控制区，本系统中一个大棚划分出一个测量控制区。使用传感器和无线传输设备（传感器节点、中央数据节点、无线路由器）进行自组织组网，节点间信息传递采用多条路由协议，所有传感器的数据汇聚到中央数据节点后，经过无线路由器到达远程数据库。系统经控制终端对水幕湿帘、风机等温度调节设备进行控制，从而实现温室环境的无线测控。

数据传输方式根据数据量大小以及应用场景的不同，可以采取无线传输与有线传输两种方式，下面分别对无线传输技术与有线传输技术进行阐述。

对于传输数据量较小的环境信息，如果蔬大棚的空气、土壤温湿度、光照等环境信息，可通过在每个大棚构建基于无线传感网络技术的自组织网络，自组织网络由多个传感器节点构成，每个传感器节点包括远程终端设备和部署在各个区域负责信息监控的各种农业传感器；远程终端设备实现安装在现场的传感器的接入，并将测得的各种电信号转换成可向上发送的数据格式，然后向上连接数据传输模块。在每个子区域配置一个本地自组织网络网关和基于移动通信网络技术（GPRS）的中央数据节点，对每个子区域自组织传感网络的多个传感器节点数据采集和状态监测，通过 GPRS 网络传输到移动通信基站并进入互联网。将各个监控区域的实时信息实时传送至数据库系统。

对于传输数据量较大的视频信息，如果蔬大棚等场景的视频信息，必须通过有线传输技术实现视频数据上传。部署在各监控区域的摄像机视频信号经过视频传输线至网络视频服务器，网络视频服务器将视频信号编码压缩，接入本地局域网中，最终视频数据通过局域网上传到数据库集中存储。

无论是采用有线传输技术还是无线传输技术，数据最终都需要经过互联网上传至远程数据库系统，因此系统的运行需要网络信息系统的支持，由于果蔬大棚的监控信息中包括视频信息，数据量较大，因此主干网络可根据监控数据量大小以及未来规划采用千兆/万兆路由，而位于各个汇聚点的接入层交换机至信息监控点可以根据监控现场数据量大小采用百兆/千兆路由。

8.2 关键技术创新和突破

（1）所研发的设施农业生产管理系统，集成了传感器、控制设备及智能分析技术，为设施大棚的智能化控制提供了可能。在对软件系统进行设计、编码之前，有下述几方面的综合要求。

① 功能需求。功能需求指定系统必须提供的服务，通过功能需求罗列出系统所拥有的功能，主要通过用例图来展现。用例图是 UML 用来描述软件功能的一种图形，包括用例、参与者及其关系，也可以包括注释和约束。通过用例图，

可以展现软件功能、软件使用者和软件之间的关系及软件功能相互之间的关系。

② 性能需求。性能需求指定系统的时间或容量约束，其次还包括正确性、健壮性、可靠性、性能、效率、易用性、清晰性、安全性、可扩展性、兼容性、可移植性等其他指标。

通过用例图，展现软件功能、软件使用者和软件之间的关系及软件功能相互之间的关系，完成软件功能需求分析。设施大棚环境监控包括大棚信息管理、环境数据监测、环境信息预警、视频图像监控与环境自动化控制五项功能，帮助农业生产人员完成种植环境监控、管理功能；设施果蔬数字化管理包括种植任务管理、种植数据分析与数据统计汇总三项功能，实现果蔬栽培数字化、信息化管理；设施果蔬病虫害诊断包括病虫害数据上传、专家诊断两项功能，实现果蔬病虫害的远程诊断。本系统的外部用户包括农业生产人员（农户、企业管理人员）、系统管理人员与农业专家三种类型，而每种用户都定义了相应的操作权限。

（2）为了测控室外气象、室内空气、土壤、光照环境参数及视频图像信息，提出智能数据采集与控制终端、空气温湿度、光照强度、CO_2 浓度、土壤温湿度传感器、视频监控设备、无线网络传输设备集成方案，建立数据感知与传输通路。

（3）设施大棚环境参数智能采集终端，通过接入不同的农业传感器，获取土壤温湿度、空气温湿度、光照强度、CO_2 浓度等果蔬作物生长环境信息，实现对果蔬生长过程中的各类关键信息的获取，并能够实现与手持终端（如 iTerm）无缝数据通信，从而完成对现场果蔬作物生长信息的查看，实现移动便携监测。

（4）针对设施农业土、水、气环境综合感知，支持典型无线通信网络制式的数据传输，能够与温室大棚通风、湿帘设施联动，从而完成对设施农业生产环境进行全天候无缝实时监控。

（5）针对传感器布线困难，传输数据量较小的应用场景，可以根据距离将被监测区域划分为若干个子区域，在子区域中通过无线数据采集集中器与多个无线传感器构建基于无线传感网络技术的自组织网络。部署在各个区域负责信息监控的各种农业传感器周期性地将测得的数据通过无线自组织网上传到无线数据采集集中器，无线数据采集集中器接收各种无线传感器的采集数据，并通过串口，将数据转发给无线路由设备，通过 GPRS 网络传输到互联网，从而实现大棚环境各种环境参数的获取。

8.3 系统开发

设施农业生产管理系统在架构上分为应用层、服务层、数据访问层、数据存储层及数据采集层，如图 8-7 所示。

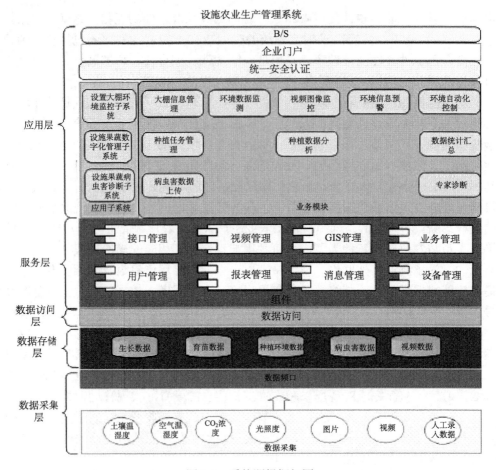

图 8-7 系统逻辑框架图

应用层基于 B/S 架构，提供设施大棚环境监控子系统、设施果蔬数字化管理子系统、设施果蔬病虫害诊断子系统对外访问接口。应用层负责对各级用户（农业生产人员、农业专家）统一进行安全认证，负责系统的业务应用。服务层包括以下组件，并对组件进行封装，发布成能被上层调用的各种服务。

（1）数据访问：统一管理对底层存储数据的访问方式。

（2）用户管理：统一管理企业用户，维护其基本信息并对其设置不同的操作权限。

（3）报表管理：统一管理系统中所有的查询和报表。

（4）视频管理：统一管理视频图像资料及操作。

（5）接口管理：统一管理系统与外部系统之间的数据交互。

（6）消息管理：统一管理系统内各种消息提醒。

（7）GIS 管理：统一管理 GIS 与本系统的衔接及扩展应用。

（8）日志管理：统一管理系统运行过程中产生的日志、异常、操作记录等历史信息。

（9）业务处理：统一管理果蔬种植各项业务。

（10）设备管理：统一管理平台和监控终端所需的设备。

数据访问层负责向上层提供数据库操作接口，包含对数据的增加、删除、修改、查询等操作。数据存储层负责存储系统数据，包括种植环境数据、病虫害图片、视频图像数据、地理信息的数据等。

数据采集层负责获取数据提交给数据存储层。

本系统采用微软公司的.NET 平台进行开发，使用微软的 Visual Studio.NET 作为开发环境，同时使用微软 Visual Source Safe 作为代码管理工具。应用支撑平台使用以 XML 技术为核心的 Microsoft.NET 技术开发。在服务器端，使用微软信息服务器（MS IIS）与.NET 框架（MS .NET Framework）作为系统支撑环境。

本系统实现了以下几个具体模块。

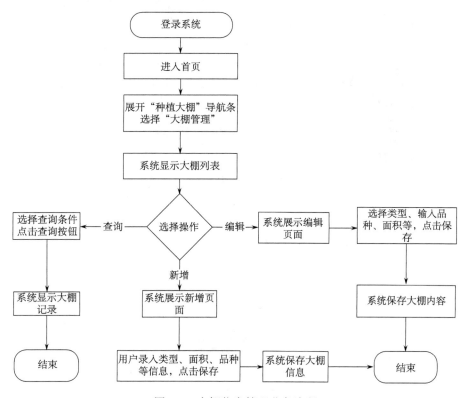

图 8-8 大棚信息管理业务流程

1. 大棚信息管理模块设计与实现

设施果蔬大棚信息管理类实现大棚基本信息的管理，可根据大棚 ID 查询大棚基本信息、类型、责任人、已部署的传感器、视频设备、控制设备等信息。

图 8-8 中显示大棚信息管理的业务流程。登录系统，进入大棚管理后，选择查询操作时，可设定不同的查询条件，系统返回符合要求的大棚信息列表；选择新增操作时，系统进入新增页面，用户录入类型、面积、种植作物品种等信息后，即可保存大棚信息；选择编辑操作时，可重新修改大棚的类型、面积、种植作物品种等信息并保存。

图 8-9 中查询出大棚编号、类型、总面积、状态（使用中、闲置）、种植果蔬品种及责任人等信息。

图 8-10 显示大棚环境数据监测业务流程。

图 8-9　大棚管理

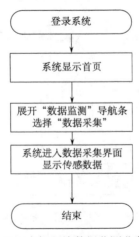

图 8-10　大棚环境数据监测业务流程

2. 环境数据管理模块设计与实现

设施果蔬大棚环境数据管理类实现环境数据的管理，可根据大棚 ID、日期查询出指定时间段的棚内环境数据及气象数据。

图 8-11 实时显示监控点所在大棚的环境数据，包括实时空气温湿度、土壤温湿度及光照强度等。

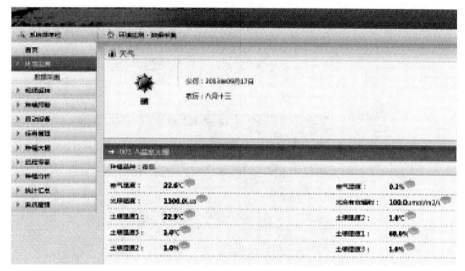

图 8-11　大棚环境数据监测

图 8-12　大棚视频图像监控的业务流程

3. 视频图像监控数据管理模块设计与实现

视频图像监控数据管理类实现视频信息的管理，可根据视频 ID、大棚 ID，获取指定大棚的视频信息合集，包括实时视频数据与历史视频数据，并可获取摄像头的控制参数，实现视频探头的控制。

图 8-12 中显示视频图像监控的业务流程。登录系统，进入实时监控界面后，可选择视频名称打开视频，系统播放实时监控画面。

图 8-13 中显示指定大棚的实时视频图像。

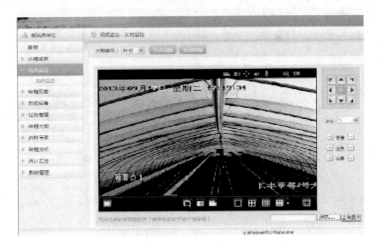

图 8-13　大棚视频监控

4. 预警信息管理模块设计与实现

环境预警信息管理类实现预警信息的设定与管理，可以根据大棚 ID，设定指定大棚的环境预警阈值及短信通知号码。

图 8-14 中显示预警信息管理的业务流程。图 8-14（a）中用户登录系统。选择阈值设置，设置目标大棚环境参数区间后，即可保存各参数阈值。图 8-14（b）中后台自动启动预警服务程序，读取大棚实时环境数据，并与各参数阈值进行比对，当实时环境数据超出阈值时，即保存告警信息，并发送告警短信。

图 8-15 中，当环境参数超过设定的阈值时，系统发出短信告警提示。

5. 自动化设备管理模块设计与实现

自动化设备管理类实现各种设备管控，可根据大棚 ID，获取大棚目前的所拥有的设备，根据设备信息，实现设备的查询、添加、修改、删除。

第 8 章 农业生产过程精细管理物联网关键技术研究与应用

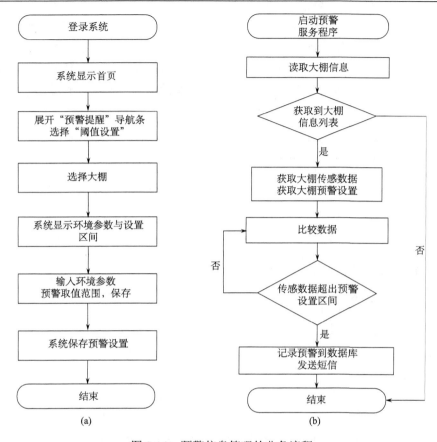

图 8-14 预警信息管理的业务流程

图 8-15 大棚环境预警阈值设定

图 8-16 中显示自动化设备管理的业务流程。图 8-16（a）中，用户登录系统，选择设备控制后，系统返回设备信息，可选择开启或者关闭设备，更改设备状态。图 8-16（b）中，后台自动启动设备控制程序，向目标设备发送控制命令，并查询设备状态，当控制命令执行成功后，进而设置设备其他相关运行参数。

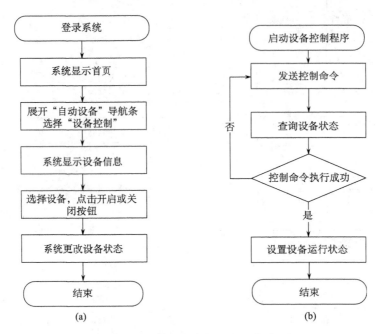

图 8-16 自动化设备管理的业务流程

图 8-17 中，通过自动化设备管理模块控制风机的开启与关闭。

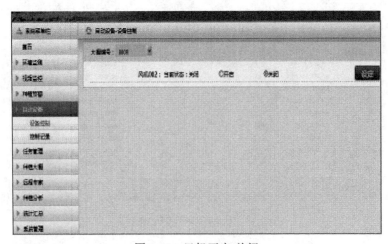

图 8-17 风机开启/关闭

6. 病虫害诊断信息管理模块设计与实现

病虫害诊断信息管理模块，管理维护设施果蔬病虫害诊断信息，实现作物病虫害信息上传、查询、诊断，可根据诊断信息 ID 获取详细诊断建议及诊断专家。

图 8-18 中显示病虫害诊断的业务流程。图 8-18（a）中，农业生产人员登录系统，选择专家诊断，可选择新增病虫害数据，上传病虫害描述、图片等，并可查询专家反馈的诊断结果。图 8-18（b）中，专家登录后，可进入诊断页面，根据提交的病虫害信息，给出诊断意见。

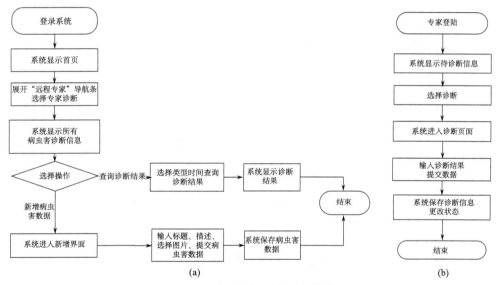

图 8-18　病虫害诊断的业务流程

图 8-19 中，农业专家可以查询已提交的病虫害信息。

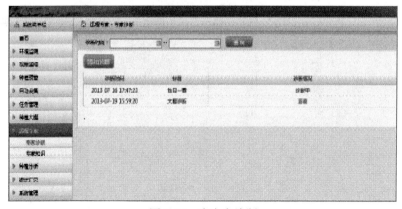

图 8-19　病虫害诊断

7. 任务管理模块设计与实现

任务管理模块实现任务的管理，企业管理人员可制定任务下发到农户；农户根据账号登录后，可获取任务列表。

图 8-20 中，企业管理人员可填写任务信息，发布任务到指定农户。

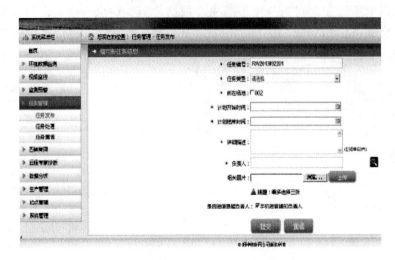

图 8-20　任务管理

8.4　应用效果

对系统功能以及业务流程进行系统测试。测试内容包括大棚信息管理、环境数据监测、视频图像管理、环境信息预警、环境自动化控制、种植任务管理、数据统计汇总、种植数据分析、病虫害诊断等模块以及业务流程、界面。经过测试表明，本系统的设计满足需求分析中要求的功能指标。在推广应用中取得了不错的效果。

第 9 章 分布式智能 RFID 微粒食品实时监测物联网关键技术研究

随着我国经济的高速发展，人们生活水平逐步提高，对食品质量也提出了较高的要求，不仅要求食品能够安全地食用还要求食品的感官特性基本不变，但无论是植物性食品、动物性食品还是人造食品，其水分活度、总酸度、营养物质、自然微生物群、酶和生化底物及防腐剂等因素，在从原材料的摘取、加工、物流、仓储、销售等环节中，都会受外界温度、湿度、光照及环境中微生物群与包装气体组成等的影响，不断地发生物理、化学、微生物上的变化，以一定的速度和方式丧失其原有品质。这就需要对食品在生产、运输、销售等环节进行监测，保证食品的质量不发生变化。传统的保质方法只是简单设定食品出厂的保质期和利用条形码技术对食品进行安全及流通管理，这些方法无法满足更深入细致与高效的食品安全管理要求。

针对上述问题，本课题利用 RFID 技术研究设计了 RFID 货架期指示器。RFID 货架期指示器由智能 RFID 读写器和智能 RFID 微粒构成，可以在不需要光学可视、非接触的条件下完成食品识别工作，能够采集、存储食品在整个流通过程中质量情况，可对食品进行远距离、高速运动状态下的识别，提高了传统食品在分拣登记信息时的处理速度，减少了由于人为原因产生的出错概率。

使用智能 RFID 微粒对食品进行实时监测、评估与预测还面临许多要解决的问题，尤其是在冷藏运输过程中，智能 RFID 微粒运行于典型的行业环境下，面临以下几个问题：①智能 RFID 微粒需要克服低温、潮湿、机械振动、冲击和大范围金属干扰、电磁干扰等恶劣环境；②射频装置的识别距离远，能够达到多目标快速识别；③智能 RFID 微粒要具有功耗低、数据容量大、使用寿命长等特点。这都对 RFID 货架期指示器提出了较高的要求，课题组针对 RFID 货架期指示器的功耗和防碰撞问题进行了研究。

9.1 集成架构

9.1.1 总体框架

本课题针对 RFID 货架期指示器的功耗问题，首先分析 RFID 货架期指示器的功耗特征，然后划分 RFID 货架期指示器的运行模式，最后采用时间序列电源管理算法对智能 RFID 微粒进行动态管理，并与传统的超时策略算法功耗进行比较，实验结果表明时间序列电源管理算法具有节能性。通过对 RFID 货架期指示器的功耗分析，得出其在射频通信时能量浪费较多，同时多个移动智能 RFID 微粒的信息碰撞，会产生智能 RFID 微粒被漏读的问题，针对这两个问题，本课题设计了智能自适应帧时隙 ALOHA 算法。

课题研究的主要内容是在冷链物流中 RFID 货架期指示器的功耗问题，智能 RFID 读写器与多个移动智能 RFID 微粒在射频通信时由于不断的信息碰撞和智能 RFID 微粒的不断移动而产生的智能 RFID 微粒被漏读的问题。针对功耗问题，课题首先分析了 RFID 货架期指示器的功耗特征，然后把智能 RFID 微粒的运行模式进行划分，最后对微粒的运行模式提出了时间序列电源管理算法，并与传统的超时策略进行功耗比较。针对信息碰撞问题，课题首先分析了在冷链物流过程中智能读写器与智能 RFID 微粒在射频通信时存在的三种情况，然后根据这三种情况总结出它们共同存在一个问题：一些智能 RFID 微粒将离开智能 RFID 读写器的稳定通信范围，而一些新的智能 RFID 微粒将进入读写器的稳定通信范围，针对这一问题存在三个技术难点需要解决，本课题通过对智能 RFID 微粒数量的估计，提出了智能自适应帧时隙防碰撞算法，算法的设计思路主要是减少多个移动微粒之间的信息碰撞，并减少微粒的射频通信时间，以此达到降低功耗的目标。根据以上关键技术的研究，设计了低功耗 RFID 货架期指示器，并对货架期指示器进行了实验测试，首先，测试了其通信距离，验证其是否满足远距离通信，以保证其能够正常地应用到冷链物流中；其次，测试了多个移动智能 RFID 微粒是否产生漏读的问题；最后，测试了智能 RFID 微粒采用时间序列算法和智能自适应帧时隙算法后的功耗。图 9-1 所示为 RFID 货架期指示器框图。

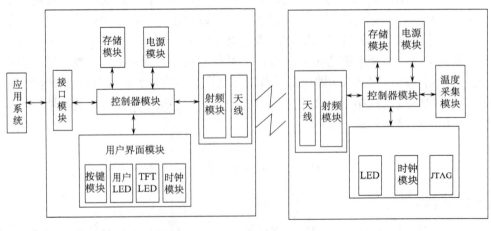

图 9-1　RFID 货架期指示器框图

9.1.2 技术路线

（1）针对冷链物流中货架期指示器的功耗问题，通过分析 RFID 货架期指示器的功耗特征和各个模块的功耗情况，把智能微粒分为三种运行模式（正常工作模式、监听唤醒模式、休眠模式），便于进行功耗管理。

① 正常工作模式。

在正常工作模式下微粒的处理器模块进入 AM 模式或者温度传感器模块进入数据采集状态或者射频模块进入数据通信状态，它们三个模块至少有一个处于工作状态。这些模块处于工作模式时系统的能量消耗较大。因此需要采用合理的设计方法，减少系统在此模式下各个模块的工作时间，以此降低系统的功耗。

首先，当智能 RFID 微粒第一次对食品进行检测时，设置智能 RFID 微粒的 CPU 进入 AM 模式，让温度传感器模块采集冷藏车内食品的温度。CPU 调用采集到的温度值，通过货架期公式计算出当前食品的货架期信息，并对数据进行存储。

其次，温度传感器模块采集完温度值并且在 CPU 计算出食品的货架期后，让 CPU 进入 LMP3 休眠模式，关闭温度传感器模块并设置其每隔一定时间被唤醒进行数据采集。其中，由于微粒的时钟模块始终处于工作状态，因此设置 CPU 进入 LMP3 休眠模式。此模式是让时钟模块工作下功耗最低的模式。

在此基础提出了时间序列电源管理算法，来减少微粒的能量消耗。

同时设置微粒的射频模块进入定时监听状态，以此减少系统能量消耗。如果没有监听到智能 RFID 读写器的信号，进入休眠状态，直至下次定时被唤醒。

② 监听唤醒模式。

智能 RFID 微粒在处于某种工作状态时，射频模块要监听智能 RFID 读写器的射频信号。如果智能 RFID 微粒始终监听智能 RFID 读写器的射频信号，系统的能量消耗较大，严重影响智能 RFID 微粒的使用寿命，但是智能 RFID 微粒不监听射频信号，则其无法与智能 RFID 读写器进行通信，不能将食品的质量信息发送出来。因此我们设置智能 RFID 微粒的射频模块每隔一段时间被唤醒进入监听状态，如果监听到射频信号，那么智能 RFID 微粒进行数据通信；如果没有监听到射频信号，那么智能 RFID 微粒的射频模块进入休眠模式，等待下次被唤醒进入监听唤醒模式。

③ 休眠模式。

为了减少装置的耗能，智能 RFID 微粒上电完成初始化操作后处理器即刻进入 LMP3 低功耗模式。在休眠模式下，智能 RFID 微粒的温度传感器模块处于关闭状态，处理器模块处于 LMP3 低功耗模式，LFXT1CLK 低频时钟源作为日历时钟模块的时钟源。各个模块的能量消耗都将达到最低状态，智能 RFID 微粒的能量消耗也将达到最小化。

在此基础提出了时间序列电源管理算法,来减少微粒的能量消耗。

（2）针对 RFID 货架期指示器在射频通信时的能量浪费和多个移动智能 RFID 微粒由于信息碰撞而产生被漏读的问题进行了研究。本课题首先分析了冷链物流环境下 RFID 货架期指示器在射频通信时存在的三种情况。

① 智能 RFID 微粒没有移动（即冷藏车没有移动），但智能 RFID 读写器不断移动，使其稳定通信范围不断变化。一些智能 RFID 微粒将会离开稳定通信范围，而另一些智能 RFID 微粒将进入稳定通信范围。这个问题会使智能 RFID 读写器不能读取一些智能 RFID 微粒内存储的信息，引起智能 RFID 微粒被漏读的问题。

② 智能 RFID 读写器没有移动，但智能 RFID 微粒不断移动（即冷藏车处于移动状态）。虽然智能 RFID 读写器的稳定通信范围没有变化，但有一些智能 RFID 微粒将离开稳定通信范围，一些智能 RFID 微粒将进入稳定通信范围。这个问题同样会使智能 RFID 读写器不能读取一些智能 RFID 微粒内存储的信息，引起智能 RFID 微粒被漏读的问题。

③ 智能 RFID 读写器和智能 RFID 微粒都处于移动状态，这样使得读写器的稳定通信范围在不断变化，一些智能 RFID 微粒将不断进出稳定通信范围。这个问题同样会使智能 RFID 读写器不能读取一些智能 RFID 微粒内存储的信息，引起智能 RFID 微粒被漏读的问题。

然后总结出这三种情况共同存在的问题，针对这一问题存在三个技术难点需要解决。

智能 RFID 微粒接收到智能 RFID 读写器广播式的射频信号，将同时发送 ID 号，这样在某个时隙就会产生信息碰撞。由于不断的信息碰撞，智能 RFID 读写器不能接收到微粒发送的 ID 号，使一些微粒被漏读。

智能 RFID 读写器在接收微粒发送的 ID 号时，不能及时发送射频信号唤醒已进入其稳定通信范围内的新微粒，使一些微粒被漏读。

智能 RFID 读写器与智能微粒完成通信后，为了减少微粒能量的消耗和增加系统的吞吐量，设定微粒进入休眠状态，在一定时间内不接收智能 RFID 读写器的广播式的射频信号命令，但需要解决智能 RFID 读写器再次读取微粒内信息的问题。

最后通过对智能 RFID 微粒数量的估计，提出了智能自适应帧时隙防碰撞 ALOHA 算法，算法的设计思路主要是减少多个移动微粒之间的信息碰撞，并减少微粒的射频通信时间，以此达到降低功耗的目标。

目前，很多 RFID 系统都采用二进制树搜索（BS）算法和帧时隙 ALOHA 算法来解决信息碰撞问题。BS 算法主要是利用曼彻斯特的编码方法，能够有效地识别出碰撞比特的位置，其本质是通过多次对比，缩小响应智能 RFID 微粒的数量，直至识别出唯一响应的智能 RFID 微粒,并利用不断地循环来识别所有的智能 RFID 微粒。但是 BS 算法是自上而下进行搜索,在搜索的过程中必然会出现很多重复的路径,降低搜索效率。帧时隙 ALOHA 算法主要是由智能 RFID 读写器向稳定通信范围内所有智能 RFID 微粒发出广播命令,该命令中包含帧长度。智能 RFID 微粒在帧时隙里随机地选择一个时隙把 ID 号发送出去,如果发生碰撞则需要重新发送,直至被智能 RFID 读写器识别,其识别效率低。虽然 BS 算法识别效率高、错判率低,但是其时延较长,安全性差,对微粒的能量消耗大。

因此,针对上述问题,采用智能自适应帧时隙 ALOHA 算法。该算法的基本思想是智能读写器以初始帧长度为发送广播命令,通过被识别的智能 RFID 微粒、空闲时隙数和初始帧长来计算现场智能 RFID 微粒数量,并根据推算出的未识别微粒数量调整帧长度:如果未识别的微粒数小于初始帧长度,那么减小下一轮智能 RFID 读写器发送的帧长度,保证系统以最大的吞吐率进行工作。如果未识别的微粒数量大于初始帧长度,那么增加下一轮智能 RFID 读写器发送的帧长度,保证系统以最大的吞吐率进行工作。

在下一轮发送广播命令时,新进入稳定通信范围的微粒就能够被唤醒了,解决了第二个技术难点。被识别的微粒完成与智能 RFID 读写器信息通信后进入休眠监听状态,在一定时间内不接收读写器的广播命令,此时要实现其能够再次与读写器进行通信,则需要设定它们之间的通信协议。智能 RFID 读写器需要发送带有微粒号的指令才能再次唤醒微粒,与其进行通信。

(3) 从硬件和软件两个方面设计了低功耗的货架期指示器,对射频电路、智能读写器、智能微粒整体电路进行了研究。智能 RFID 微粒的整体设计满足了下面几个条件:

① 能够与智能读写器完成数据通信,通过指示灯反映当前的通信状态。
② 能够存储温度传感器模块采集数据并存储。
③ 需要记录食品数据采集的时间。

因此,根据上述的要求,微处理器与其他各芯片的连接电路图如图 9-2 所示。

(4) 对货架期指示器性在室内、室外进行性能测试,对多个移动的智能 RFID 微粒与智能 RFID 读写器通信进行测试,对动态功耗管理后的微粒功耗进行测试。

智能 RFID 读写器对智能 RFID 微粒的识别性能是对整个系统的重要检验。因此,在室内和室外对 RFID 货架期指示器的通信距离进行了测试。室内测试是在学院办公楼中进行,测试人员手持智能微粒在楼道间行走,每隔一段距离与智能 RFID 读写器进行通信;室外测试是在学院办公楼前的道路上进行,测试人员每隔一段距离与智能 RFID 读写器进行通信。

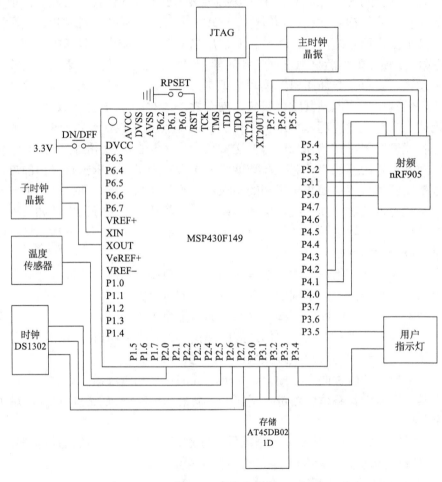

图 9-2 连接电路图

为了测试智能 RFID 读写器能否识别多个移动智能 RFID 微粒,选择 32 个智能 RFID 微粒,分为 8 组,每组 4 个智能 RFID 微粒,每组的位置均匀分开,每组以 20km/h 左右的速度在学院门口道路上移动;智能 RFID 读写器不移动,并通过串口与 PC 机连接,利用调试工具"串口调试精灵"显示识别的微粒的 ID 号与温度数据。

图 9-3 为智能 RFID 读写器与智能 RFID 微粒。

图 9-3　智能 RFID 读写器与智能 RFID 微粒

9.2　关键技术创新和突破

（1）提出时间序列电源管理算法。冷链物流具有较强的行业特殊性，RFID 货架期指示器需要在这一过程中实时监测食品的存储环境与质量信息，并需要对数据进行计算和存储，其能量消耗较大。现有的电源管理技术一般都是将以前的状态综合来预测将来的工作状态，不能有效地应用在冷链物流中。本课题提出了时间序列电源管理算法，该算法根据划分的运行模式对智能微粒进行管理，优化了微粒的功耗与性能之间的平衡。

（2）提出智能自适应帧时隙防碰撞算法。传统的防碰撞算法一般都是针对静止的应答器与读写器而设计，而在冷链物流过程中，智能读写器需要读取多个移动的智能微粒。针对这一情况，本课题分析了冷链物流环境下货架期指示器在射频通信时存在的三种情况，并总结了这三种情况共同存在的问题：一些微粒将离开稳定通信范围，而一些新的微粒将进入稳定通信范围。针对这一问题存在三个技术难点需要解决，本课题通过对智能微粒数量的估计，提出了智能自适应帧时隙防碰撞算法，算法的设计思路主要是减少多个移动微粒之间的信息碰撞，并缩短微粒的射频通信时间，以此达到降低功耗的目标。

（3）设计低功耗的货架期指示器。在上述两项技术的研究基础上，本课题设计了低功耗的货架期指示器。

9.3 系统开发

将以上研究技术应用到系统开发中，设计了基于 RFID 物联网架构下猪肉质量安全追溯系统，实现了猪肉生产全程网络化管理。

（1）在对猪肉生产加工流程实地调研的基础上，按照"流程分析—确定关键点—关键点控制"的方法，将猪肉生产过程分成养殖、屠宰加工、运输和销售多个环节，结合猪肉产业链特征、HACCP 原理及与食品安全相关法律、法规，对其各个环节指标进行分类筛选。为了分别满足可追溯和质量安全控制两个目的，将溯源指标划分为基本溯源指标和安全溯源指标两部分进行分别记录。

（2）采用 EPC 编码标准，结合猪肉生产加工流程，对供应链各环节进行分段编码，保证了猪肉代码的唯一性，使每一块猪肉都有自己的身份证。确保了猪肉生产加工各环节信息的有效记录和传递，为猪肉跟踪追溯过程中信息的采集提供依据。

（3）从系统分析、设计和构建三个方面，全面设计分析猪肉跟踪追溯系统的结构和功能。系统包含客户层、业务层和数据层三层和养殖子系统、屠宰子系统、分割包装子系统、仓储运输子系统、销售子系统、RFID 标签子系统和猪肉跟踪追溯子系统七大子系统。系统实现了信息的自动采集，保证了信息的准确性和可靠性。建立了猪肉安全信息数据库，实现了猪肉生产全程网络化管理。

本系统开发工具软件采用 Visio Studio 2005，部署环节 Web 应用服务器采用 Tomcat，应用服务器采用 Jboss，数据库系统采用 SQL Server2005。系统在实验室进行了原型构建，系统运行良好，信息传递畅通。

依据系统的设计原则和系统的设计要点，结合猪肉生产加工流程和整个供应链所包含的用户，对猪肉跟踪追溯系统的总体结构进行构架和设计。

基于 RFID 物联网的猪肉信息跟踪追溯系统的平台架构如图 9-4 所示，分为三层：客户层、业务层和数据层。客户层提供了手机客户端、浏览器和定制软件多种查询方式。生产者、监管者、消费者等系统用户都可以应用组合查询的方式，查询相关信息，掌握每个环节的质量安全信息。业务层提供系统的主要功能，主要由养殖子系统、屠宰子系统、分割包装子系统、仓储运输子系统、销售子系统、RFID 标签子系统和猪肉跟踪追溯子系统七大子系统组成。数据层分为平台数据库和业务数据库两部分，平台数据库提供基础平台的运行数据，业务数据库提供业务数据。

第 9 章 分布式智能 RFID 微粒食品实时监测物联网关键技术研究

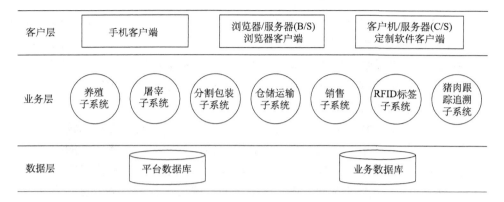

图 9-4 基于物联网的猪肉信息跟踪追溯系统的平台架构图

在猪肉跟踪追溯子系统中,系统采用多种结构形式相结合(如图 9-5 所示),以满足不同用户的需求。由于养殖环节的养殖场地域性较强,Internet 通信不方便,更适合使用于客户端/服务器(C/S)结构。而对于猪肉的屠宰加工运输环节,信息流通较快,实时性要求高,更适用于浏览器/服务器(B/S)构架。因此有效集

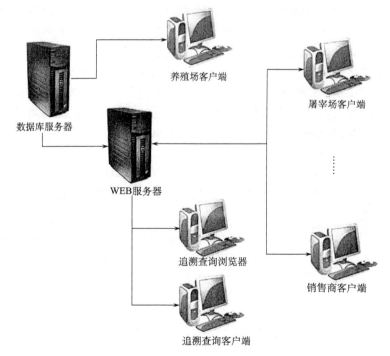

图 9-5 系统整体框架结构示意图

成 C/S 和 B/S 模式，采用 C/S 模式与 B/S 模式相混合的方式，充分利用这两种模式的优点，当完成屠宰或销售时，将信息集中上传到网络服务器，对于网络连接不方便的地区，实现系统功能效率的最大化。采用 RFID 手持式读写器记录信息，然后将信息传送至数据库。这样可以将分散的信息连在一起，实现了数据的记录和管理，保证了信息传递的连续性。

猪肉生产加工流程分为养殖、屠宰加工、分割包装、仓储运输和销售几个环节，由于每个环节在不同的地域实现，差异较大。为此，本文将猪肉的生产加工流程分为养殖、屠宰、分割包装、仓储运输和销售五个部分，依次建立子系统，每个环节由各自的子系统管理，各个子系统的主要用于各个环节信息的记录。每个环节分别录入信息，以确保信息的有效传递。

数据层分为平台数据库和业务数据库两部分，平台数据库提供基础平台的运行数据，业务数据库提供业务数据。数据层是各个子系统的数据中心，它用于接收、储存和处理各子系统的数据，管理着各子系统。它将养殖子系统、屠宰子系统、分割包装子系统、仓储运输子系统和销售子系统的数据信息进行整合，形成一个完整的数据库。

猪肉在生产加工供应链中经历如下几个环节：生猪—胴体—二分体—分割肉—托盘包装肉—物流包装—零售，在这几个环节中每个环节都需要记录上一环节的信息，并为其分配新的编码和标识，保持信息的连贯。

本系统将猪肉生产加工流程各环节的溯源信息录入系统数据库中，对每个环节的信息进行识别、记录管理和跟踪，形成一个完整的信息链（图 9-6）。当发现问题猪肉时，可通过猪肉的码查询相关信息，找到问题猪肉的来源并确定出现问题的环节，阻断问题猪肉继续流入市场并及时召回已售出的问题猪肉，避免重大食品质量安全事故。

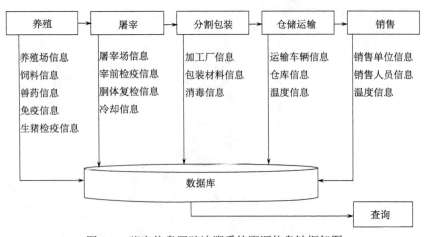

图 9-6 猪肉信息跟踪追溯系统溯源信息链框架图

部分界面展示如下：

（1）登录（图9-7）。系统用户根据各自的账号和密码登录系统，不同的系统用户查询的权限和内容也各不相同。

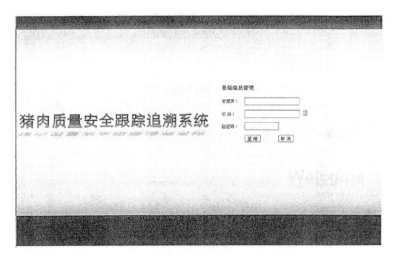

图9-7　系统登录界面

（2）信息录入与修改（图9-8）。管理员登录后，选择信息录入选项，在空格处填入需要录入的信息，可以录入猪肉的基本信息和安全信息。在完成录入后，点击"完成以上修改"按钮，完成信息的录入。

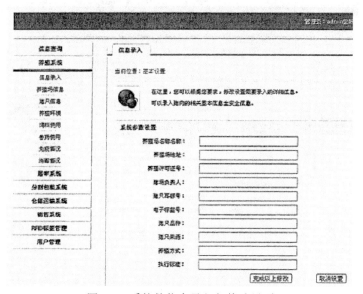

图9-8　系统的信息录入与修改界面

（3）信息的查询（图 9-9）。选择"信息查询"选项，输入所购买的猪肉产品包装上的位码，点击下方的查询按钮，查询猪肉的详细信息。点击下方各环节的按钮即可查询猪肉生产加工各环节的基本信息和安全信息。

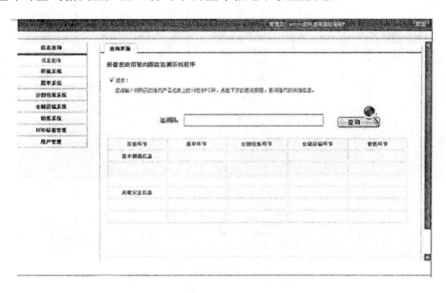

图 9-9　信息查询页面

（4）养殖环节信息的查询（图 9-10）。

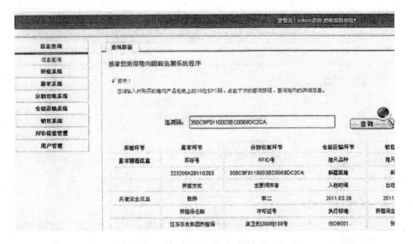

图 9-10　养殖环节信息的查询页面

（5）屠宰环节信息的查询（图9-11）。

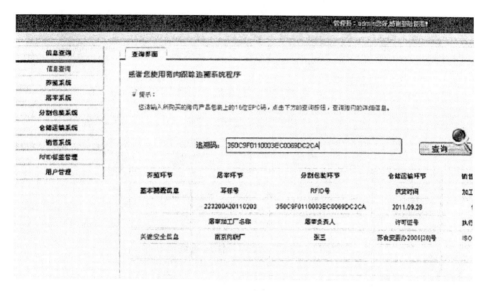

图9-11　屠宰环节信息的查询页面

（6）分割包装环节信息的查询（图9-12）。

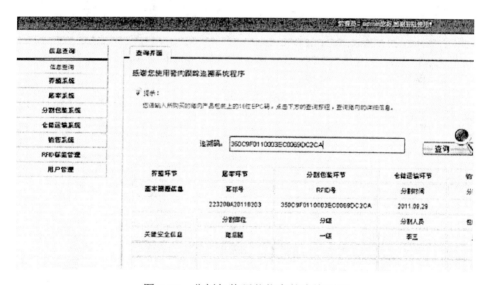

图9-12　分割包装环节信息的查询页面

（7）仓储运输环节信息的查询（图9-13）。

图9-13　仓储运输环节信息的查询页面

（8）销售环节溯源信息的查询（图9-14）。

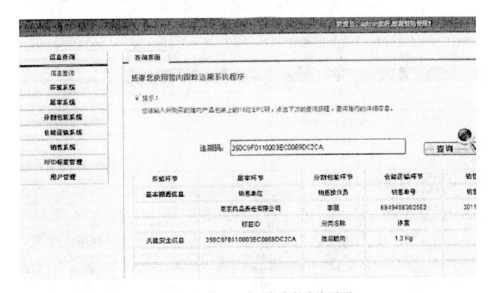

图9-14　销售环节溯源信息的查询页面

9.4　应用效果

本系统在借鉴国内外成功的跟踪追溯经验和食品安全控制技术案例的基础

上，将 RFID 技术和物联网技术运用到猪肉跟踪追溯系统中，具有信息采集自动化、采集速度快、识别率高等优点。猪肉跟踪追溯系统是一个能够连接猪肉生产加工各环节，贯穿于整个猪肉供应链的信息管理系统。它采用 EPC 编码技术对猪肉生产加工各环节溯源信息进行编码，构建了猪肉跟踪追溯系统平台，有效地串联各环节的信息，保证了信息的有效记录和完整传递，实现了猪肉生产全程网络化管理，可以对猪肉产品快速地进行跟踪追溯。猪肉生产经营者以及监管者可以根据共享的系统网络平台，实现猪肉质量安全跟踪追溯，满足安全生产的需要。消费者可以查询与猪肉相关的信息，满足对产品的知情权，在普及推广上取得了良好效果。

第 10 章　基于 LonWorks 总线廊下渔业监控系统实现

目前，我国大区域渔业养殖的监控系统主要采用人工或集中式控制系统，控制器与现场设备之间依靠大量的 I/O 电缆连接，不仅增加成本，也增加了系统的不可靠性。由于水产养殖现场环境十分恶劣，采用传统的 4~20 mA 模拟信号与现场设备通信，同时以 4~20 mA 模拟信号监控现场设备，雷电、噪声等干扰信号将不可避免地影响模拟信号传输的质量，造成系统的不准确和不可靠；另外，控制器获取信息量有限，现场设备的在线故障诊断、报警、记录功能较弱，也很难完成现场设备的动态监控、远程参数设定、修改等功能，造成控制系统的信息集成能力不强和可维护性较差。随着智能仪表在现代化环境监控系统的应用和发展，建立基于现场总线的大区域渔业养殖智能监控系统成为解决上述问题的有效途径。

10.1　集成架构

10.1.1　总体框架

针对大区域渔业养殖基地的现代化监控系统建设，介绍了基于现场总线的建立模式。全数字化模式可以大量布置监测点，现场检测到的各种测量信号以及控制信号都以数字信号的形式通过一对导线传输到现场总线网络上的任何智能设备，而不需要复杂的多 I/O 电缆布线。特别指出，模糊控制器的设计使系统基于专家知识构架，提高了整个系统的智能化水平。如图 10-1 所示为系统框架示意图。

10.1.2　技术路线

我们基于 LonWorks 总线建立的智能监测监控系统采用两级网络：上层网络（高速网络）即控制级总线采用以太网和 TCP/IP 通信协议，通信速率达 10 Mbit/s 或 100 Mbit/s，可通过综合布线（PDS）实现连接；开放系统的下层网络（低速网络）即现场级总线采用业界公认开放性能最高的 LonWorks 总线协议，可用屏蔽双绞线连接介质，通信速率 78.8 kbit/s，通信距离最远可达 1200 m。LonWorks 的通信协议 LonTalk 直接固化在神经元微处理器芯片内，LonTalk 通信协议的使用为现场级总线层面上完全实现开放性和互操作性提供了解决途径。

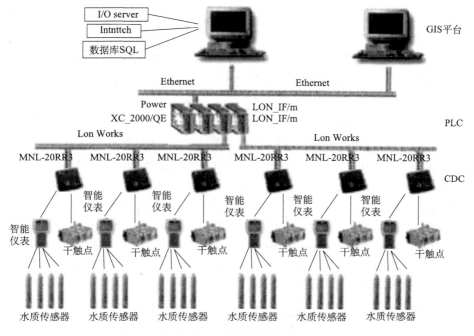

图 10-1 系统框架示意图

10.2 关键技术创新和突破

1. 系统组成

系统由前端数据采集和中心数据处理两部分组成,见图 10-2。前端数据采集主要设备包括水质传感器、光照传感器、幕帘干触点增氧机干触点、灯光干触点、现场控制 DDC 模块等。中心数据处理主要设备包括 OPEN_PL 模块、数据支撑平台 Intouch 软件。

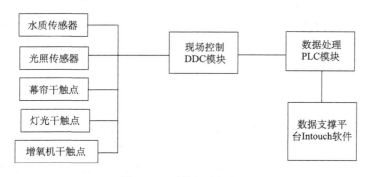

图 10-2 系统组成框架图

整个监测监控系统不再是一个仅对基地内机电设备进行监控的系统，而是可以集安全防范系统、生产监控系统、科学数据分析等多种功能于一体的综合信息管理系统。由于满足优质渔业养殖的条件复杂，监控的各类机电设备众多，因此系统是否能够成功实施直接影响基地的环境控制效果和科学的数据分析。在育苗车间各布1个采样点，每个采样点有在线pH、溶解氧、温度、盐度、ORP、光照等6个传感器节点，传感器将各组现场信号转换成4～20 mA的电流信号。数据采集到4～20mA的模拟量信号输出，通过现场控制DDC模块转换，控制网络层通过LonWorks总线方式，将每个采集站区域内的智能传感器的数据模数进行转换，然后通过专用的工控LonWorks网连接到中心OPEN_PLC模块汇总上传，数据传输到计算机网络，进行画面显示，并进行处理，同时在数据库中保存。智能化控制系统采用开放系统，采用控制级总线及现场级总线两级网结构的集散控制系统。控制级总线连接系统文件服务器、监控工作站等计算机系统，用于工作现场监视和现场数据汇总处理保存。现场级总线连接数字式直接控制器（DDC）、现场智能传感器、执行器，用于现场设备的控制、调节。而控制级总线与现场级总线之间利用网桥（NGS-Ethernet）互联，实现现场数据的上送及人工操作指令的下传。网桥可按数据分类布置，也可冗余布置。控制级总线的通信速率为100 Mbit/s，现场级总线的通信速率78.8 kbit/s。系统的总体管理与运营置于监控站的计算机上，承担系统的总体协调和管理功能；分散在各个鱼池的DDC控制器直接与现场各种设备相连，前置安装并对所连接的设备实施监测与控制，真正实现集散型控制（DCS）。同时，可通过手提的便携式计算机对控制器实现在线就地就近编程，可在网络的任意一节点上观察和操作网络中任意一个控制器，为系统的调试、检修和运行维护提供极大方便。所有控制信息均可不依赖于控制级网络而独立运行，在控制级网络故障的情况下，既有的控制指令仍通过现场级网络实现互相传递，无需经过中央计算机。在安全意义上，中央控制室内的计算机开机与否与DDC控制器的工作无关，它不影响自动控制系统按既有控制策略正常运行，中央计算机只是起到监视、记录和发布修改控制策略命令的作用，避免了计算机集中控制所造成的风险高度集中的缺陷。此外，由于使用了LonTalk通信协议，其点对点的通信方式可以使事件发生后的动作响应时间大大缩短，为控制的实时性提供了可靠保证。

2. 数据通信流程

整个系统的数据流由两部分组成：实时采集的现场数据和控制信号。由于育苗环境要求很高，所以现场采集的数据必须无误差地传送到总控室，如pH值允许误差小于0.02。对于现场采集数据，我们采用以下方法处理：首先通过传感器阵列将现场前端采集的各种信号转换为4～20 mA的有效模拟量，将模拟量输出到 DDC，通过现场控制器 MNL-20RR3 转换成数字信号，封装成 LonWorks 数据包；然后通过 LonWorks 网络进行传输，到达 Lon_IF/mf 模块后，再由 CPU 模块将数据封装成 IP 数据，通过 Ethernet 网络进行传输到达中心控制主机，数据会在 I/O 服务器进行数据转换，最后数据写入 SQL 数据库，同时 Intouch 界面显示数据。对于数据控制信号，则采用以下工作策略：Intouch 界面触发控制命令，同时信息保存到 SQL 数据库，然后在 I/O 服务器进行数据转换，再由中心控制主机将信号输出；通过 Ethernet 网络进行传输，到达 Lon_IF/mf 模块并进行运算，还原成 LonWorks 数据包；数据包通过 LonWorks 网络进行传输，到达现场控制器 MNL-20RR3 还原成数字信号，将数字信号转成模拟量输出到前端干触点，完成幕帘、灯光、增氧机起停控制。控制级总线接口采用 100BaseTX，通信速率 100 Mbit/s，现场级总线采用 LonWorks 的 Lon_IF/mf 自由拓扑通信接口，并采用变压器隔离技术，保证两级网络之间在电气隔离的前提下实现信息互通。选用 MNL-20RR3 系列通用控制器作为就地控制器（DDC），其功能完善，可靠性高，内置含 CPU 的神经元芯片，对分散的数据进行采集和分析。电动执行机构按照系统设定值、传感器测得的被控制对象现场数据以及 DDC 内的工作程序自动运行，并根据从传感器得到的系统参数自动调整控制值。每个 MNL 控制器内置 71 个可编程模块。DDC 可通过 I/O 服务器采样独立工作、执行指令。DDC 同时也可联网运行，执行上位控制命令，实现就地独立控制及网络控制。DDC 控制器还可就近就地实现现场编程、修改，给调试维修带来方便。当外界断电时，DDC 内的 Flash Memory 可永久地保存数据；外电重新供应时，DDC 即能自动恢复正常工作，而不需要人工干预。一旦 DDC 存放的数据非正常丢失，用户可通过现场标准串行数据接口，以电话线拨号方式或网络操作站将数据重新写入。DDC 可实现就地现场布置，安装在本公司提供的控制箱里，安装方便，减少现场布缆，且可直接与传感器相连，无需增加辅助变送器。

3. 模糊控制器设计

计算机技术在渔业养殖中逐步占据了主导地位，一方面促使环境控制系统的自动化智能化水平日益提高，另一方面使环境控制系统对数学模型的依赖程度也进一步加剧。在建立水产生物生长环境控制模型时，常常由于还没有被控对象的精确数学描述，而无法建立切实可行的生长环境控制模型；但是富有经验的专家却能运用领域专业知识对许多无法理解的过程实施安全而有效的控制。模糊控制器的出发点是现场操作人员的控制经验或相关专家的知识，是基于专家知识建立的控制策略。依据专家知识，将水产生物的生长环境分为非常适宜、适宜、较适宜、不适宜 4 个生长区域。这种划分本身是一个模糊的概念，但它完全符合人类的感知特征。人类对环境的第一感觉是舒适度，而不同于计算机识别的只能是一个精确的值（如温度是 25℃）。舒适度是一个整体的概念，其与温度、湿度、气压、光照等多种因素有关，对应的值也随情况不同取值不同。

首先，把生长环境划分为非常适宜、适宜、较适宜和不适宜 4 个生长区域，为每一个生长模式定义一系列具体的控制操作构造出运行模式，求出每种生长环境模式的特征向量，再根据获取的特征值（测量值），利用模糊积分融合这些多源信息，判别系统应采取的安全运行模式。

其次，确定特征向量对生长环境模式的影响系数。生长环境模式是由特征向量的取值范围所决定的，但由于每个特征向量对生长环境模式的影响程度是不同的，我们需要为每个特征向量定义其对生长环境模式的影响系数，这个影响系数定义不准确将直接影响信息融合的结果，甚至导致错误结果。我们采用主成分分析法确定特征向量的影响系数。

最后，利用模糊积分融合环境特征的多源信息，判别系统应采取的安全运行方式。采用模糊积分的信息融合算法，配上专家知识推理，能够实时调整可控参数的具体值，显著地提高了系统的智能度。从测量本质上看，模糊积分的信息融合算法配上专家知识推理来实现智能控制，类似于人脑思维方式，即将复杂的现象先归纳为简单的形式再加以认识、辨别，然后逐步给出对被感受对象的评价，决定下一步操作的内容。这种技术方法在模式识别等行业有较多应用成果，在测量领域则是一种新的尝试。

10.3 系统开发

系统基于 GIS 电子地图功能，提供对所有监控点水质分析数据的实时监测和报警，同时提供视频 CCTV 的联动显示，设备运行情况的监测和控制。

1. GIS 功能模块

本模块提供基本的 GIS 地图导航和查询（图 10-3）。主要包括以下功能。
（1）电子地图导航操作。
①GIS 工具条按钮。包括放大、缩小、漫游、全图显示。
②响应鼠标滚轮对应地图缩放。
（2）信息查询、搜索？
①智能搜索。通过关键字查找并返回匹配记录，进一步可在地图中高亮显示匹配到的记录。
②空间查询。通过鼠标操作点查询在属性查询窗口显示对应元素的属性信息。

第 10 章 基于 LonWorks 总线廊下渔业监控系统实现

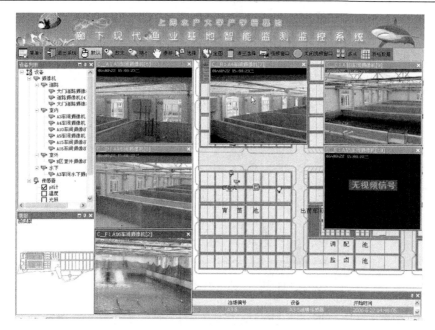

图 10-3 温室监控界面

点查询池塘显示最大化窗口显示池塘编号、池塘位置、养殖种类、放养起始时间、喂食情况、传感器值（同时显示标准值）、设备状态（同时提供控制设备的功能）、生物生长情况。

点查询传感器点显示传感器值和标准值。

点查询设备显示设备状态并能够控制设备。

③MapTip 地图小贴士功能。当鼠标停留在地图上某元素时，通过浮动的文本框显示此元素的简要信息。

④地图文字标注。在一定的比例尺范围内显示地图文字标注。

（3）图层控制。用户通过图例窗口可以添加隐藏图层，也可以改变图层显示样式。

（4）鹰眼窗口。用户通过鹰眼窗口观察当前地图范围在整个地图中的位置并可通过该窗口完成地图漫游的操作。

2. 监测报警模块

本模块的功能是显示警报信息，当发生报警时，系统将自动报警信息填入监测报警栏目并发出报警音响，突出显示报警点、同时显示相关信息，提示值班员处理，同时部分报警类别关联到系统自动控制模块，发生此类报警的系统能够自动控制设备的运行状态（图 10-4）。主要功能包括：

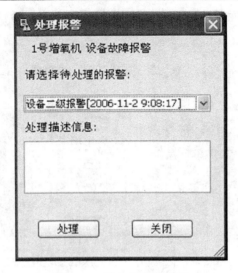

图 10-4 设备报警状态图

（1）传感器报警。通过系统设置子系统的报警设置模块可以设定报警的阈值以及报警的等级，当传感器反馈的信息在阈值范围之外时，系统报警并将报警信息记录到数据库中，自动发出报警音响，同时电子地图上突出显示报警点位置，同时在报警栏目窗口中显示此报警对应的池塘编号、鱼种、当前发育期、报警类型、报警等级等信息。

（2）设备故障报警。当系统某一设备发生故障时，系统报警并将报警信息记录到数据库中，自动发出报警音响，同时电子地图上突出显示故障设备点位置，同时在报警栏目中显示故障设备名称、型号、故障类型等信息。

（3）CCTV 联动。发生高级别的报警，系统调用 CCTV 联动功能自动执行预置位将摄像机对准事发位置点，通过指定池塘的报警事件类别关联的特定摄像机的某一预置位实现。

（4）未处理报警浏览及处理。通过报警栏目以表格的形式显示系统尚未处理的报警信息，用户可通过在报警栏目中选择报警在电子地图上突出显示该报警点位置，管理员用户也可选择其中某一报警记录，打开报警信息处理窗口处理此报警，在处理窗口可输入此报警原因、处理步骤等信息，处理提交后系统自动关闭此报警。

3. 设备监视控制模块

本模块提供用户利用电子地图功能方便地监测系统设备运行状态，同时提供设备控制的能力。主要功能包括：

（1）设备运行状态监控。用户可在电子地图上点击打开设备监控控制窗口，系统显示设备运行状态，如增氧机开启或停运状态，以及遮阳帘幕处于何种运行状态等（图10-5）。

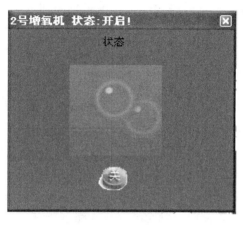

图 10-5　设备运行状态图

（2）手动控制。用户通过设备监控控制窗口可手动控制设备，如关闭遮阳帘幕等操作。

（3）自动控制。①检测报警模块发出报警信息，系统自动控制设备响应；②当光照情况等于某个设定值时，首先开启帘幕，如光照情况还不能达到要求，则打开灯光；③早上6点关闭车间灯光，晚上6点打开车间灯光；④如当溶解氧量低于设定下限值（一般为5mg/L），报警模块发出报警事件，本模块响应此事件开启增氧机。

（4）用户权限判断。用户可设置控制锁定时间，即用户在控制某设备多少时间内其他用户不能控制该设备，当然权限高的用户可以剥夺权限低的用户的控制权，另外手动控制权限高于系统自动控制。

4. 环境监测模块

本模块的主要功能是对池塘内的环境监测信息进行实时准确的反馈（在线检测自动更新数据库，离线监测需要人为通过报表递交子系统更新数据库），在线监测数据包括温度、盐度、ORP、溶解氧、pH、水温、光照，离线数据包括氨氮、亚硝基氮。主要功能包括：

（1）实时监测数据显示。用户通过在电子地图上点击指定池塘打开对应的环境要素监测窗口，窗口动态实时刷新显示位于此池塘内的各个传感器的最新值。

（2）显示当前池塘传感器检测值的日变化曲线，可以多参数同时显示，同时显示查看当天的要素平均值、最高值、最低值。

5. 生物监测模块

生物监测模块的功能是提供包括每个池塘的各种生物要素的监测显示和查询（生物监测目前采取离线监测人工更新数据库的方式，系统预留在线监测的接口）。主要功能包括实时监测数据显示。用户通过在电子地图上点击指定池塘打开对应的生物要素监测窗口显示最新的生物要素监测值。

6. 视频监控模块

授权用户登录系统后通过地图导航可快速查看指定摄像机的视频信息，同时可对摄像机进行云台操作，注意此模块可以和监测报警模块进行联动，当发生部分类别的报警时可以将摄像机对准事发位置。主要功能包括：

（1）单击摄像机显示视频。用户在点击电子地图上标有摄像头的位置，系统弹出该摄像头的实时视频窗口，可同时打开4路视频窗口（带有硬件解压卡的客户端可以打开8路窗口）。

（2）摄像机云台操作。双击监控窗口可将该窗口最大化显示，同时显示云台控制按钮可对摄像机进行左右、上下移动，变倍，变焦，光圈操作，也可在视频窗口拖放一红色矩形设置摄像机的显示范围（智能寻向又称点击放大，此功能需要摄像机支持）。

（3）摄像机预置位操作。可以将摄像机的状态保存预置位记录起来，以便以后可以快速执行预置位将摄像机调整到指定位置，此功能需要摄像机硬件支持。

（4）用户权限判断。用户可设置摄像机控制锁定时间，即用户在控制某摄像机多少时间内其他用户不能控制该摄像机，当然权限高的用户可以剥夺权限低用户的控制权，另外手动控制权限高于系统自动控制。

7. 日志记录模块

通过日志记录模块记录用户登录、用户控制设备和控制摄像机与系统自动控制设备和摄像机的情况。

8. 现场管理数据分析模块

此模块提供环境、生物在线监测以及人工记载的历史数据的查询和分析，结果以动态HTML的形式显示。主要功能包括：

（1）在线、离线环境监测数据和人工记载生物数据的逐时、逐日、月统计报表输出。

（2）所有监控点各项水质分析数据均能以图形显示日变化曲线、周变化曲线、月变化曲线、选定时间段（每日时间段、日期时间段）变化曲线，可以单点显示，也可以多个监控点同时显示。

（3）定时多参数比较：选定时间（或时间段）监测参数变化曲线比较。

（4）现场值与监测参数适值比较：选定时间（或时间段）变化曲线比较。

（5）光标指定特定时间点数字显示所有监测数据、适宜值与警报阈值。

（6）单点比较：日（周、月）或选定时间段（每日时间段、日期时间段）平均值和显著性差异分析。

（7）多点比较：可选定不同采样点在日（周、月）或选定时间段（每日时间段、日期时间段）的显著性差异分析。

（8）现场值与监测参数适值比较：可选定时间（或时间段）实际值与最适值显著性差异分析。

（9）查询指定时间指定池塘的所有信息。

9. 报警查询模块

本模块的功能是根据指定的条件查询已经发生过的报警信息。主要功能包括：

（1）条件查询报警信息。查询条件主要有池塘编号选择（ComboBox）、开始日期（DateTime）、结束日期（DateTime）、报警类型（ComboBox）、设备编号（设备故障报警）等，查询结果用动态 HTML 的形式显示给用户。

（2）显示潜在有问题的设备列表，在一定时段内发生故障次数大于指定数值的设备认为是潜在有问题的设备，用户单击列表中的设备可查看此设备报警的详细记录列表。

10. 信息录入子系统

该子系统的功能是提供在线报表递交，用户在设置好的报表中填入数据，点击保存按钮，就直接将报表数据保存到数据库中。需要提交的信息主要包括体长、体重、日摄食量、密度、产量等。

11. 系统设置子系统

本系统的功能是设置池塘的属性以及系统用户和用户权限等信息。

12. 报警设置模块

本模块的功能是添加或者修改传感器报警的类别以及设定其相应报警的阈值、时段等。每一个种类报警通过以下内容指定：报警类别 ID、报警类别名称、池塘编号选择（以列表框列出）、时段选择（以 OptionButton 控件列出）、起始日期（DateTime 控件）、终止日期（DateTime 控件）、（以列表框列出）、养殖品种、监测参数、监测参数适宜值、监测参数警报阈值、报警级别。

13. 设备自动控制设置模块

本模块的功能主要是设定系统如何控制设备响应特定类别的报警事件。

14. 日志管理模块

本模块的主要功能是管理系统日志，日志记录内容包括用户登录情况，用户、系统控制设备以及摄像头的情况。主要功能包括：

（1）日志查询。管理员查询指定时段和类型的系统日志。

（2）日志备份。

（3）日志清空。

15. 池塘属性设置模块

该模块主要设置池塘属性。主要功能包括：

（1）设置池塘养的鱼的种类。一个池塘可以养多种鱼，主要包括鱼的种类、开始放养日期等。

（2）环境监测要素设置。添加、修改、删除所需要监测的环境要素，以及设置环境监测模块中需要监测的环境要素。一个池塘对应一组环境监测要素（目前是0个或者5个）。

（3）生物监测要素设置。添加、修改、删除所需要监测的生物要素，以及设置生物监测模块中需要监测的生物要素。一个池塘对应一组生物监测要素。

16. 用户设置模块

该模块用于新建用户或者对用户属性变化的必要修改和设置。主要功能包括：

（1）用户注册。让用户注册新用户，输入用户的基本信息。

（2）用户审查。系统管理员审查新用户并赋予用户对应权限等级。

（3）用户信息修改。已注册用户对已有信息以及用户密码的修改。

用户等级如下（数值越大，权限越高）：0，新用户；1，一般用户；4，管理员；8，系统管理员；9，超级系统管理员。

10.4 应用效果

上海申漕特种水产开发公司是与上海海洋大学共建的首批上海市与全国产学研基地之一，是上海市水产健康养殖示范基地和全国重要的罗氏沼虾育苗基地，也是上海唯一从事虾类工厂化苗种生产的企业。

该基地在罗氏沼虾、凡纳滨对虾育苗和集约化养殖全过程中，通过健康苗种和亲虾培育技术、虾类温室集约化健康养殖技术、河口区育苗用水净化与调配及养殖废水循环再利用和在线智能监控系统等多项技术的组装、集成和优化，实现了罗氏沼虾、凡纳滨对虾苗种培育与健康养殖的质控和智能控制，罗氏沼虾苗种培育成活率达80%～90%，亲虾越冬成活率90%，单尾雌虾受精卵所孵幼体数达10000尾以上，虾类温室集约化健康养殖单位水体产量达4～5kg/m^3，并实现24h在线水环境监测和控制、生产现场监视和控制。以上技术或为上海海洋大学自主研制和集成创新，或为与公司合作创新的科技成果，处于国内外领先水平。通过这些技术的应用与转化，已取得了明显的经济效益与生态效益。

第11章 基于图像技术的水产动物疾病诊疗与分析系统

水产动物疾病专家诊断系统是一种计算机智能程序系统，首先，它根据各种成熟渔业生产技术和领域内专家知识、经验和方法，应用人工智能技术建立水产动物疾病知识库。然后，根据用户提供的有关信息，运用存储在系统的知识库，利用计算机技术模拟人类诊断专家的诊断推理模式（即人类专家解决问题形成决策的过程）进行推理判断。最后得出结论，给出建议，为用户提供鱼病防治、治疗方法。它可以对决策过程做出解释，并有学习功能，即自动增长解决所需的知识。

水产动物疾病专家诊断系统作为专家系统的一种，它拥有专家系统所具有的特点：①启发性，它能运用专家知识进行推理和判断；②针对性，一个专家系统针对一个特定领域而设计，解决问题专一；③灵活性，它能不断增加、修改知识，完善已有的知识库；④透明性，它能对推理过程做出解释，并回答用户提出的问题；⑤实用性，所研制的专家系统一定要能解决生产实践和其他领域中的实际问题。

目前，在水产动物疾病专家诊断系统领域，需诊断的新问题和知识库以文字方式描述为主，致使进行诊断推理时，依据的信息和知识也只有文字描述，容易造成诊断结果的差异性和不准确性。针对这种不足，本章以南美白对虾（以下简称虾）为研究对象，将病虾的图像内容特征和病理特征相结合来描述需诊断的新问题特征，同时在知识库增加了虾病图像特征内容，提出了结合图像特征的虾病案例推理专家系统，它是基于图像特征的虾病诊断系统一个子系统；基于图像特征的虾病诊断系统包括两个子系统，另外一个是基于内容的虾病图像检索。

南美白对虾作为一种经济类水产动物，是世界上的公认的、最有养殖前途的优良虾种之一，具有适合高密度养殖、养殖周期短、肉质佳、出肉率高、产量大、售价高等特点，近几年我国南方地区的养殖规模正在逐渐扩大。同时，虾病的频繁发生和领域专家的缺乏所带来的经济损失也随之严重，因此虾病困扰着对虾养殖业的持续发展，成为影响对虾养殖的首要因素。为了减少病害带来的损失，除了推广和普及鱼病诊断和防治的知识外，研究和开发虾病诊断智能系统，使其成为养殖者科学养殖的有力助手，协助他们及时诊断与防治虾病，同时控制流行病的爆发，更具有重要的实际意义。

11.1 集成架构

11.1.1 总体框架

通过调查分析，用户在进行虾病诊断过程中一般有三个需求：虾病的相关知识咨询、虾病相关图像查询和病虾诊断。根据这三个需求，系统的功能目标是实现虾病知识咨询、相似病虾图像检索和虾病诊断。虾病知识咨询模块，将虾病领域专家知识存入虾病知识库中，以便用户查询、学习虾病防治的相关知识，而且系统要可以对虾病知识进行添加、修改等维护操作；相似病虾图像检索是系统的主要功能之一，它根据用户上传的病虾某部位的图像或镜检细胞切片图，利用基于内容的图像检索技术，在虾病图像库中检索出相似图像返回给用户，用户可对系统搜索出的相似图像进行评价、提供意见并反馈给系统，以便系统调整相关权重，进一步进行检索；虾病诊断专家系统是系统的主要功能系统，它将虾病专家曾经诊断过的虾病病历组织成虾病案例存入案例库。系统依据用户提交的虾病的症状特征和图像特征对案例库进行检索，返回给用户参考诊断结果。专家系统有案例库维护，包括添加、修改、删除案例、案例修正等功能。

根据以上分析，针对专家系统建立了如下模块：虾病知识查询模块、案例库管理模块、案例检索模块、案例修正模块、案例属性权重计算模块（图11-1）等。

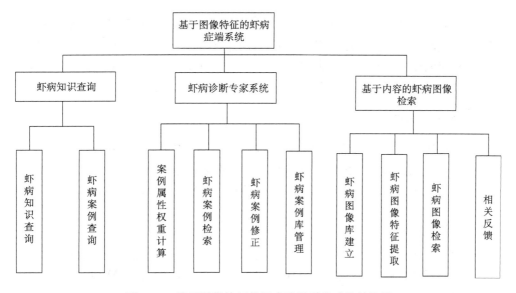

图 11-1　基于图像特征的虾病诊断系统功能结构图

1. 虾病知识查询和虾病案例查询

用户可以逐个浏览知识库每种疾病，包括病症、图片、防治方法、诊断方法、病因、流行情况。通过输入关键词在知识库中查询特定的疾病，关键词有疾病名、病因种类等，同时也可浏览、查询、打印虾病案例库相关案例的信息。

2. 虾病案例库管理

该模块提供了友好的人机交互界面，帮助系统开发人员输入初始虾病案例，对案例库进行分层组织，同时还提供虾病案例的修改、删除、查询、打印等管理功能，以及虾病案例的冗余性、一致性检查等案例库维护功能。添加的案例有两种途径获得，第一种来自已经专家确诊的虾病病例，由系统管理员来添加；第二种来自系统对新问题的诊断后经过专家评审诊断结果需要修正的虾病案例，由系统自学习后自动添加。需要添加的新案例入库前，进行特征提取后，存入案例库。

3. 虾病案例属性权重计算

根据基于概率统计的案例属性权重确定方法，计算出虾病案例库中每个案例属性的权重，为虾病案例检索中的相似度计算提供数据。

4. 虾病案例检索

根据提出的虾病案例检索策略，检索与新问题相似的虾病案例。此模块包括案例搜索、案例相似度计算和案例匹配。先在抽象案例库中检索相关的抽象案例，然后到相应的子案例库中检索相似案例。在子案例集中检索案例时，只跟相似图像集所对应的案例进行相似度计算。

5. 虾病案例修正

虾病领域专家在线对检索出的相似度低的案例进行评价、修改，即根据新旧案例之间的不同之处，专家结合领域知识和经验对检索出的案例求解方法加以调整、修补、综合，以补偿那些匹配不一致的地方，得到决策问题的解。

11.1.2 技术路线

目前，在鱼病专家诊断系统领域，需诊断的新问题和知识库中疾病症状还是以文字信息描述，针对这些不足，本系统以南美白对虾为具体的研究对象，将虾病图像内容特征和病理特征相结合来描述需诊断的新问题特征，在知识库增加了虾病图像特征内容。

领域专家对疾病的诊断是一个复杂的创造性思维过程，既包括逻辑性思维，又包括形象思维。而传统大多数鱼病诊断专家系统大多数都致力于研究、整理疾病专家的知识，形成推理规则，却忽视了对疾病专家诊断过程中形象思维的模拟。

本系统在研究虾病诊断问题时引入基于案例推理的研究方法。水产动物发病时一般会表现出很多症状，不同个体症状明显程度不同，另外，发病时可能由多种原因引起，都因具体个体和生长环境而异。因而，诊断时要根据具体情况进行分析判断，由此带来了鱼病的诊断知识获取和规则化的难题。而 CBR 知识表示以案例为基础，案例的获取比规则性知识或因果关系知识的获取要容易得多，隐含着难以规则化的知识，可以有效避开专家知识规则化方面的瓶颈问题。

专家系统解决问题的途径是通过模拟人类专家的思维过程来实现的。实践中，人类专家在诊断疾病时是一个复杂的创造性思维过程，既包括逻辑思维，又包括形象思维。根据认识论的研究成果，当人们面对一个新问题时，首先采用直接思维方式，即抽取当前情景的主要特征，再从人脑的记忆中搜索曾解决过的类似问题的经验，通过类比推理得到问题的解。案例推理类似人的直觉，专家在心象空间的思维可以用案例推理比拟。在研究疾病诊断问题时，引入基于案例推理的方法能有效模拟人类专家的形象思维，从而提高专家系统的解决问题能力。

CBR 是对过去的求解结果进行复用，而不是再次从头开始推导，可以提高对新问题的求解效率。CBR 以过去求解成功或失败的经历，来指导当前求解该怎样走向成功或避开失败，而且 CBR 具有持续不断的学习能力，使得它可以适应于将来问题的解决。

综上所述，由于 CBR 具有的优点和鱼病的特点，本系统采用 CBR 技术作为专家系统的推理机制。

CBR 的专家系统两个最重要组成部分：案例和推理机。案例-记忆细胞，是指一个问题的状态描述，并按一定的模式组织并存储在案例库中；推理机-思维模型，根据索引策略、匹配方法和相似度计算等因素，从过去同类案例集中检索最相似的案例集，再由适配策略进行修正，达到适合当前问题的求解要求。这种通过不断地学习过去的经验和教训，用过去的经验与知识来指导和帮助类似问题的求解，并对求解过程不断地修正、补充、求精，以提高对问题的性质、特征的认识程度，并得到问题的满意解或逼近解。这就是 CBR 进行问题求解的基本思想和出发点。

案例的检索包括案例的特征识别、索引、匹配以及重用。这里重点讨论案例的索引与案例的匹配。

1. 案例的索引

案例的索引机制是通过某种方法对案例库建立索引结构，由索引来缩小案例匹配的范围，以提高案例检索的效率和速度。好的索引可以快速缩小检索的范围。

索引是求解问题相关的关键字的集合，这些关键字可以将这个案例同其他案例区分开，所以它应是具体、清楚、易识别的。索引可以是案例的表面属性或导出属性。表面属性包括案例的特征属性和非特征属性。特征属性就是能够反映案例某一方面使其与其他案例不同的特征与结构。案例的非特征属性则是用来提供案例的相关信息。就像规则的提炼是基于规则的专家系统开发的"瓶颈"一样，案例的索引也可以说是 CBR 系统开发的"瓶颈"。

根据案例的表示方法和案例库的组织结构，案例索引可以采用不同的方法，目前常用的方法主要有两种，即归纳索引、知识引导索引。

1）归纳索引

CBR 系统从大量的案例中归纳、抽取案例的特征属性，并且根据这些特征属性将案例组织成一种层次结构。这种索引方法能够树状分层组织案例，并可以从大量案例中自动地总结案例的特征属性。归纳索引方法可归结为两大类：一类是群索引，利用聚类、神经网络、遗传算法等模型将案例库中的案例按属性划分为若干个案例群，并构造一个能代表该群的典型案例；另一类是结构索引，根据案例表示的不同内容和属性，把案例库组织成链状、树状、网状等结构，使其结构化，这种索引要对应用领域中案例的属性有全面、深度的了解，一般需要人工完成。

2）知识引导索引

CBR 系统通过领域的元知识、结构知识，来确定哪些属性是案例的特征属性，并且指导案例的组织与索引。这种索引方法准确直观、动态，但由于将知识提炼为规则或模型一直是专家系统的开发难点，所以常常难以将元知识、结构知识代码化，因而不容易得到完备的知识引导索引。建立索引通常应当遵循以下的原则：①具有前瞻性，以便可以充分扩展；②足够地抽象以便通用；③足够地具体以便识别案例。

2. 案例的匹配

案例的匹配过程是通过比较相似性进行的。目前常用的相似性比较模型有三种，即 k 近邻模型（k nearest-neighbor matching）、TC 相似模型（Tversky'S contrast）以及改进的 TC 相似模型。它们假定案例可以表示为欧氏空间上的点，通过分析相似的案例来分类新的案例，忽略极不相同的案例，且都是消极学习。因为它们不是在整个案例空间上一次性地估计目标函数，而是针对待分类新案例做出局部和相异的估计。在案例匹配过程中，当目标函数很复杂但可用不太复杂的局部遥近描述时，将 k 近邻模型和加权回归模型用于逼近实值或离散目标函数，就有显著的优势。但这两种模型最大的不足是分类新案例的开销很大，因此在案例匹配之前，应使用高效的索引，以缩小案例匹配的范围，减少所需的计算。另一不足是案例匹配要考虑案例所有的特征属性。如果目标概念仅依赖于案例特征属性中的某几个属性时,那么真正最相似的案例就可能相差很远了,即所谓的维度灾难(curse of dimensionality),通常解决办法是由领域专家确定从案例空间中消除最不相关的属性。将较大的权值赋给较近的相邻案例。通常,在CBR的专家系统中,案例中属性的权值由领域专家给出。

案例的检索是系统的核心内容,也是技术智能系统的直接体现。案例检索包括特征辩识、初步匹配和最佳选定三个过程。特征辩识是对问题进行分析,以提取有关特征;初步匹配是从案例库中找到一组与当前问题相关的候选案例;最佳选定是从初步匹配过程中获得的一组候选案例中选取一个或几个与当前问题最相关的案例。常用的检索方法有串行检索和并行检索两种。串行检索采用的是由上至下逐层求精的方式,越往下相似程度越高。并行检索策略就是同时检索多个案例,并返回一个相似程度最高的案例。检索技术最著名的方法有近邻法、归纳法、模板检索法。

(1)近邻法:近邻法的检索思想是首先为案例的每一个特征属性指定一个权重,检索案例时输入各属性的值,根据给出案例间距离即相似度的定义公式,计算出当前案例与案例库中所有案例间的距离,然后从中选出距离最小者作为目标案例。

(2)归纳法:即从过去的数据中抽取规则和构造决策树的技术,如数据挖掘中的算法,这种方法的优点在于能够自动地进行案例分析,确定出最能够区分案例的属性,同时案例可以根据检索的需要组织成层次结构。

(3)模板检索法:模板检索类似查询,检索返回所有吻合一定参数的案例。

本系统采用新的方法和手段建立虾病诊断系统,对虾病诊断系统的研制具有理论上的指导意义,不仅能有效模拟虾病专家的形象思维,而且在案例库中增加了病虾的图像特征,通过多种手段来提高诊断准确率,使鱼病诊断专家系统的研究开拓一条新思路,提高此类系统的研究水平。将基于内容的图像检索技术和案例推理机制相结合,提出综合病虾的病理特征和图像内容特征作为诊断依据,并且在系统知识库中增加了标准虾病图像库,案例库中的每条案例描述不仅有病虾的病理症状,也有病虾的图像特征症状。基于内容的虾病相似图像检索为用户从虾病图像的角度提供诊断结果,同时也为基于案例推理的虾病诊断专家系统提供病虾图像特征方面的诊断推理依据。基于案例推理的虾病诊断专家系统,将病虾病理特征和图像特征相结合,作为病虾的症状诊断依据,利用案例检索技术从案例库中找出与当前问题相似的案例集,经过评价与修正后,给出最终诊断结果和治疗方案。

在充分的虾病知识学习、专家对虾病诊断过程的调查和需求调查的基础上,以计算机应用技术为支撑,以人工智能理论为基础,以面向对象的编程技术为工具,分析研究利用计算机进行虾病诊断中的关键问题,开发实用高效的基于图像特征的虾病诊断专家系统，搭建虾病专家系统研究成果向现实生产力转化平台，促进虾病诊断的智能化水平，有效解决虾病诊断的现实问题。

11.2 关键技术创新和突破

（1）将病虾的图像内容特征和病理特征相结合来描述需诊断的新问题特征，同时在知识库增加了虾病图像特征内容。

（2）运用基于案例的推理方法开发虾病诊断专家系统，可以回避虾病诊断规则获取的瓶颈问题，同时也弥补了基于规则推理的系统无法模拟专家形象思维的缺陷。

（3）通过聚类分析方法，将虾病案例库组织成两层分级结构。使用分级组织的方法后，可避免相似案例检索时在全局范围内搜索，比单层次的组织方法检索效率要高很多。

（4）结合虾病图像检索结果、案例库两层分级结构及近邻检索策略，先在抽象案例库中检索相关的抽象案例，然后到相应的子案例库中检索相似案例。在子案例集中检索案例时，只与相似图像集所对应的案例进行相似度计算，进一步提高了检索效率。

11.3 系统开发

本系统以虾病诊断问题的特点为基础，将知识工程的开发方法和软件工程学的方法相结合进行开发虾病诊断系统。软件开发工具为 visual studio C#. net，案例库用 SQLSERVER2000 存储管理，虾病图像检索部分是在 VC6.0 环境下开发的，采用基于 MFC 的 DLL 形式，命名为 ImageRetrieval. dll，在此 DLL 中实现图像检索模块所有子模块的功能，并开放两个接口函数供 visual studio C#. net 使用。

虾病诊断系统是基于 INTERNET 环境运行，采用了"Web 浏览器／Web 服务器／数据库系统"网络体系结构（也称 B／S／S 结构）。三层分布式网络体系结构具有分布灵活、处理逻辑集中和管理能力强大的特点，在结构上为进一步提高系统的安全性、可扩展性和可维护性创造了良好条件，还为大型应用系统资源和系统开发人力资源的优化提供了方便。主要表现在：①效率高。客户端通过中间层和数据库连接，既降低了客户端的负担，也降低了数据库服务器的连接代价。②易于维护。各层相对独立，通过中间技术连接，可以做到并行开发，客户层只需要关注用户界面，而且与其他客户共享相同的数据访问模块，从而使客户层的客户大大减少，维护也相对简单。业务的更改只需修改商业逻辑层。③安全性增强。应用逻辑和最终访问数据库大多由中间应用层和数据服务层来实现，对用户来说是透明的；可以对每个业务功能组件进行授权，保证了系统的安全性，并且减少了网络上的数据流量,限制了非法访问。④可伸缩性、移植性好。系统规模扩大时,相应的额外开销包括硬件、关机时间及系统管理工作的增幅小于系统规模的增幅。

系统的三层体系结构描述如下(图11-2)。

(1)客户层。Web 浏览器为客户层,客户层是系统的用户接口部分,是用户与系统间交互信息的窗口。它的主要功能是指导操作人员使用自己定义好的服务或函数,检查用户输入的数据,显示系统输出的数据。

(2)应用层。Web 服务器为应用层,也可称为中间业务逻辑层。本系统应用层的主要功能是提供系统中与应用逻辑有关的各种服务构件,负责处理前端客户层的应用请求,它是将原先置于前端客户层的事物逻辑分离出来置于服务器部分,完成事物逻辑的计算任务,并将处理结果返回给用户。在系统开发过程中,利用 ASP 对 ActiveX 组件的充分支持,采用 ActiveX 技术将应用逻辑封装起来,实现基于 COM 组件的三层应用程序。

(3)数据服务层。数据服务层就是数据库管理系统(databases management system,DBMS),负责提供和管理各类数据,包括数据库、知识库、多媒体库及模型库中各类数据项的访问。该层主要是通过中间业务逻辑层应用逻辑组件为若干个客户共享数据库的连接,向前端客户层、中间应用层提供数据处理与来源,从而减少了连接次数,提高了数据服务器的性能和安全性。

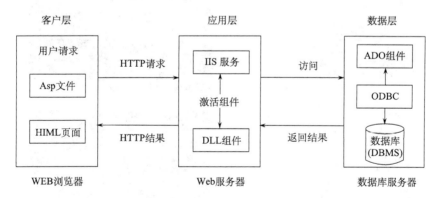

图11-2 基于图像特征的虾病诊断系统体系结构

下面是系统主要模块的演示:

(1)虾病知识查询。进入虾病知识查询模块,根据病名查询虾病相关信息,如发病症状、病因、病原、治疗方法、代表性的图像等,图11-3~图11-5是白斑综合征和痉挛症的相关信息。

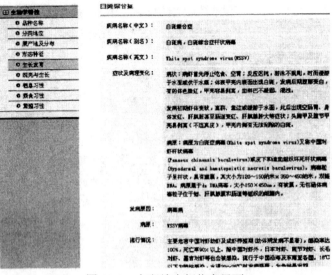

图 11-3　白斑综合征信息界面

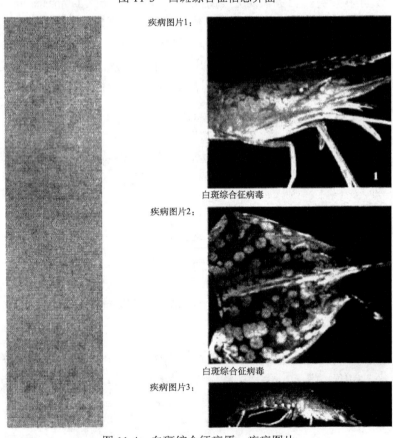

图 11-4　白斑综合征病原、疾病图片

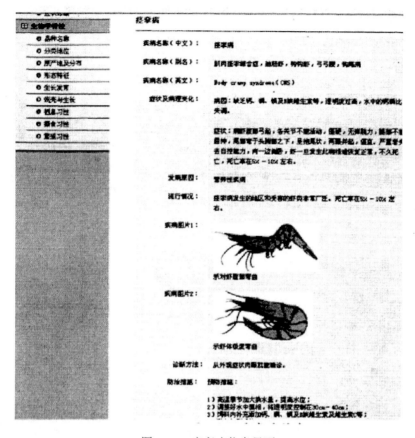

图 11-5 痉挛症信息界面

（2）虾病图像检索。进入诊断系统后，用户提交病虾的相关病理特征和上传病虾图像（图 11-6 和图 11-7）。将病理特征分为全局和局部两个部分，全局包括体型、体色；局部包括头部（鳃区、球、头胸甲），体表（甲壳、游泳足、附肢）、尾部等。如果用户不能提交病虾的相关图像，可以直接进入案例推理诊断。

（3）虾病案例推理诊断。检索出相似虾病图像集后，虾病案例检索从这些图像集对应的案例集中进行下一步的相似案例搜索、匹配（图 11-8）。检索出的相似案例后，系统给出案例间的相似度，以及相似案例的具体症状（图 11-9）。

图 11-6 病虾信息提交页面

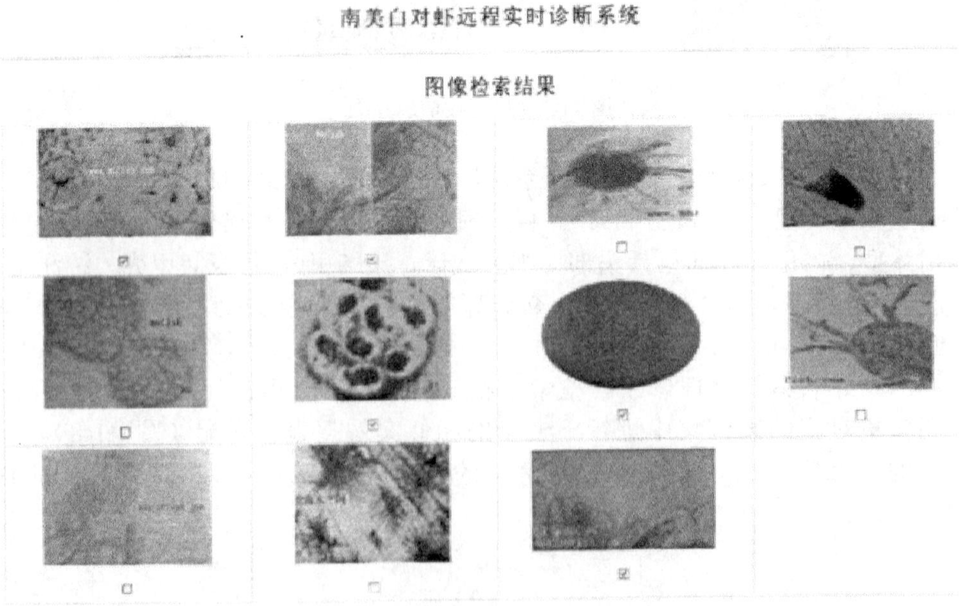

图 11-7 检索出的相似虾病图像

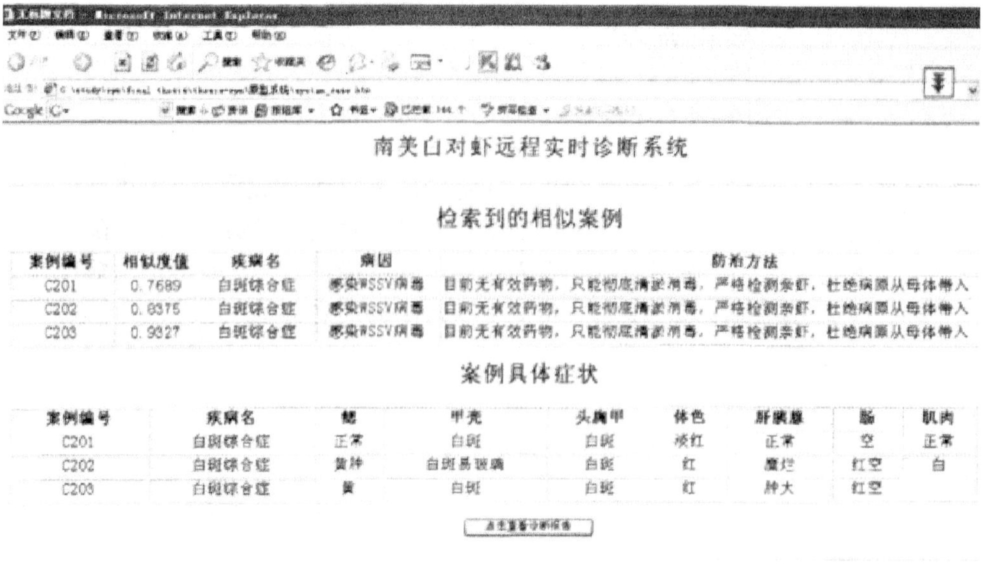

第 11 章　基于图像技术的水产动物疾病诊疗与分析系统

图 11-8　虾病案例检索结果

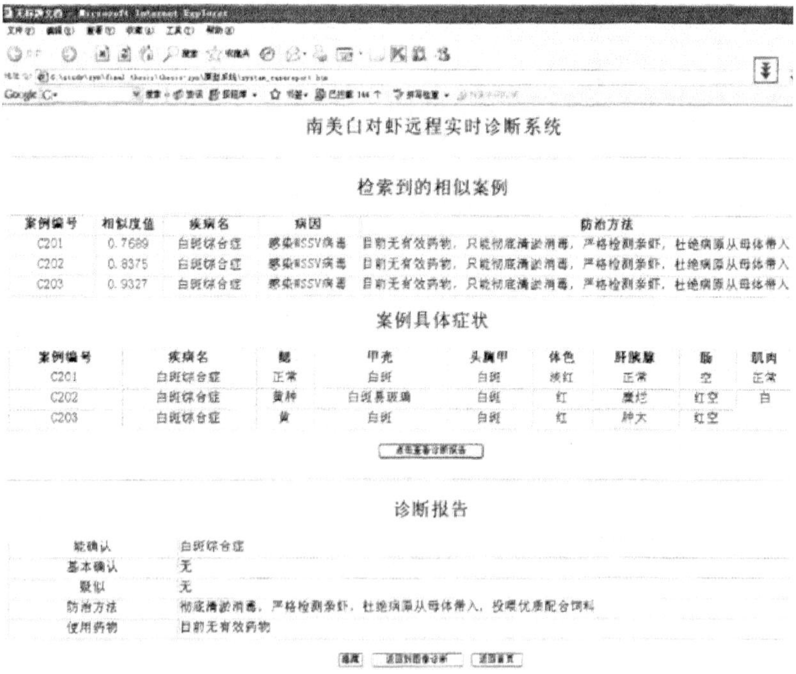

图 11-9　虾病案例推理诊断结果

根据检索出的相似虾病案例得出当前新案例的诊断结论、治疗方法、病因等。

11.4 应用效果

通过该系统养殖人员只要在线提供病虾的图像，则专家系统就可以在标准虾病图像数据库中进行检索，按照标准虾病图像和养殖人员提供图像的匹配程度依次显示匹配到的标准虾病图像，养殖人员通过查看最相似的几幅标准虾病图像来获得虾病的信息。通过多种手段来帮助提高诊断的准确率。

第 12 章 面向近海水域污染的无线传感原位监测技术研究

面向近海水域污染的无线传感原位监测技术研究针对近海水域污染监测提出基于多传感器阵列的监测技术，针对近海水域污染的理化指标和生物指标测量技术展开研究，充分挖掘无线传感技术的灵活性、低成本、准确定位的特点，研究以 GPS 基站为绝对原位、无线传感阵列为相对原位的二级原位近海污染监测技术；利用 SOC 无线射频的自组织与冗余路由技术解决大量传感器数据的链路层汇聚；借助数据融合技术从软件与数据的角度进行应用层汇聚；在测试验证基础上，进一步对项目中相关理论研究成果进行优化和完善。无线传感原位监测技术由若干个具有无线收发信号功能的传感器节点和 PC 机组成，所述的传感器节点将采集的测量量值传送给 PC 机，PC 机对测量量值进行分析，并对故障传感器进行校准。所述的传感器节点包括对物理量进行测量和采集的传感器，传感器将采集的测量量值在 A/D 转换器中进行转换，转换后的测量量值送入处理器单元进行处理，处理后的测量量值经过无线模块发送给 PC 机。所述的处理器单元还连接扩展接口单元。采用上述技术方案的本实用新型，利用标量量值传输数据，可对精度进行设定，保证了测量数据的准确性。并采用无线校准的方法，通过互联网能够自调整和信息偏差分析从而实现远程对其校对，解决了原位在线校准的烦琐和麻烦。总之，硬件结构简单、便于使用并且减少布线麻烦，通过无线信号传输直接通过计算机实现数据的显示、分析和校准，从而达到操作便利、省时省力的目的。

12.1 集成架构

12.1.1 总体框架

研究面向近海水域污染的无线传感原位监测技术，针对我国近海水域污染的具有原位信息的理化指标和生物指标测量技术，着重研究我国近海主要浮游植物类群密度与相应的光谱反射率或其演生指数的定量模型；通过使用无线传感技术完成监测数据与位置信息的采集，从而达到将采集的实时数据与采集地点相关联，使数据的时效性与空间性更强。最后从时间、空间及实测数据三方面，立体地对数据进行融合，为用户上层预警或决策系统提供更完全的数据支持。

近海环境具备对象多样、地域广阔、偏僻分散等多种复杂因素，加大了近海环境信息采集与实时监控的难度。近年来，低成本、分布式和自组织的无线传感器网络逐渐推广到近海环境监测应用中。但是传统无线传感器网络中节点的能量有限性给环境监测的可靠性与稳定性造成了很大影响。因此，如何部署传感器节点，构建高效可靠、低能耗的监测网络是一个关键问题。

我们初步提出了一种适合近海环境特点的有源主干网和无线子网混合的异构近海环境监测网络。此时考虑由控制中心开始布置一条有源主干线，线上布置若干个 Sink 节点。当子网之间需要进行通信时，由子网节点向 Sink 节点发起请求，Sink 节点将信息传送至控制中心，经由控制中心处理之后向其他子网的 Sink 节点发送请求，最终实现子网之间的通信。

这种由源主干网和无线子网混合的异构网络主要由以下几个部分组成。

（1）控制中心：部署在离监测区域较远的环境良好的区域，接受由 Sink 节点发送的数据进行相应的融合处理，并实时控制各无线子网间的协调运作。

（2）有源主干网：主干网上布置若干高能力 Sink 节点，该节点较一般的节点有较高的计算处理能力、通信能力和存储能力，采用 IEEE802.11 标准的自组织网络，支持远距离传输，另外配备高增益天线，传输距离可远达几十公里，由主干网提供持续有源供电，不受能量限制。

（3）无线子网：部署在各个水域监测子区域，由大量低功耗的无线传感器节点构成，负责采集水体环境监测数据。

12.1.2 技术路线

（1）近年来我国海洋环境污染防治工作取得了一定成效，但近岸海域污染的总体形势依然严峻，并可能随着经济总量的增长而再次恶化，氮磷营养盐超标导致的海水富营养化是近岸海域的主要污染问题。根据海洋水环境的性质与近年海洋污染的最新动向与趋势，建立科学合理的监测指标体系。

（2）通过取样试验，完成常见海洋生物污染源的敏感波段多样性特征影响研究；通过比对试验，完成主要浮游植物类群状况（浓度或密度）与相应的光谱反射率或其演生指数的定量关系。近海水域由于有机污染物质的注入，水体易趋于营养化。富营养化水体的一个重要特征是藻类物质大量繁殖。叶绿素在藻类物质中所占的比例比较稳定，并且易于在实验室测量。因此，叶绿素浓度常作为反映水体营养化程度的一个重要参数。常规的水质监测是通过采集水样、过滤、萃取以及分光光度计分析，以确定叶绿素浓度。因而大区域的水环境监测是一项极费人力、物力和时间的工作，采样方法也不可能对近海的藻类分布作全面的调查。遥感技术作为一种区域性水环境调查和监测手段日益受到重视，北美和欧洲的一些国家早已开展了利用航空遥感数据监测湖泊群内叶绿素分布的研究。叶绿素遥感一般是通过实验研究水体反射光谱特征与叶绿素浓度之间的关系建立叶绿素算法。对于近海及内陆水体，其困难在于：水体中其他污染物质，如无机悬浮物质和有机溶解性物质（黄色物质）光学效应的干扰，以及藻类及其他污染物质特性的地域性甚至季节性的差异。近年来，成像光谱仪技术发展迅速，利用高光谱分辨率有可能大大提高叶绿素遥感的精度。

本项课题的目的是研究中国近海中含藻类水体的高光谱反射率特性及其与藻类叶绿素浓度之间的关系，在此基础上建立适合中国近海特点的叶绿素高光谱定量遥感模型。

光谱检测的基本过程是：首先选择适宜的样本集，进行光谱扫描，建立物质组分和性质的定标模型，也就是建立光谱数据与实验室标准分析测定的样品成分数值的相关回归方程；然后根据待测样品的光谱特征利用相应的定标模型对样品成分进行预测。

选择适宜的样本集是检测模型的关键所在。在光谱学和生物物理学领域对于水体富营养准确诊断和动态监测研究方面已经有了一些理论成果和实验数据，但是仍然有许多有待解决的技术问题。通过试验研究和文献资料分析，我们对水体中氮磷物质含量的光谱反演进行了模拟研究，将光谱信号对色差的作用进行了有效的融合。在此基础上，建立了一个较为完整的对可溶性有机物、化学需氧量、总氮、总磷等富营养化表征参数的光谱特性信息的样本集，作为基准图库；基准图库包含灰度、图像边缘、轮廓、表面、谱线等突出特征。最后，通过将所得到的图（包括光谱信息图）与基准图库进行比对和分析，进而反演和模拟水体营养化的色差，推出氮磷物质总含量（图12-1）。

不同于传统的图像匹配技术，测量距离、角度等因素会造成传感器测量的灰度图与基准图（样本）之间总存在着差异性，这种存在的差异会造成"图像非相似匹配问题"，这就需要设计一个过程用来探测（进行图像特征提取）和识别，其目的是从图像中提取一些重要信息，然后提供给计算机进行后续操作。

图12-1　洋山港2号点2011年4月21日采样的水样光谱图

（3）通过多元检测技术研究，完成群体测量技术的实现，使得单一信息向多元信息转变；通过传感器阵列的设计，同时采集水域的多项与水域污染直接相关的理化指标（如pH和溶解氧、光照值、温度等），通过采集节点微处理器的信息分析融合，实现"基于多元信息融合的近海水域环境污染状况的数字化表达模型"，在此基础上，设计完成近海水域污染低成本检测装置。

（4）与国内外已有的水体中氮磷物质含量检测方法相比，本模型首次利用了虚拟现实技术中的光处理技术，更加真实地模拟了光在人类肉眼对灰度图及色差辨别中的关键作用，有力支持了水体中氮磷物质含量的谱图识别技术。此外，为了更加有效地实现计算机对色差及特征谱线的识别，引入了互信息结合粒子群优化算法，以应对多重目标和优化约束的存在，这两者都有重要的贡献。同时，本模型将不同时期（以天为单位）以及同一日期（以天为单位）不同时刻的光亮度变化进行了量化，可以在不同时刻不同光环境下（自然日照可以灯光）对水体中氮磷物质含量等进行合理的识别。经检验发现具有较高的准确性和较强的预测性，从而大大增加了该模型的普适性。

（5）本项目研究目的是建立以GPS基站绝对地理位置与无线传感节点相对地理信息相结合的低成本高精度原位地理位置，用于近海监测。研究以GPS基站绝对地理位置与大量无线传感节点相对地理信息相结合的低成本高精度原位地理位置系统。在近海海洋的特殊环境下以尽量小的节点密度，研究具有容错性和自适应性的高精度无线定位技术。另外，研究海洋环境下基于无线传感结点自主定位的动态组网与路由的无线数据传输技术。充分利用无线节点的自主定位信息，建立更加有效的路由通信协议，以弥补恶劣多变海洋环境带来的通信开销所增加的成本。自主的定位信息及监测节点在位置上的移动性也有利于监测网络自动剔除冗余的测试数据和根据位置信息休眠密度过大的节点。

（6）研究以GPS基站绝对地理位置与无线传感节点相对地理信息相结合的低成本高精度原位地理位置系统使用GPS定位，锚节点的费用会比使用无线节点高两个数量级，通过研究使用低成本的无线自主定位技术与GPS定位技术相结合的方法构建既具有精确实时定位信息，又具有较低成本的原位信息获取技术。

（7）研究海洋环境下无线传感结点动态组网与路由的无线数据传输技术动态组网与路由技术一直是影响无线网络传输质量与整体能耗水平的重要因素，通过使用获取的原位信息，在原位信息的"启发"下建立高效的无线路由，不仅有利于在恶劣的环境下建立健壮的传感网络，也有利于过滤冗余数据，提高网络的有效传输效率。

（8）整个无线传感系统可以分为监测系统和控制系统。监测水域分为多个独立区域，对应于"无线传感网络的簇"。按照这种对应方式，监测系统由传感器节点、簇、汇聚节点和任务管理平台组成。传感器节点是监测网络的基本单元；群集由毗邻的传感器节点组成，群集中的每个节点都可以收集环境信息并传送到簇头节点；簇头节点可以实现对环境信息数据融合，并通过"多跳"，将其发送到汇聚节点。为了降低系统的计算复杂性和节约能源，根据不同的水域的特定环境要求，传感器节点和簇头节点都预先安装在一个固定位置。汇聚节点收到信息后，可以直接连接互联网。

（9）我们选用基于事件驱动的聚类算法，这类算法能把传感节点和控制节点构成适当的数据聚合树。根据不同的事件，我们可以创建一个不同的簇，在这个簇用反应决策算法来选择合适的设备。聚类算法包括三个步骤：建立阶段、簇维修调整阶段和取消阶段。

聚类算法的本质是反应决策的设计。在这个反应策略中，我们采取 HT（硬门限阈值）和 ST（软门限阈值）以确定是否发送测量数据。当测量值首次超过 HT 时，这些测量值将被用作新的 HT，并在下次时隙中发送出去。在接下来的过程中，如果测量值超过 RT 范围，则该节点将发送这些最新的传感数据并设置其为新的 HT。

（10）应用无线传感器网络对近海环境进行监测时需要考虑多方面的影响因素。在节点的部署问题上，需要考虑如何使用最少的节点数量实现对监测区域的有效覆盖和有效测量。无线传感器网络的研究领域涉及多学科，大量的关键技术有待研究。包括以下几个主要方面：网络拓扑控制、能量问题、路由协议、无线通信技术、时间同步、数据融合和数据管理、网络安全、定位技术、嵌入式操作系统、应用层技术等。

① 网络拓扑控制。网络拓扑控制对于多跳的、自组织的无线传感器网络来说具有重要意义。利用拓扑控制实现网络拓扑结构的优化，能够提高路由协议和 MAC 协议的效率，有利于节省能量，延长生存期。网络拓扑控制目前主要的研究问题是在满足网络覆盖度和连通度的前提下，通过功率控制和骨干网节点选择，剔除节点之间不必要的无线通信链路，产生一个高效的数据转发的网络拓扑结构。

可以将拓扑控制分为节点功率控制和层次型拓扑控制两个方面。此外，科研人员还提出了启发式的节点唤醒和休眠机制。在没有事件发生时，该机制能够使节点通信模块设置为睡眠状态；在有事件发生时，自动醒来并唤醒邻居节点，形成数据转发的拓扑结构。

② 路由协议。互联网通过 IP（Internet Protocols）协议来实现通信，但是 IP 协议并不适合在无线传感器网络中使用。因为无线传感器网络中涵括了大量的传感器节点，而节点的地理位置并不是固定的，其网络中的路由路径是基于需求建立的。传统的路由协议显然不能满足需求，而需要建立一套具有按需分布式运行、无环路、支持单向链路、高安全性、维护多条路由等性能的适合无线传感器网络的路由协议。

③ 能量问题。一般情况下，要求无线传感器网络生存时间长达几年甚至数年。而传感器网络中的节点都是由容量有限的电池供电，因此，网络中的节点如果因能量耗尽而不能工作，那么将带来一系列问题。在不影响功能的同时，尽可能地节省电池能量成为无线传感器网络设计的核心。目前，有以下两种途径：

一是保留核心功能,去除附属功能;二是设计专门的协议及技术以提高传感器网络的能量效率,这些协议和技术涉及网络的各个层次,采用跨层设计的方式,以提高网络能量的效率。

④ 数据融合。无线传感器网络存在能量约束,数据传输量的减少能够有效地节省能量,因此可通过利用节点的本地计算和处理数据的融合,达到节省能量的目的。鉴于传感器节点的易失效性,无线传感器网络对多份数据的处理需要数据融合技术进行综合,以提高信息的准确度。数据融合技术可以与无线传感器网络的多个协议层次进行结合。数据融合技术已经在目标跟踪、目标自动识别等领域得到了广泛的应用。

⑤网络安全。作为任务型的无线传感器网络,如何保证数据产生的可靠性、任务执行的机密性、数据传输的安全性以及数据融合的高效性,成为无线传感器网络安全问题的内容。与移动 Adhoc 网络所受到的安全威胁不同,现有的网络安全机制不适合无线传感器网络领域。因此,需要开发专门针对无线传感器网络的协议。

目前,有两种途径:路由安全和安全协议。

从路由安全的角度,开发尽可能安全的路由以保证无线传感器网络的安全。网络层路由协议为整个无线传感器网络提供了关键的路由服务,安全的路由算法可以直接影响无线传感器网络的安全性和可用性。安全路由协议一般采用多路径路由、身份认证、链路层加密和认证、双向连接认证和认证广播等机制,有效地提高网络抵御外部攻击的能力,增强路由的安全性。

从安全协议角度,在此领域也出现了大量的研究成果。在保障安全方面主要有密钥管理和安全组播两种方式。

(11)分簇问题是 WSN 研究领域的热点问题,通过分簇可以提高网络的可管理性,延长网络生命期。分簇对用于环境监测的无线传感器网络具有较好的适应性和节能性,由高能力节点担任簇首可以更好地实现节能并改善网络性能。

针对近海环境监测异构传感器网络体系结构中的无线子网结构,从节点剩余能量信息、节点度信息、节点距离信息多方面综合考虑,提出了一种多 Sink 异构网络下的基于权值的无线子网簇首优化选择算法(weight-based clustering algorithm, WBCA),且该算法中节点的地理位置信息未知,不需要依靠网络拓扑全局信息,能有效均衡网络能耗。

WBCA 算法分为建簇阶段和稳定阶段,两个阶段交替运作。设定两个阶段的时间分别为 T_{setup} 和 T_{data}。经过 T_{setup} 时间簇形成之后,进入稳定运行的数据传输阶段,该阶段持续 T_{data} 时间,且 $T_{setup} \ll T_{data}$。

(12)随着大规模、高密度的无线传感器网络应用的发展,单 Sink 网络结构在能耗均衡、可靠性等方面存在诸多弊端,难以满足无线传感器网络的发展需求。

传统的单 Sink 网络过于依赖网络中唯一的 Sink 节点，网络的实时性、可靠性会受到影响。

① 单 Sink 节点无法处理 Sink 节点失效问题，一旦 Sink 节点发生故障，有可能整个网络瘫痪。

② 所有数据都集中发送至 Sink 节点，导致数据冲突增加，尤其是 Sink 节点附近的节点能量消耗过快，部分节点的过早死亡严重制约网络寿命。

③ 数据沿源节点至 Sink 节点转发的路径一般选择最短路径，对路径上节点的能耗、通信能力等问题综合考虑不够。

为了解决以上问题，考虑到整个网络的能量均衡，本章中提出了多 Sink 动态路径切换机制，采用多个 Sink 节点同时运作的模式，节点可以动态地选择数据转发路径。

12.2 关键技术创新和突破

（1）针对近海水域污染监测提出基于多传感器阵列的监测技术，展开近海水域污染的理化指标和生物指标测量技术研究。通过多元检测技术研究，完成群体测量技术实现，使得单一信息向多元信息转变；我们设计完成传感器阵列，同时采集水域的多项与水域污染直接相关的理化指标（如 pH 和溶解氧、光照值、温度等），通过信息分析融合，实现"基于多元信息融合的近海水域环境污染状况的数字化表达模型"，在此基础上，设计完成近海水域污染低成本检测装置。

（2）针对我国近海主要生物污染源——浮游植物类群敏感波段多样性特征影响进行研究，通过生物物理学机理分析研究这些特征光谱与组成浓度的响应规律，研究主要浮游植物类群状况（浓度或密度）与相应的光谱反射率或其演生指数的定量模型。

（3）充分挖掘无线传感技术的灵活性、低成本、准确定位特长，建立以 GPS 基站为绝对原位、以无线传感阵列为相对原位的二级原位近海污染监测，采集的数据与数据产生的精确位置紧密捆绑，使得数据更加具有参考价值。

（4）利用 SOC 无线射频装置的自组织与冗余路由技术解决大量传感器数据的链路层汇聚。与位置相关的无线动态组网技术，充分地利用了本网的特性数据，增加了网络的鲁棒性，降低了数据的冗余性。

（5）数据的无线传输加强了数据的实时性，结合位置信息，为进一步的精确数据融合奠定了基础，借助数据融合技术从软件与数据的角度进行应用层汇聚。

12.3 应用效果

该系统基于无线传感器网络,具有无需人员值守、传输范围广和连续工作时间长等优点,在系统中采用了不同类型的传感器对近海水域污染直接相关的理化指标(如 pH 和溶解氧、光照值、温度等)及主要生物污染源进行相关测试。测试结果表明,该系统具有测量准确、组网可靠的优点,达到了预期的设计目标。